职业教育职业培训*改革创新教材*
全国高等职业院校、技师学院、技工及高级技工学校规划教材
模具设计与制造专业

模具装配、调试、维修与检验

刘铁石　主　编
陈黎明　李锦胜　蔡福洲　副主编
陈　韬　主　审

電子工業出版社
Publishing House of Electronics Industry
北京·BEIJING

内 容 简 介

本书根据高等职业院校、技师学院“模具设计与制造专业”的教学计划和教学大纲，以“国家职业标准”为依据，按照“以工作过程为导向”的课程改革要求，以典型任务为载体，从职业分析入手，切实贯彻“管用”、“够用”、“适用”的教学指导思想，把理论教学与技能训练很好地结合起来，并按技能层次分模块逐步加深模具装配、调试、维修与检验相关内容的学习和技能操作训练。本书较多地编入新技术、新设备、新工艺的内容，还介绍了许多典型的应用案例，便于读者借鉴，以缩短学校教育与企业需求之间的差距，更好地满足企业用人需求。

本书可作为高等职业院校、技师学院、技工及高级技工学校、中等职业学校模具相关专业的教材，也可作为企业技师培训教材和相关设备维修技术人员的自学用书。

图书在版编目（CIP）数据

模具装配、调试、维修与检验 / 刘铁石主编. —北京：电子工业出版社，2012.8
职业教育职业培训改革创新教材　全国高等职业院校、技师学院、技工及高级技工学校规划教材. 模具设计与制造专业
ISBN 978-7-121-17813-9

Ⅰ. ①模…　Ⅱ. ①刘…　Ⅲ. ①模具－装配－高等职业教育－教材②模具－调试－高等职业教育－教材③模具－维修－高等职业教育－教材④模具－检验－高等职业教育－教材　Ⅳ. ①TG76

中国版本图书馆 CIP 数据核字（2012）第 178950 号

策划编辑：关雅莉　　杨　波
责任编辑：郝黎明　　文字编辑：裴　杰
印　　刷：北京虎彩文化传播有限公司
装　　订：北京虎彩文化传播有限公司
出版发行：电子工业出版社
　　　　　北京市海淀区万寿路 173 信箱　邮编：100036
开　　本：787×1 092　1/16　印张：13.5　字数：345.6 千字
版　　次：2012 年 8 月第 1 版
印　　次：2023 年 8 月第 8 次印刷
定　　价：29.80 元

凡所购买电子工业出版社图书有缺损问题，请向购买书店调换。若书店售缺，请与本社发行部联系，联系及邮购电话：（010）88254888，88258888。

质量投诉请发邮件至 zlts@phei.com.cn，盗版侵权举报请发邮件至 dbqq@phei.com.cn。

本书咨询联系方式：（010）88254617，luomn@phei.com.cn。

职业教育职业培训改革创新教材
全国高等职业院校、技师学院、技工及高级技工学校规划教材
模具设计与制造专业　教材编写委员会

出版说明

百年大计，教育为本。教育是民族振兴、社会进步的基石，是提高国民素质、促进人的全面发展的根本途径，寄托着亿万家庭对美好生活的期盼。2010年7月，国务院颁发了《国家中长期教育改革和发展规划纲要（2010—2020）》。这份《纲要》把“坚持能力为重”放在了战略主题的位置，指出教育要“优化知识结构，丰富社会实践，强化能力培养。着力提高学生的学习能力、实践能力、创新能力，教育学生学会知识技能，学会动手动脑，学会生存生活，学会做人做事，促进学生主动适应社会，开创美好未来。”这对学生的职前教育、职后培训都提出了更高的要求，需要建立和完善多层次、高质量的职业培养机制。

为了贯彻落实党中央、国务院关于大力发展高等职业教育、培养高等技术应用型人才的战略部署，解决技师学院、技工及高级技工学校、高职高专院校缺乏实用性教材的问题，我们根据企业工作岗位要求和院校的教学需要，充分汲取技师学院、技工及高级技工学校、高职高专院校在探索、培养技能应用型人才方面取得的成功经验和教学成果，组织编写了本套“全国高等职业院校、技师学院、技工及高级技工学校规划教材”丛书。在组织编写中，我们力求使这套教材具有以下特点。

以促进就业为导向，突出能力培养：学生培养以就业为导向，以能力为本位，注重培养学生的专业能力、方法能力和社会能力，教育学生养成良好的职业行为、职业道德、职业精神、职业素养和社会责任。

以职业生涯发展为目标，明确专业定位：专业定位立足于学生职业生涯发展，突出学以致用，并给学生提供多种选择方向，使学生的个性发展与工作岗位需要一致，为学生的职业生涯和全面发展奠定基础。

以职业活动为核心，确定课程设置：课程设置与职业活动紧密关联，打破“三段式”与“学科本位”的课程模式，摆脱学科课程的思想束缚，以国家职业标准为基础，从职业（岗位）分析入手，围绕职业活动中典型工作任务的技能和知识点，设置课程并构建课程内容体系，体现技能训练的针对性，突出实用性和针对性，体现“学中做”、“做中学”，实现从学习者到工作者的角色转换。

以典型工作任务为载体，设计课程内容：课程内容要按照工作任务和工作过程的逻辑关系进行设计，体现综合职业能力的培养。依据职业能力，整合相应的知识、技能及职业素养，实现理论与实践的有机融合。注重在职业情境中能力的养成，培养学生分析问题、解决问题的综合能力。同时，课程内容要反映专业领域的新知识、新技术、新设备、新工艺和新方法，突出教材的先进性，更多地将新技术融入其中，以期缩短学校教育与企业需要之间的差距，更好地满足企业用人的需要。

以学生为中心，实施模块教学：教学活动以学生为中心、以模块教学形式进行设计和组织。围绕专业培养目标和课程内容，构建工作任务与知识、技能紧密关联的教学单元模块，为学生提供体验完整工作过程的模块式课程体系。优化模块教学内容，实现情境教学，融合课堂教学、动手实操和模拟实验于一体，突出实践性教学，淡化理论教学，采用“教”、“学”、“做”相结合的“一体化教学”模式，以培养学生的能力为中心，注重实用性、操作性、科学性。模块与模块之间层层递进、相互支撑，贯彻以技能训练为主线、相关知识为支撑的编写思路，切实落实“管用”、“够用”、“适用”的教学指导思想。以实际案例为切入点，并尽量采用以图代文的编写形式，降低学习难度，提高学生的学习兴趣。

此次出版的“全国高等职业院校、技师学院、技工及高级技工学校规划教材”丛书，是电子工业出版社作为国家规划教材出版基地，贯彻落实全国教育工作会议精神和《国家中长期教育改革和发展规划纲要（2010—2020）》，对职业教育理念探索和实践的又一步，希望能为提升广大学生的就业竞争力和就业质量尽自己的绵薄之力。

电子工业出版社　职业教育分社

2012年8月

前　言

本书根据技师学院、技工及高级技工学校、高职高专院校“模具设计与制造专业”的教学计划和教学大纲，以“国家职业标准”为依据，按照“以工作过程为导向”的课程改革要求，以典型任务为载体，从职业分析入手，切实贯彻“管用”、“够用”、“适用”的教学指导思想，把理论教学与技能训练很好地结合起来，并按技能层次分模块逐步加深模具装配、调试、维修与检验相关内容的学习和技能操作训练。本书较多地编入新技术、新设备、新工艺的内容，还介绍了许多典型的应用案例，便于读者借鉴，以缩短学校教育与企业需求之间的差距，更好地满足企业用人的需求。

本书可作为高职高专院校、技师学院、技工及高级技工学校、中等职业学校模具相关专业的教材，也可作为企业技师培训教材和相关设备维修技术人员的自学用书。

本书的编写符合职业学校学生的认知和技能学习规律，形式新颖，职教特色明显；在保证知识体系完备，脉络清晰，论述精准深刻的同时，尤其注重培养读者的实际动手能力和企业岗位技能的应用能力，并结合大量的工程案例和项目来使读者更进一步灵活掌握及应用相关的技能。

● **本书内容**

全书共分为 5 个模块 13 个任务，内容由浅入深，全面覆盖了模具装配、调试、维修与检验的知识及相关的操作技能。本书附录收集了模具拆装教学实训案例和模具装配习题集，便于教师借鉴并指导学生实训和练习。

● **配套教学资源**

本书提供了配套的立体化教学资源，包括专业建设方案、教学指南、电子教案等必需的文件，读者可以通过华信教育资源网（www.hxedu.com.cn）下载使用或与电子工业出版社联系（E-mail：yangbo@phei.com.cn）。

● **本书主编**

本书由衡阳技师学院刘铁石担任主编，衡阳技师学院陈黎明、广东省机械高级技工学校李锦胜、广州市白云工商技师学院蔡福洲担任副主编、衡阳市珠晖区教育局陈韬主审、衡阳技师学院赵治平、邓交岳、黄海赟等参与编写。由于时间仓促，作者水平有限，书中错漏之处在所难免，恳请广大读者批评指正。

● **特别鸣谢**

特别鸣谢湖南省人力资源和社会保障厅职业技能鉴定中心、湖南省职业技术培训研究室对本书编写工作的大力支持，并同时鸣谢湖南省职业技能鉴定中心（湖南省职业技术培训研究室）史术高、刘南对本书进行了认真的审校及建议。

主　编

2012 年 8 月

目　录

模块一　模具装配初步

应知：　1. 模具装配的重要性

　　　　2. 模具装配的组织形式

　　　　3. 模具装配的工艺过程

　　　　4. 模具装配的技术要求

　　　　5. 模具装配的常用方法

应会：　1. 模具装配组织形式的选择

　　　　2. 模具装配方法的选择

　　　　3. 装配尺寸链问题的处理

本模块的学习方法和适用学生层次

本模块是装配的一些最基础的理论知识，学习方法是理解记忆。

任务一：中技、中专

任务二：高技、大专

知识链接：技师

本模块的结构内容

模具装配的{重要性，组织形式，技术要求}

模具装配的四个阶段{准备阶段，组装阶段，总装阶段，检验调试阶段}

模具装配方法{互换装配法，修配装配法，调整装配法}

装配尺寸链

术语解释

（1）什么是模具装配？

模具装配就是根据模具的结构特点和技术条件，以一定的装配顺序和方法，将符合图样技术要求的零件，经协调加工，组装成满足使用要求的模具的工艺过程。

（2）什么是模具装配工艺规程？

将合理的模具装配工艺过程按照一定的格式编写而成的书面文件就是模具装配工艺规

程。它是组织模具装配工作、指导模具装配作业、设计和改造模具的基本依据之一。

（3）什么是装配尺寸链？

装配模具时，将与某项精度指标有关的各个零件尺寸依次排列，形成一个封闭的链形尺寸组合，称为装配尺寸链。

任务一　模具装配概述

任务描述

图 1-1（a）所示是两副塑料注射模的零件，请确定合理的装配组织形式和装配方法。

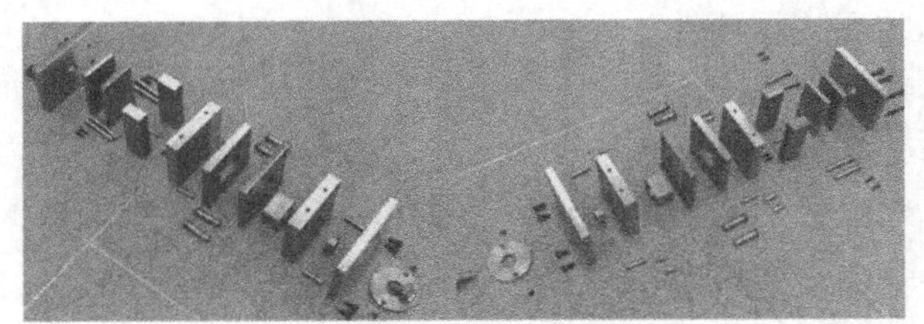

（a）模具零件图

（b）装配好的模具

图1-1　塑料注射模

学习目标

能根据具体的装配对象和要求，选择合理的装配工艺，以保证装配质量和生产效益。

任务分析

本任务要求我们确定合理的装配组织形式和装配方法，也就是选择合理的装配工艺。这就要求我们必须先了解模具装配的基础知识，了解模具装配的各种组织形式和装配方法的特点和应用场合，才能完成任务、处理问题。

任务完成

基本知识

一、模具装配的重要性

模具制造过程的重要环节：模具设计→模具零件加工→模具装配。

从以上过程可以明白，模具质量主要取决于模具设计的正确性、模具零件的加工质量及模具装配的精度。而模具质量的好坏是以模具的工作性能、工作精度、使用寿命和使用效果等综合指标来评定的，这些指标由模具装配环节给予最终保证。模具装配的质量不仅影响制件的质量及模具的使用、维修和模具的寿命，还将影响模具的制造周期和生产成本，而且通过模具装配还可以发现产品设计、零件加工及装配过程中存在的问题，为进一步改善制件和模具的质量、提高模具的使用寿命提供重要的依据。

模具的装配工作量在模具的制造过程中占很大比重，尤其在单件小批量模具生产中，因修配工作量大，装配工时往往占到模具零件机加工工时的一半左右，即使在大批量生产中，装配工时也占有较大的比例。目前，在多数工厂中，装配工作大部分还是靠手工完成，尽管现在精密加工设备的大量使用大大地提高了模具零件的机加工精度，但装配工艺工作的重要性在整个模具生产中还是占据绝对的地位。

模具装配的特点：工序集中，工艺灵活性大，工艺文件不详细，手工操作所占的比重较大，要求工人有较高的技术水平和多方面的工艺知识，另外，所使用的设备和装配工具也以通用设备和工具为主。

二、模具装配的组织形式

模具装配的组织形式主要取决于模具的生产批量。其组织形式通常有固定式装配和移动式装配两种。

1．固定式装配

固定式装配是指在固定的工作地点将零件装配成部件或模具的组织形式。它可以分为集中装配和分散装配两种形式。

（1）集中装配是指将零件组装成部件或模具的组织形式，它是由一个组（或一个人）在固定地点完成模具的全部装配工作。

它的特点：模具装配的全过程均在固定的一个地点，由一个（或一组）工人来完成，对工人的技术水平要求较高，工作地面积相对较小，生产效率低，装配周期长。它适合单件小批量的模具生产和装配精度要求高，调整工作量较大的模具装配。

（2）分散装配是指将模具装配的全部工作分散为各部件的装配和总装配，在固定的地点完成装配的组织形式。

它的特点：模具装配的全过程分散为各种部件的装配和总装配且固定地分散在各个地点完成，装配工人相对增多，生产面积相对增大，生产效率高，装配周期短。它适合成批生产。

2．移动式装配

移动式装配的每一道装配工序都按一定的时间完成，装配后的部件或模具经传送工具输送到下一个工序。根据传送工具的运动情况，移动式装配可分为断续移动式和连续移动式两种。

（1）断续移动式是指每一组装配工人在一定的周期内完成一定的装配工序，组装结束后由传送工具周期性地输送到下一道装配工序的组织形式。

它的特点：对装配工人的技术水平要求较低，装配工人增多，生产面积增大，生产效率高，装配周期短。它适合成批或大批生产。

（2）连续移动式是指装配工作在输送工具以一定速度连续移动的过程中完成的组织形式。其装配的分工原则与断续移动式基本相同，不同的是传送工具连续运动，装配工作必须在一定的时间内完成。

它的特点：对装配工人的技术水平要求较低，装配工人增多，生产面积大，生产效率高，装配周期短。它适合大批或大量生产。

生产纲领决定了生产类型，不同的生产类型的装配组织形式、装配方法、工艺装备等方面均有较大的区别。

三、模具装配的精度

模具的装配精度是指模具产品装配完成后，其实际几何参数与理想几何参数的符合程度。模具的装配精度通常包含五个方面：相互距离精度、相互配合精度、相互位置精度、相对运动精度、相互接触精度。

（1）相互距离精度是指为保证一定的间隙、配合质量、尺寸要求等相关零件、部件间距离尺寸的准确程度。

（2）相互位置精度是指相关零件间的平行度、垂直度和同轴度等方面的要求。

（3）相对运动精度是指模具中相对运动的零部件在运动方向上的平行度和垂直度及相对速度上传动的准确程度。

（4）配合表面的相互配合精度是指两个配合零件间的间隙或过盈的程度。

（5）相互接触精度是指配合表面或连接表面间接触面积的大小和接触斑点的分布状况。

在模具的装配工作中如何保证和提高装配精度，达到经济高效的目的，是装配工艺要研究的核心。

应当指出，零件的加工精度直接影响到装配精度。对于大批量生产，为了简化装配工作，便于流水作业，通常采用控制零件的加工误差来保证加工精度。但是进入装配的合格零件，总是存在一定的加工误差，当相关零件装配在一起时，这些误差就有累积的可能。累积误差不超出装配精度要求，当然是很理想的。此时装配就只是简单的连接过程。但事实并非常能如此，累积误差往往超过规定范围，给装配带来困难。采用提高零件加工精度来减小累积误差的办法，在零件加工时并不十分困难，或者在单件小批量生产时还是可行的，但这种办法增加了零件的制造成本。当装配精度要求很高即零件加工精度无法满足装配要求，或者提高零件加工精度不经济时，则必须考虑合适的装配工艺方法，达到既不增加零件加工的困难又能满足装配精度的目的。由此可见，零件加工精度是保证装配精度的基础。但装配精度不完全由零件精度来决定，它是由零件的加工精度和合理的装配方法共同保证的。如何正确处理好两者之间的关系是产品设计和制造中的一个重要课题。

四、模具装配的工艺过程

模具的装配是一个有序的过程，不是简单地把所有的模具零件连接起来就可以了。装配质量的好坏，直接影响到制件的质量和模具的使用状态和使用寿命，因此，在装配时，操作人员一定要按照装配工艺规程进行装配。模具的装配工艺过程大致可以分为以下四个阶段。

1．准备阶段

模具在装配前应做好以下几个方面的工作。

（1）熟悉装配工艺规程。装配工艺规程是规定模具装配工艺过程和装配方法的技术文件，是制订装配生产计划，进行技术准备的依据。因此，装配钳工在进行装配前必须熟悉装配工艺规程，以便掌握模具装配的全过程。

（2）读懂装配图。装配图是模具装配的主要依据。一般来说，模具的结构在很大程度上决定了模具的装配程序和方法。分析总装配图、部件装配图及零件图，可以深入了解模具结构特点和工作性能，了解模具中各零件的作用和它们相互间的位置要求、配合关系和连接方式，从而确定合理的装配基准，结合工艺规程定出装配方法和装配顺序。

（3）清理检查零件。根据总装配图上的明细表，清点和清洗零件，并仔细检查主要工作零件的尺寸和形位误差，检查各部位配合面间隙、加工余量及有无变形和裂纹等缺陷。

（4）掌握模具验收的技术条件。模具验收技术条件是模具的质量标准及验收依据，也是装配的工艺依据。模具厂的验收技术条件主要是与客户签订的技术协议书、产品的技术要求及国家颁发的质量标准。所以，装配前必须充分了解这些技术条件，才能在装配时引起注意，装配出符合验收条件的优质模具来。

（5）布置装配场地。模具装配场地是保证文明生产的必要条件，必须干净整洁，不允许有任何杂物。同时要将必要的工、夹、量具及所需的装配设备准备好并擦拭干净。

（6）准备好标准件及所需材料。在装配前，必须按总装图（或装配工艺规程）的要求，准备好装配所需的螺钉、销钉、弹簧等辅助材料，如橡胶、低熔点合金、环氧树脂、无机黏接剂等。

2．组件装配阶段

组件装配是指模具在总装配前，将两个或两个以上的零件按照装配工艺规程及规定的技术要求连接成一个组件的局部装配工作。组装工作一定要按照技术要求进行，这对整副模具的装配精度起到一定的保证作用。

3．总装配阶段

总装配是指将零件及组件连接而成为模具整体的全过程。总装配前应选择装配好的基准件，同时安排好上下模（或动定模）的安装顺序，然后进行装配，并保证装配精度，以满足规定的各项技术要求。

4．检验调试阶段

模具装配完成后，要按照模具验收技术条件检验各部分功能，并通过试模对模具进行调试，直到能用模具制造出合格的制件来，模具才能交付使用。

五、模具装配的方法

模具装配的工艺方法有互换法、修配法和调整法。模具生产属于单件小批量生产，具有成套性和装配精度高的特点。所以，目前模具装配常用修配法和调整法。今后随着模具加工设备的现代化，零件制造精度逐渐满足互换法的要求，互换法的应用将会越来越广泛。

1. 互换装配法

互换法的实质是通过控制零件的加工误差来保证装配精度。按互换程度分为完全互换法和部分互换法。

（1）完全互换法。这种方法是指装配时，各配合零件不经选择、修理和调整即可达到装配精度的要求。

完全互换法具有装配工作简单，质量稳定，易于流水作业，效率高，对装配工人技术要求低，模具维修方便等优点。当加工设备精度较高时可采用这种方法。

（2）部分互换法（分组互换）。这种方法是指加工精度不能满足完全互换法装配要求时，将批量生产的配合零件的制造公差适当放大，将零件实测尺寸按大小分为几组，在组内实现完全互换法装配。如在模架厂中，将生产的导柱和导套按实测尺寸大小分组，进行有选择的装配，大导柱配大导套，从而提高配合精度。

2. 修配装配法

修配装配法是指装配时修去指定零件的预留修配量，以达到装配精度要求的方法。这种方法广泛应用于单件或小批量生产的模具装配工作。常用的修配方法有以下两种。

（1）指定零件修配法。指定零件修配法是在装配尺寸链的组成环中，预先指定一个零件作为修配件，并预留一定的加工余量，装配时再对该零件进行切削加工，以达到装配精度要求的加工方法。指定的零件应易于加工，而且在装配时它的尺寸变化不会影响其他尺寸链。

图 1-2 所示为热固性塑料压模，装配后要求上、下型芯在 *B* 面上，凹模的上、下平面与上、下固定板在 *A*、*C* 面上同时保持接触。为了保证零件的加工和装配简化，选择凹模为修配件。

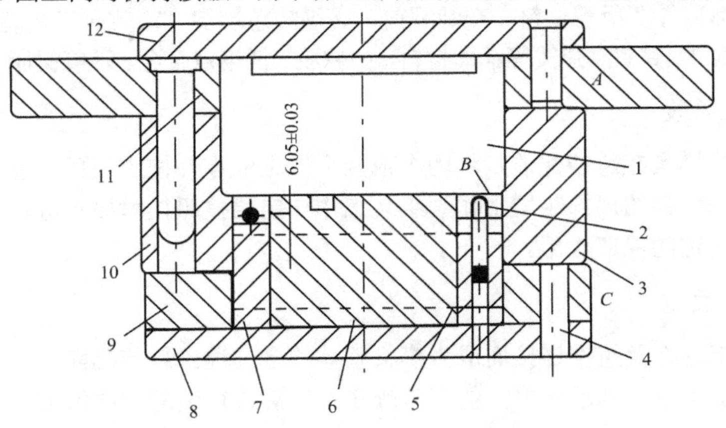

1—上型芯；2—螺钉；3—凹模；4—销钉；5、7—型芯拼块；6—下型芯；
8、12—支承板；9—下固定板；10—导柱；11—上固定板

图1-2　热固性塑料压模

凹模的上、下平面在加工时预留一定的修配余量，其大小可根据具体情况或经验确定。

修配前应进行预装配，测出实际的修配余量大小，然后拆开凹模按测出的修配余量修配，再重新装配以达到装配要求。

（2）合并加工修配法。合并加工修配法是将两个或两个以上的配合零件装配后，再进行机械加工，以达到装配精度要求的方法。

如图 1-3 所示，当凸模和固定板组合后，要求凸模上端面和固定板的上平面在同一平面。采用合并修配法在单独加工凸模和固定板时，对和尺寸就不严格控制，而是将两者组合在一起后，磨削上平面，以保证装配要求。

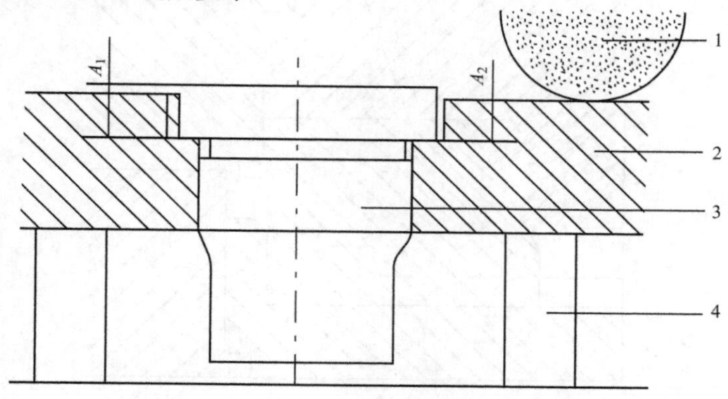

1—砂轮；2—凸模固定板；3—凸模；4—垫铁

图1-3　合并加工修配法

3．调整装配法

调整法是通过改变模具中可调整零件的相对位置或可调换的一组固定尺寸零件（如垫片、垫圈）来达到装配精度要求的方法。其实质与修配法相同，常用的调整法有以下两种。

（1）可动调整法。可动调整法是在装配时，通过改变调整件的位置来达到装配要求的方法。图 1-4 所示为冷冲模上出件的弹性顶件装置，通过旋转螺母及压缩橡胶，使顶件力增大。

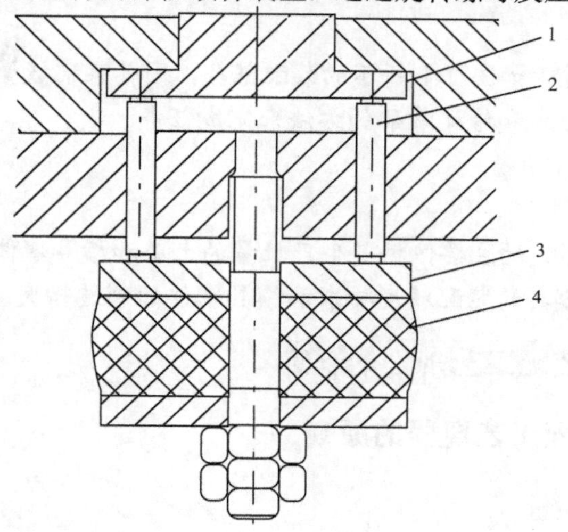

1—顶料板；2—顶杆；3—垫板；4—橡皮

图1-4　可动调整法

（2）固定调整法。固定调整法是在装配过程中选用合适形状、尺寸的调整件，以达到装配要求的方法。

图 1-5 所示为塑料注射模具滑块型芯水平位置的调整，可通过更换调整垫厚度的方法达到装配精度的要求。调整垫可制造成不同厚度，装配时根据预装配时对间隙的测量结果，选择一个适当厚度的调整垫进行装配，达到所要求的型芯位置。

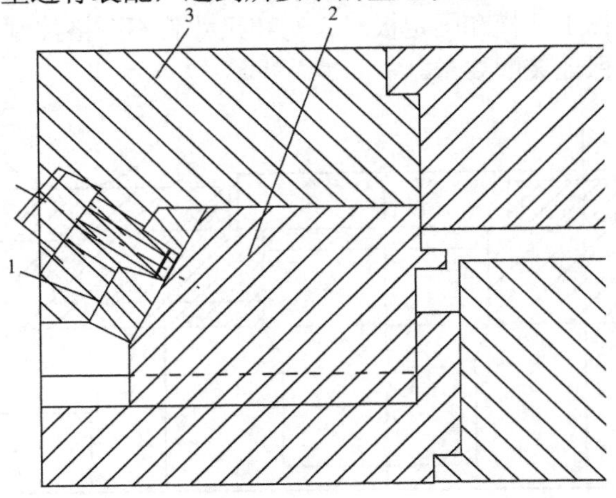

1—调整垫；2—滑块型芯；3—定模板

图1-5　固定调整法

固定调整法的优点：

① 在各组成环按经济加工精度制造的条件下，能获得较高的装配精度。

② 不需要做任何修配加工，还可以减小因磨损和热变形对装配精度的影响。

固定调整法的缺点：需要增加尺寸链中零件的数量，装配精度依赖工人的技术水平。

任务完成

通过上面的学习，对于如图 1-1 所示的装配任务，因其装配数量小，装配精度要求高，应采用集中装配的组织形式和修配装配的方法来完成任务。

工艺技巧

确定模具装配组织形式的主要依据是生产批量的大小和模具零件的尺寸、质量，而选择装配方法的主要依据是模具的装配精度要求和模具零件的制造精度。

知识链接　模具装配工艺规程的制定

一、制定模具装配工艺规程的原则

（1）保证模具装配质量。

（2）选择合理的装配方法，综合考虑加工和装配的整体效益。

（3）合理安排装配顺序和工序，尽量减少钳工装配工作量，缩短装配周期，提高装配效率。

（4）尽量减少装配占地面积，提高单位面积生产率，改善劳动条件。
（5）注意采用和发展新工艺、新技术。

二、装配工艺规程的内容

（1）制定出经济合理的装配顺序，并根据所设计的结构特点和要求，确定模具各部分的装配方法。
（2）选择和设计装配中需用的工艺装备，并根据模具的生产批量确定其复杂程度。
（3）规定部件装配技术要求，使其达到整机的技术要求，并保障使用性能。
（4）规定模具的部件装配和总装配的质量检验方法及使用工具。
（5）确定装配中的工时定额。
（6）其他需要提出的注意事项及要求。

三、装配工艺规程的制定步骤和方法

1. 进行模具分析

（1）分析模具图样，掌握模具装配的技术要求和验收标准（读图阶段）。
（2）对模具的结构进行尺寸分析和工艺分析（审图阶段）。
① 装配尺寸链分析和计算。
② 装配结构工艺性分析。
（3）研究模具分解成“装配单元”的方案。装配单元分五级：
① 零件——机器的最基本单元。
② 合件——比零件大一级的装配单元。
③ 组件——由一个或几个合件与若干个零件组合成的装配单元。
④ 部件——由一个基准零件和若干个零件、合件和组件而组合成的装配单元。
⑤ 模具——产品。

2. 装配组织形式的确定

确定组织形式的依据。
（1）模具的批量。
（2）模具的尺寸。
（3）模具的重量。

3. 装配工艺过程的确定

（1）确定装配工作的内容。
① 基本工作内容：清洗、刮削、平衡、过盈连接、螺纹连接及校正。
② 装配后的工作内容：检验、试运转、油漆、包装等。
（2）装配工艺方法及其设备的确定。
① 选择合适的装配方法。
② 选择设备、工具、夹具和量具。

③ 估算装配周期，安排作业计划、工时定额。

④ 确定工人等级。

（3）装配顺序的确定。

① 选择基准件：零件或低一级的装配单元。

② 安排顺序规律：先下后上、先难后易、先重大后轻小、先精密后一般。

（4）装配工艺规程文件的编写。

文件内容包括以下几个方面：

① 装配图。

② 装配工艺流程图。

③ 装配工艺过程卡片或装配工序卡片。

④ 装配工艺说明书。

习 题

一、填空题

1．在装配过程中既要保证相配零件的（　　）要求，又要保证零件之间的（　　）要求，对于那些具有相对运动的零部件，还必须保证它们之间的（　　）要求。

2．生产中常用的装配方法有（　　）、（　　）、（　　）、（　　）。

3．在装配时修去指定零件上的（　　）以达到装配精度的方法，称为修配装配法。

4．在装配时用改变产品中（　　）零件的相对位置或选择合适的（　　）以达到装配精度的方法，称为调整装配法。

5．模具装配过程一般包括（　　）、组件装配、总装配、（　　）四个阶段。

二、问答题

1．模具装配的概念是什么？

2．模具装配有哪些特点？

3．什么是模具装配精度？它包括哪些方面？

4．保证模具装配精度的方法有哪些？如何选用？

三、判断题

1．模具是属于单件、小批量生产，所以装配工艺通常采用修配法和调节法。（　　）

2．模具生产属于单件小批生产，适合采用分散装配。（　　）

3．移动装配就是分散装配。（　　）

4．分组装配法在同一装配组内不能完全互换。（　　）

5．修配装配法在单件、小批生产中被广泛采用。（　　）

6．模具装配好即可使用。（　　）

四、选择题

1．集中装配的特点是（　　）。

A．从零件装成部件或产品的全过程均在固定地点

B．由几组（或多个）工人来完成

C．对工人技术水平要求高

D．装配周期短

2．分散装配的特点是（　　）。

A．适合成批生产　B．生产率低　C．装配周期长　D．装配工人少

3．完全互换装配法的特点是（　　）。

A．对工人技术水平要求高　B．装配质量稳定

C．产品维修方便　D．不易组织流水作业

4．对调整装配法，正确的叙述是（　　）。

A．可动调整法在调整过程中不需要拆卸零件

B．调整法装配精度较低

C．调整法装配需要修配加工

D．只能通过更换调整零件的方法达到装配精度

任务二　装配尺寸链

任务描述

图 1-6 所示为注射模斜楔锁紧滑块结构，已知各零件的基本尺寸如下：A_1=57，A_2=20，A_3=37，A_1的尺寸变动范围为 0.18～0.30mm。采用互换装配法装配，试确定各组成环的公差和极限偏差。

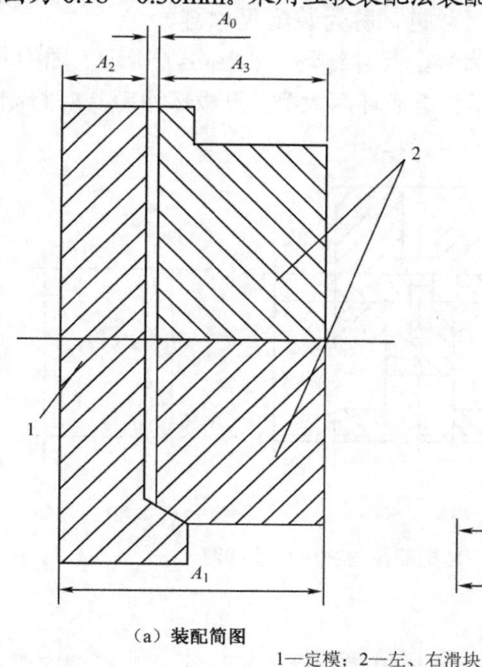

（a）装配简图

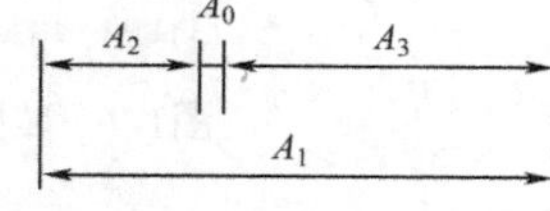

（b）装配尺寸图

1—定模；2—左、右滑块

图1-6　注射模斜楔锁紧滑块机构

学习目标

能根据具体的装配对象和要求，确定相应装配尺寸链环的尺寸公差和极限偏差，在生产中能合理地分析和解决装配中的相关问题。

任务分析

本任务要求是在空模闭合状态时，必须使定模内平面到滑块分型面有 0.18～0.30mm 的间隙，以便当模具在闭合注射时，左、右滑块沿着斜楔滑行产生锁紧力，确保左、右滑块分型面密合，不产生塑件飞边。要解决此问题，必须先弄懂装配尺寸链的组成，并能准确确定各组成环和封闭环尺寸，才能完成任务、处理问题。

任务完成

基本概念

一、装配尺寸链的组成及特征

任何产品都是由若干零部件组装而成的。为了保证产品质量，必须在保证各个零部件质量的同时，保证这些零部件之间的尺寸精度、位置精度及装配技术要求。无论是产品设计还是装配工艺的制定及装配质量问题的解决等，都要应用装配尺寸链的原理。

在产品的装配关系中，由相关零件的尺寸（表面或轴线间的距离）或相互位置关系（同轴度、平行度、垂直度等）所组成的尺寸链，称为装配尺寸链。

组成装配尺寸链的每一个尺寸称为装配尺寸链环，如图 1-7 所示，图中共有 5 个尺寸链环，尺寸链环按照其性质可分为封闭环和组成环两大类。组成环按照其对封闭环影响的不同，又分为增环和减环。

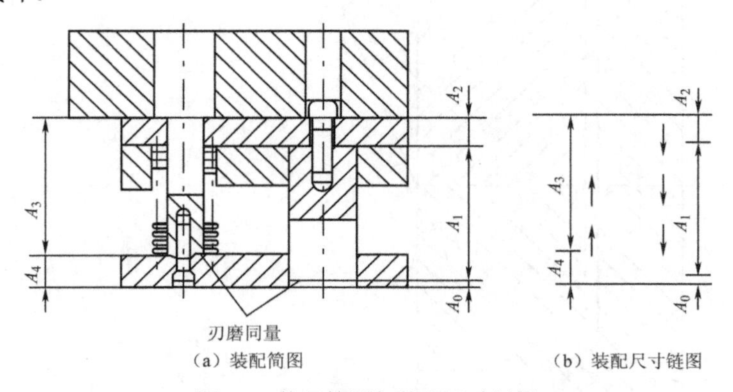

图1-7　装配简图与装配尺寸链图

1. 封闭环的确定

在装配过程中，间接得到的尺寸称为封闭环。封闭环往往是装配精度要求或是技术条件要求的尺寸，用 A_0（或 A_Σ）表示，在装配尺寸链的建立过程中，首先要正确地确定封闭环，封闭环找错了，整个尺寸链的解也就错了。

2. 组成环的查找

在装配尺寸链中，直接得到的尺寸称为组成环，用 A_i 表示，如图 1-7 中的 A_1、A_2、A_3、A_4。由于尺寸链是由一个封闭环和若干个组成环所组成的封闭图形，故尺寸链中组成环的尺寸变化必然引起封闭环的尺寸变化。当某个组成环尺寸增大（其他组成环尺寸不变），封闭环尺寸也随之增大时，则该组成环为增环，以 $\vec{A}_i$ 表示，如图 1-7 中的 A_3、A_4。当某个组成环尺寸增大（其他组成环不变），封闭环尺寸随之减小时，则该组成环称为减环，用 $\overleftarrow{A}_i$ 表示，如图 1-7 中的 A_1、A_2。

为了快速确定组成环的性质，可先在尺寸链图上平行于封闭环的位置上，沿任意方向画一箭头，然后沿此箭头方向环绕尺寸链一周，平行于每一个组成环尺寸依次画出箭头，箭头指向与封闭环相反的组成环为增环，箭头指向与封闭环相同的组成环为减环，如图 1-7（b）所示。

3. 尺寸链的特征

通过上述分析可知，装配尺寸链的主要特征是封闭性和关联性。

（1）封闭性：即组成尺寸链的有关尺寸按一定顺序首尾相连接构成封闭图形，没有开口，如图 1-7 所示。

（2）关联性：即尺寸链中任何一个直接获得的尺寸（即任何一个组成环）发生变化，都将影响间接获得或间接保证的那个尺寸（即封闭环）及其精度的变化。

二、装配尺寸链计算的基本公式

计算装配尺寸链的目的是求出装配尺寸链中某些环的基本尺寸及其上、下偏差。生产中一般采用极值法，其基本公式如下。

$$A_0=\sum_{i=1}^{m}\vec{A}_i-\sum_{i=m+1}^{n-1}\overleftarrow{A}_i \tag{1.1}$$

$$A_{0\max}=\sum_{i=1}^{m}\vec{A}_{i\max}-\sum_{i=m+1}^{n-1}\overleftarrow{A}_{i\min} \tag{1.2}$$

$$A_{0\min}=\sum_{i=1}^{m}\vec{A}_{i\min}-\sum_{i=m+1}^{n-1}\overleftarrow{A}_{i\max} \tag{1.3}$$

$$B_sA_0=\sum_{i=1}^{m}B_s\vec{A}_i-\sum_{i=m+1}^{n-1}B_x\overleftarrow{A}_i \tag{1.4}$$

$$B_xA_0=\sum_{i=1}^{m}B_x\vec{A}_i-\sum_{i=m+1}^{n-1}B_s\overleftarrow{A}_i \tag{1.5}$$

$$T_0=\sum_{i=1}^{n-1}T_i \tag{1.6}$$

$$A_{0m}=\sum_{i=1}^{m}\vec{A}_{im}-\sum_{i=m+1}^{n-1}\overleftarrow{A}_{im} \tag{1.7}$$

$$\Delta_0 = \sum_{i=1}^{m} \overrightarrow{\Delta}_i - \sum_{i=m+1}^{n-1} \overleftarrow{\Delta}_i \tag{1.8}$$

式中，n 为包括封闭环在内的尺寸链总环数；m 为增环的数目；Δ为中间偏差；$n-1$ 为组成环（包括增环和减环）的数目。

上述公式中用到的尺寸及偏差或公差符号见表 1-1。

表 1-1　工艺尺寸链的尺寸及偏差符号

环名	符号名称						
	基本尺寸	最大尺寸	最小尺寸	上偏差	下偏差	公差	平均尺寸
封闭环	A_0	$A_{0\max}$	$A_{0\min}$	$B_s A_0$	$B_x A_0$	T_0	A_{0m}
增环	$\overrightarrow{A}_i$	$\overrightarrow{A}_{i\max}$	$\overrightarrow{A}_{i\min}$	$B_s\overrightarrow{A}_i$	$B_x\overrightarrow{A}_i$	$\overrightarrow{T}_i$	$\overrightarrow{A}_{im}$
减环	$\overleftarrow{A}_i$	$\overleftarrow{A}_{i\max}$	$\overleftarrow{A}_{i\min}$	$B_s\overleftarrow{A}_i$	$B_x\overleftarrow{A}_i$	$\overleftarrow{T}_i$	$\overleftarrow{A}_{im}$

任务完成

一、确定装配尺寸链的各个链环，并绘制出装配尺寸链简图（图 1-6（b））

由于 A_0 是在装配过程中最后间接形成的，故为封闭环，A_1 为增环，A_2、A_3 为减环。

二、分析计算（计算中各尺寸单位为 mm，省略未标）

1. 封闭环的基本尺寸和公差

封闭环的基本尺寸为

$$A_0 = \sum_{i=1}^{m} \overrightarrow{A}_i - \sum_{i=m+1}^{n-1} \overleftarrow{A}_i = A_1-(A_2+A_3)=57-(20+37)=0$$

封闭环的公差 T_0 为

$$T_0=B_s A_0-B_x A_0=0.30-0.18=0.12$$

2. 各组成环的平均公差

各组成环的平均公差为

$$T_{im}=T_0/m=0.12/3=0.04$$

式中，m 为组成环的环数。

3. 确定各组成环公差

以平均公差为基础，按各组成环基本尺寸的大小和加工难易程度进行调整，取

$$T_1=0.05$$

$$T_2=T_3=0.04$$

4. 确定各组成环的极限偏差

将 A_1 作为调整尺寸，其余各组成环按包容尺寸下偏差为零来计算。

根据被包容尺寸上偏差为零的原则（入体原则），确定为

$$A_2 = 20^{0}_{-0.03}$$

$$A_3 = 37^{0}_{-0.03}$$

这时各组成环的中间偏差为

$$\Delta 2 = -0.015$$

$$\Delta 3 = -0.015$$

$$\Delta 0 = 0.18 + T_0/2 = 0.24$$

计算组成环 A_1 的中间偏差Δ_1，根据公式

$$\Delta_0 = \sum_{i=1}^{m} \overrightarrow{\Delta}_i - \sum_{i=m+1}^{n-1} \overleftarrow{\Delta}_i$$

得到$\Delta_1=\Delta_0+(\Delta_2+\Delta_3)=0.24+(-0.015-0.015)=0.21$

组成环 A_1 的上偏差和下偏差为

$$B_{\rm s} A_1=\Delta_1+T_1/2=0.21+0.05/2=0.235$$

$$B_{\rm x\,3} A_1=\Delta_1-T_1/2=0.21-0.05/2=0.185$$

于是得到

$$A_1 = 57^{+0.235}_{+0.185}$$

三、结果验证

由前述公式得

$$A_{0\max}=57.235-(19.97+36.97)=0.295$$

$$A_{0\min}=57.185-(20+37)=0.185$$

$$T_0=A_{0\max}-A_{0\min}=0.295-0.185=0.11<0.12$$

这说明空模闭合状态时，定模内平面至滑块分型面的间隙值为 0.185～0.295mm，处在要求间隙值 0.18～0.30mm 之间，满足装配要求。

工艺技巧

1．应用装配尺寸链来解决装配精度问题的步骤

（1）建立装配尺寸链。

（2）确定装配工艺方法。

（3）进行尺寸链计算。

（4）确定零件的制造公差。

2．建立装配尺寸链的原则

（1）封闭的原则，正确找到尺寸链的封闭环是关键。

（2）环数最少的原则。

（3）形位公差及配合间隙也是组成环。

知识链接　装配尺寸链计算方法及应用

1. 装配尺寸链计算方法

1）正计算

已知各组成环的基本尺寸及其公差（或偏差），求封闭环的基本尺寸及其公差（或偏差）。其计算结果是唯一的，产品设计或工艺人员常用这种形式验证工序图上标注的工艺尺寸及公差是否能满足工件的设计尺寸要求。

2）反计算

已知封闭环的基本尺寸及其公差（或偏差），求组成环的基本尺寸及其公差（或偏差）。即已知装配精度，求解与该项装配精度有关的各零部件（组成环）的基本尺寸及其偏差。反计算用于在设计过程中确定各零部件的尺寸及加工精度。反计算又分为等公差法和等精度法两种形式。

（1）等公差法：按照尺寸链中各组成环的公差都相等的原则来分配各组成环的公差。用这种方法解尺寸链，计算比较简便，但没有考虑各组成环的尺寸大小和加工难易程度，都给出相等的公差值，显然不太合理。因此，在实际应用中常按照各组成环的尺寸大小和加工难易程度进行适当的调整，使各组成环的公差都能较容易地达到，但调整后的各环公差之和仍应满足规定要求。

（2）等精度法：按照尺寸链中各组成环公差等级相同的原则来分配各组成环的公差。因此，它克服了等公差法的缺点，从工艺上看较为合理，但计算比较麻烦。

3）中间计算

已知封闭环和有关组成环的基本尺寸及其公差（或偏差），求某一组成环的基本尺寸及其公差（或偏差）。

2. 装配尺寸链在完全互换装配法中的应用

（1）已知封闭环（装配精度）的公差 T_{AO}，则 m 个组成环的公差 T_{AI} 可按“等公差”原则先确定它们的平均极值公差 $T_{av}A$：

$$T_{av}A = T_{AO}/m$$

（2）对各组成环的公差进行适当的调整，在调整时可参照以下原则。

① 组成环是标准件：尺寸、公差值及其分布在相应标准中已有规定，为确定值。

② 组成环是几个尺寸链的公共环时：其公差值及其分布由其中要求最严格的尺寸链先行确定，对其余尺寸链则应成为确定值。

③ 尺寸相近、加工方法相同的组成环：其公差值相等。

④ 难加工或难测量的组成成环：其公差可取较大数值。

3. 组成环公差标注

组成环按上述原则确定公差并取标准值，选择其中一环作为协调环，按极值法相关公式确定其公差和分布，其他环按入体原则标注，以保证装配精度要求。协调环的制造难度应与其他组成环加工的难度基本相当。

习　题

1．如图 1-8 所示，装配要求轮轴的轴向间隙 A_{Σ} 在 0.2～0.7mm 的范围内变化。已知各零件的基本尺寸为 A_1=140mm，A_2=A_5=5mm，A_3=100mm，A_4=50mm。试用极值法确定各尺寸的公差和偏差。

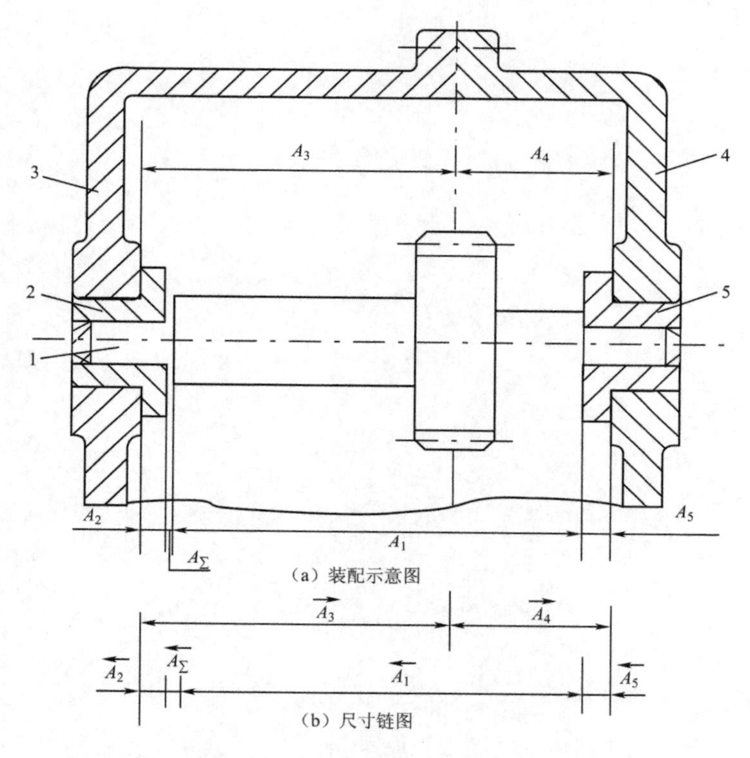

（a）装配示意图

$\overrightarrow{A_3}$ $\overrightarrow{A_4}$ $\overleftarrow{A_2}$ $\overleftarrow{A_{\Sigma}}$ $\overleftarrow{A_1}$ $\overleftarrow{A_5}$

（b）尺寸链图

1—齿轮轴；2—左滑动轴承；3—左箱体；4—右箱体；5—右滑动轴承

图1-8　齿轮箱部件图

2．如图 1-9 所示，尾座垫块厚度 A_2=46mm，尾座底面至中心线高度 A_3=156mm，头架底面至中心线高度 A_1=202mm，装配后尾座中心线应比头架中心线高 0.06mm。

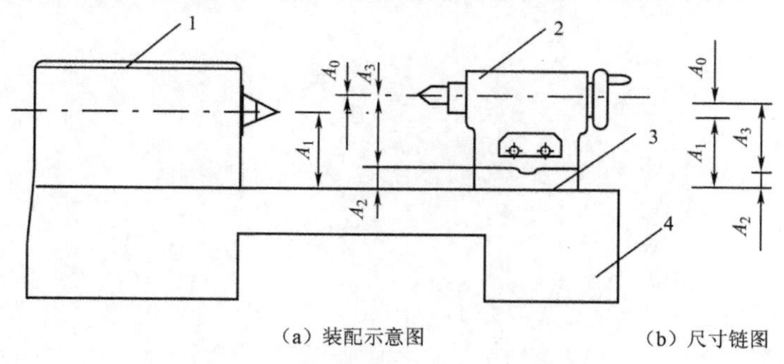

（a）装配示意图　　　（b）尺寸链图

1—主轴箱；2—尾座；3—底板；4—床身

图1-9　卧式车床主轴中心线与尾座套筒中心线等高示意图

（1）用完全互换法计算各组成环的平均公差。

（2）若公差太小，加工困难，可采用什么方法装配?

（3）以 A_2 为修配环，确定各组成环偏差。

模块二　冲 模 装 配

应知：　1．凸、凹模的固定方法

　　　　2．凸、凹模的间隙控制法（垫片法和透光法调整间隙）

　　　　3．模架的装配方法

　　　　4．螺钉及销钉的装配方法

应会：　1．掌握压入式固定方法的装配技能

　　　　2．掌握模架的装配技能

　　　　3．掌握凸、凹模间隙控制方法（垫片法和透光法调整间隙）

　　　　4．掌握螺钉及销钉的装配技能

　　　　5．掌握复合模的拼块加工及组合装配技能

本模块的学习方法和适用学生层次

本模块是本书的一个重点，要求学生熟练掌握本模块介绍的操作方法和操作技能，因此最好的学习方法是多动手，真正做到理论联系实际。

任务一、任务二：中专　中技

任务三：高技　大专

知识链接：技师

本模块的结构内容

单工序冲裁模的装配｛冲模装配的技术要求和特点，冲模装配的要点，模架的技术标准和装配方法｝

复合式冲裁模的装配｛复合模的加工制造和装配要点，模具工作零件的机械固定方法，凸、凹模配合间隙的控制方法，以及复合模装配工艺过程｝

多工位级进模的装配｛模具工作零件的物理、化学固定方法，螺钉及销钉的装配，级进模的装配要点｝

术语解释

什么是冲压模具？

如图 2-1（a）所示，在冲压加工中，将材料加工成零件或半成品（见图 2-2）的一种特殊工艺装备，称为冲压模具（俗称冲模）。

冲压模具根据工序组合程度分为单工序模、复合模、级进模三大类。

冲压模具根据工艺性质分为冲裁模、弯曲模、拉深模、成型模等。

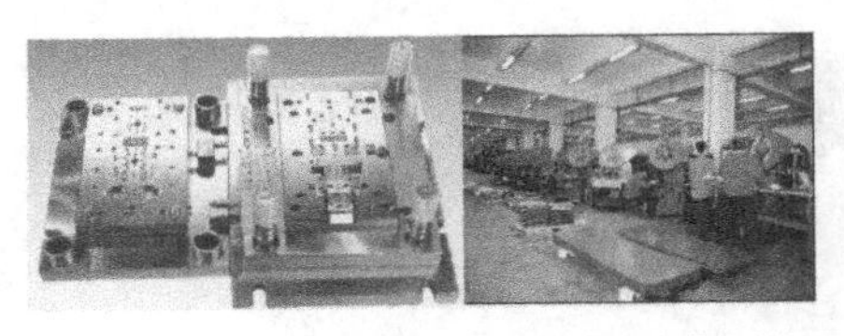

（a）冲压模具　（b）冲压生产现场

图2-1　冲压模具与冲压生产现场

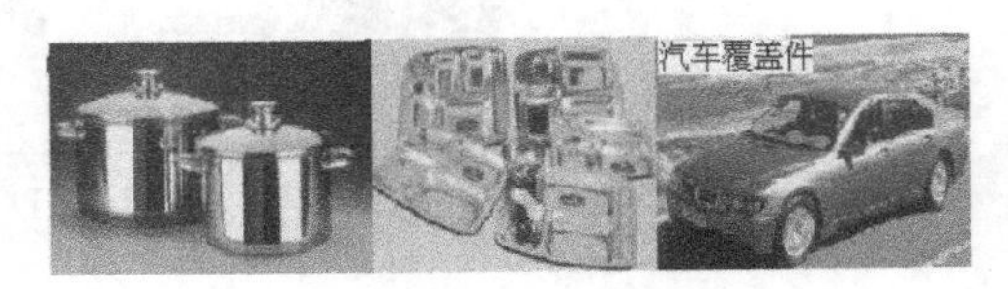

图2-2　常见的一些冲压产品

任务一　单工序冲裁模的装配

任务描述

本任务主要是完成如图 2-3 所示导柱式单工序落料模的装配。通过对该模具的装配，介绍单工序冲裁模的装配工艺与要求及各类模架的装配、检测方法。

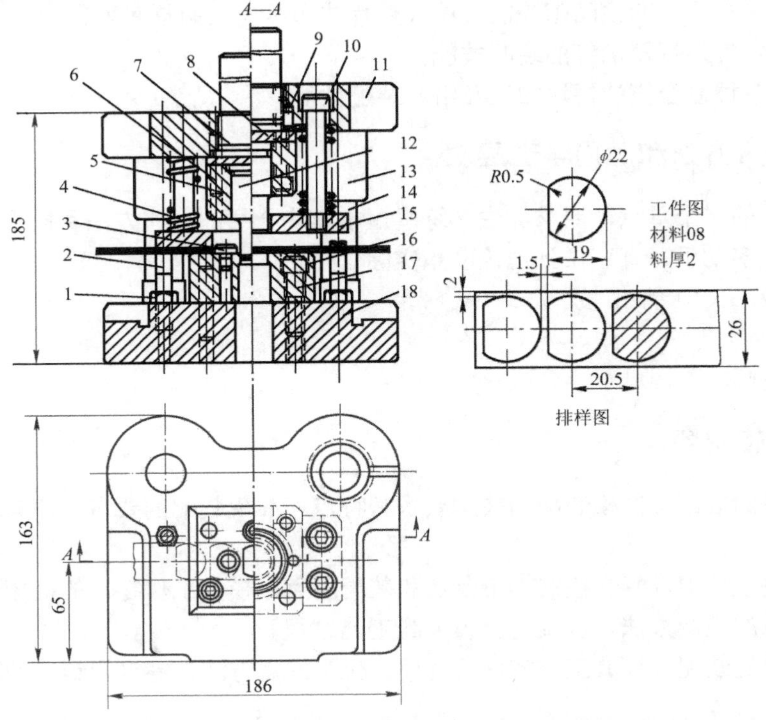

1—螺帽；2—导料螺钉；3—挡料销；4—弹簧；5—凸模固定板；6—销钉；7—模柄；8—垫板；9—止动销；10—卸料螺钉；11—上模座；12—凸模；13—导套；14—导柱；15—卸料板；16—凹模；17—内六角螺钉；18—下模座

图2-3　导柱式单工序落料模

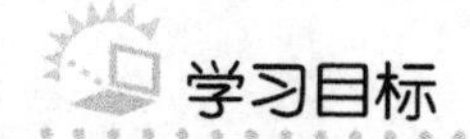
学习目标

通过本任务的学习，要求掌握各类模架的装配方法、装配技能及模架的检测方法，要求重点掌握单工序冲裁模的装配工艺过程。

任务分析

本任务是装配如图 2-3 所示的电度表固定卸料冲孔模。根据图示可知，该模具具有导向装置，其结构简单，主要由模架、冲孔凸、凹模、卸料装置等组成。从模具结构分析，影响模具装配质量的因素主要有以下几个方面：

① 导柱的垂直度。

② 冲孔凸模与凸模固定板装配基准面的垂直度。

③ 凸模与凹模的间隙均匀性。

④ 卸料板定位位置的准确性。

那么，怎样来保证模具的装配质量呢？首先必须了解冲模装配的基本知识。

任务完成

基本知识

一、冲模装配的技术要求和特点

冲模装配是冲模制造过程中的关键工序，冲模装配质量如何将直接影响到制件的质量、冲模的技术状态和使用寿命。为确保冲模必要的装配精度，发挥良好的技术状态，维持应有的使用寿命，除保证冲模零件的加工精度外，在装配方面也应达到规定的技术要求。

1. 冲模装配的技术要求

冲模装配的技术要求主要包括模具外观、安装尺寸和总体装配精度要求。具体如下。

1）冲模外观和安装尺寸的要求

① 模具表面应平整，无锈斑、伤痕等缺陷，不得有除刃口外的锐边倒角。

② 模具重量大于 25kg 时，模座上应有起重螺孔。

③ 模具周边涂绿色或蓝色油漆，模具正面应有铭牌或刻字，标明模具名称、编号、制造日期等内容。

2）工作零件装配要求

① 凸模、凹模、侧刃与固定板安装基准面应垂直。

② 凸模、凹模与固定板装配后，其底面与固定板应磨平。

③ 凸模和凹模拼块的接缝应无错位，接缝处不平度不大于 0.02mm。

3）紧固件装配要求

① 螺钉装配后应拧紧，不许有任何松动。

② 对于钢件连接，螺纹旋入长度应不小于螺钉直径；对于铸件的连接，螺纹旋入长度

应不小于 1.5 倍螺钉直径。

③ 销钉与销孔的配合松紧适度。有效配合长度应为孔径的 1～1.5 倍。

4）导向零件装配要求

① 导柱与模座安装基面应垂直。垂直度允差：滑动导柱不大于 100∶0.01，滚珠导柱不大于 100∶0.005。

② 导料板的导向面与凹模中心线应平行。平行度允差：冲裁模不大于 100∶0.05，连续模不大于 100∶0.02。

③ 导柱、导套装配好后，导柱固定端端面与下模座下平面保持 1～2mm 的空隙，导套固定端端面应低于上模座上平面 1～2mm。

5）凸凹模装配后的间隙要求

① 模具冲裁间隙应均匀，误差不大于规定间隙的 20%。

② 模具弯曲、成型、拉深等间隙应均匀，误差不大于料厚的偏差。

6）顶出、卸料件装配要求

① 装配后，卸料板、推件板、顶料板应露出凸模顶端、凹模口、凸凹模顶端 0.5～1mm。

② 同一模具的顶杆、推杆长度应一致，误差小于 0.1mm。

③ 卸料机构和打料机构动作要灵活，无卡阻现象。

7）模柄装配要求

模柄与上模座应垂直，垂直度误差不大于 100∶0.05。

2．冲模装配的特点

冲模装配的基本特点是配作。由于冲模的生产属于单件小批量生产，而且模具有些部位的精度要求很高，因此，广泛采用配作方法来保证其装配要求。若不了解其装配特点，将冲模各零件全部按图样加工出来，结果往往装配不起来或者达不到装配的技术要求。现在，随着生产的发展，用户对模具易损件提出了互换性的要求，以便用户在使用现场对冲模损坏的零件进行快速更换。这种对少数零件的个别部位需要确保图样尺寸的要求，虽与一般的配作习惯有所不同，但只要采取一定的工艺措施也是可以实现的。

二、冲模装配的要点

冲模装配的工艺过程主要包括四个阶段：装配前的准备、组装、总装、检验与调试。装配钳工接到任务后，必须先仔细阅读装配图及零件图，了解所冲零件的形状、精度要求及模具的结构特点、动作原理和技术要求，熟悉装配工艺规程，清查零件及准备好工具与所用物料。装配工艺主要是根据冲模类型及其结构制定的，它的关键点就是选择合理的装配方法和选择合理的装配顺序，这也是冲模装配的要点。

1．选择合理的装配方法

冲模的装配，主要有直接装配法和配作装配法两种。在装配过程中，究竟选择哪种方法合适，必须充分分析该冲模的结构特点及其零件加工工艺和加工精度等因素，选择既方便又可靠的装配方法来保证冲模的质量。如果零件全部是采用数控机床等精密设备加工出来的，零件质量及精度很高，且模架又是购买的标准模架，则可以采用直接装配法。如果零件加工不是采用精密加工设备，模架也非标准模架，则只能采用配作法装配。

2．选择合理的装配顺序

冲模的装配最主要的是保证凸、凹模的间隙均匀。为此，在装配前必须合理地考虑上、下模的装配顺序，否则，在装配后会出现间隙不易调整的麻烦，给装配带来困难。

一般来说，在进行冲模装配前，应先选择装配基准件。基准件原则上应按照冲模主要零件加工时的依赖关系来确定。一般可在装配时作为基准件的有导板、固定板、凸模、凹模等。在一般情况下，当冲模零件装入上、下模时，应先安装基准件。通过基准件再依次安装其他零件。安装完毕经检查无误后，可以先钻、铰销钉孔；拧入螺钉，但不要拧紧，以便于试模时调整，待试模合格后再将其拧紧。

为了使凸、凹模间隙均匀，易于调整，上、下模的装配顺序如下。

（1）无导向装置的冲模。对于上、下模之间无导柱、导套作导向的冲模，其装配比较简单。由于这类冲模使用时是安装到压力机上以后再进行调整的，因此，上、下模的装配顺序没有严格要求，可分别进行装配。

（2）有导向装置的冲模。对于有导向装置的冲模，其装配方法和顺序可按下述进行。

① 装下模。先将凹模放在下模板上，找正位置后再将下模板按凹模孔划线，加工出漏料孔，然后用螺钉及销钉将凹模固定在下模板上。

② 装配后的凸模与凸模固定板组合，放在下模上，并用垫块垫起，将凸模导入凹模孔内，找正间隙并使其均匀。

③ 将上模板、垫板与凸模固定板组合夹紧，钻上模紧固螺钉孔并用螺钉轻轻拧上，但不要拧紧。

④ 上模装配后，再将其导套轻轻地套入下模的导柱上，查看凸模是否能自如地进入凹模孔，然后调整间隙，使之均匀。

⑤ 间隙调整均匀后，将螺钉拧紧。取下上模再钻销钉孔，打入销钉及安装其他辅助零件。

（3）有导柱的复合模。对于有导柱的复合模，一般可先安装上模，然后借助上模中的冲孔凸模及落料凹模孔，找出下模的凸、凹模位置，并按冲孔凹模孔位置在下模板上加工出漏料孔（或在零件上单独加工漏料孔），这样可以保证上模中卸料装置能与模柄中心对正，避免漏料孔错位。

（4）有导柱的连续模。对于有导柱的连续模，为了便于准确调整步距，一般先装配下模，再以下模凹模孔为基准将凸模通过刮料板导向，装配上模。

各类冲模的装配顺序并不是一成不变的，应根据冲模结构及操作者的经验、习惯而采取不同的顺序进行调整。

任务完成

通过上面的学习，我们知道单工序冲裁模可分为无导向装置的冲裁模和有导向装置的冲裁模两种类型。对于无导向装置的冲裁模，其装配比较简单，可按图样要求将上、下模分别进行装配，其凸、凹模的间隙是在冲模被安装到压力机上时进行调整的。而对于有导向装置的冲裁模，装配时要先选择基准件，然后以基准件为基准装配其他零件并调整好间隙值。图2-3所示的导柱式单工序落料模的装配工艺过程如下。

1．装配前的准备

装配钳工接到任务后，必须先仔细阅读装配图及零件图，了解所冲零件的形状、精度要求，以及模具的结构特点、动作原理和技术要求，选择合理的装配方法和装配顺序，清查零件数量和质量，准备好必要的标准零件，如螺钉、销钉及装配用的工具等。

2．装配模柄

将模柄7装配于上模座11内，并加工出止动销钉孔，将止动销钉9装入后，再将模柄端面与上模板的底面在平面磨床上磨平，如图2-4所示。

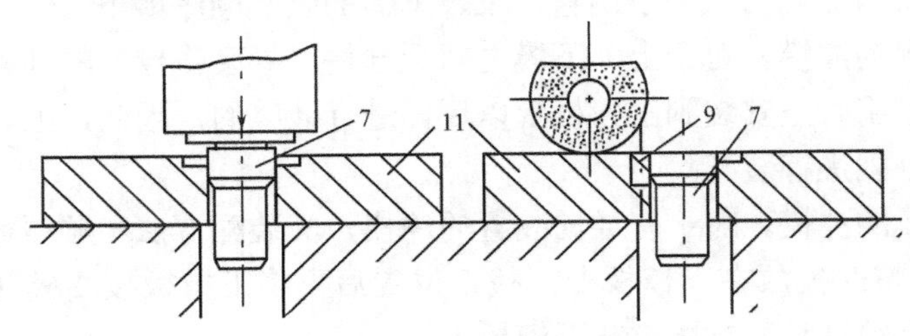

7—模柄；9—止动销钉；11—上模座

图2-4　模柄装配过程示意图

3．装配导柱与导套（装配方法参见模架装配的相关内容）

4．装配凸模

采用压入法将凸模12装入凸模固定板5内，压入前凸模导入处在长3mm的范围内，直径磨小于0.02mm，压入后磨平凸模固定端面，如图2-5所示。

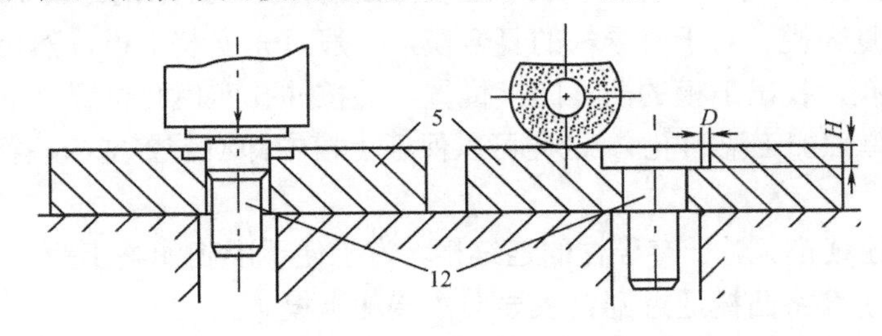

5—凸模固定板；12—凸模

图2-5　凸模装配过程示意图

压入法适用于各类过渡配合（一般采用H7/m6配合）的模具零件，压入时台阶结构尺寸$H>D$（$D\approx1.5$mm，H=3～5mm）。特点是连接牢固可靠，对配合孔的精度要求较高。

5．初装卸料板

将卸料板15套在已装入凸模固定板5上的凸模12上。在凸模固定板与卸料板之间垫上垫板 8，并用夹板将其夹紧，然后对应卸料板上的螺钉孔在凸模固定板相应位置上画线，卸开后钻、铰固定板上的螺钉过孔。

6．装凹模（本例把凹模与凹模固定板合为一体了，故没有凹模固定板。一般是先把凹模装入凹模固定板后再与下模座板装配）

将凹模 16 安装在下模座 18 上，先在下模座上加工出螺钉孔、销钉孔、漏料孔，再拧紧螺钉、打入销钉。

7．配装上模

将已装入固定板 5 上的凸模 12 插入凹模孔内。注意：固定板 5 与凹模 16 之间应垫等高垫块。再把上模座板 11 放在固定板上，将上模座板与固定板之间的位置调整好后用夹钳夹紧并在上模板上投影卸料螺钉孔，拆开后钻孔。然后，放入上模垫板 8，拧入螺钉，但不要拧紧。

8．调整间隙

将模具合模并翻转倒置，固定放平（可把模柄夹在平口钳上），用手电筒照射，从下模板漏料孔中观察凸、凹模间隙大小，看透光是否均匀。用锤子轻轻敲击固定板侧面，使上模的凸模位置改变，以得到均匀的间隙为准。

9．紧固上模

间隙调整均匀后，将螺钉拧紧，并钻、铰销钉孔，打入销钉。

10．装入卸料板

将卸料板 15 装在已紧固的上模上，并检查是否能灵活地在凸模间上、下移动。检查凸模端面是否缩入卸料孔内 0.5mm 左右，最后安装弹簧 4。注意：为确保凸模端面缩入卸料孔内 0.5mm 左右的技术要求，应先装弹簧，再装卸料板，通过调整弹簧的伸缩量来控制凸模端面缩入卸料孔的位置。

11．试切与调整

将冲模的其他零件安装好后，用于制件厚度相同的纸片作为工件材料，将其放在上、下模之间，用锤子敲击模柄进行试切，若冲出的纸样试件毛刺较小或均匀，表明装配正确。否则，应重新装配及调整。

12．打刻编号

将装配后的冲模打刻编号。

工艺技巧

装配的关键点是保证凸、凹模配合间隙的均匀和活动配合部位的动作灵活可靠。

知识链接 常见冲模模架的装配

随着模具标准化工作的推进，为实现专业化生产，缩短模具制造周期，为保证模具的质量，降低模具制造成本，为提高模具业的整体经济效益，越来越多的模具零件被标准化，冲模模架的标准化程度更高，范围更广。

一、模架的技术标准（GB/T 2854—1990）

（1）装入模架的每对导柱和导套间的配合状况应符合表2-1的规定。

表2-1 导柱和导套间的配合状况

配合形式	导柱直径（mm）	符合精度		配合后的过盈量（mm）
		H6/h5（Ⅰ级）	H7/h6（Ⅱ级）	
		配合后的间隙值（mm）		
滑动配合	≤18	≤0.010	≤0.015	—
	>18～25	≤0.011	≤0.017	
	>25～50	≤0.014	≤0.021	
	>50～80	≤0.016	≤0.025	
滚动配合	>18～35	—	—	0.01～0.02

（2）装配成套的滑动导向模架的精度等级分为Ⅰ级和Ⅱ级，装配成套的滚动导向模架的精度等级分别为OⅠ级和OⅡ级。各级精度的模架必须符合表2-2中的规定。

表2-2 模架分级技术指标对应表

项目	检查项目	被测尺寸（mm）	精度等级	
			OⅠ级、Ⅰ级	OⅡ级、Ⅱ级
			公差等级	
A	上模座上平面对下模座下平面的平行度	≤400	5	6
		>400	6	7
B	导柱轴心线对下模座下平面的垂直度	≤160	4	5
		>160	4	5
备注：被测尺寸是指*A*——上模座的最大长度或最大宽度；*B*——下模座上平面的导柱高度				

（3）装配后的模架，上模相对下模上下移动时，导柱和导套之间应滑动平稳，无阻滞现象。装配后，导柱固定端端面与下模座下平面保持1～2mm的空隙，导套固定端端面应低于上模座上平面1～2mm。

（4）在保证使用质量的前提下，允许采用新工艺方法（如环氧树脂黏接、低熔点合金）固定导柱和导套，零件结构尺寸允许做相应变动。

二、模架的装配方法

1．压入式模架的装配

压入式模架的装配过程如下。

（1）选配导柱和导套。按照模架精度等级规定选配导柱和导套，使其配合间隙符合要求。

（2）压入导柱。压入导柱（见图2-6）时，在压力机平台上将导柱置于模座孔内，用百分表在两个垂直方向检验和校正导柱的垂直度，边检验校正边慢慢将导柱压入模座。

（3）检测导柱与模座基准平面的垂直度。应用专用工具或 90° 角尺检测垂直度，不合格时退出重新压入。

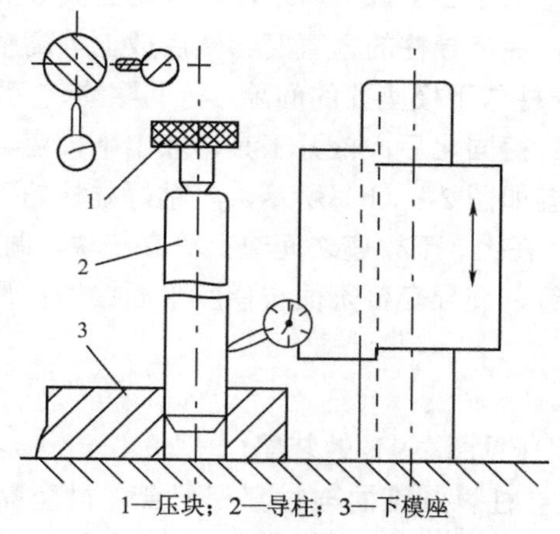

1—压块；2—导柱；3—下模座

图2-6　压入导柱示意图

（4）装导套。将上模座反置，装上导套并转动导套，用千分表检查导套内外圆配合面的同轴度误差，然后将同轴度最大误差Δmax 调至两导套中心连线的垂直方向，如图 2-7（a）所示。这样可把由同轴度误差引起的中心距变化减到最小。

（5）压入导套（见图 2-7（b））。将帽形垫块置于导套上，在压力机上将导套压入上模座一段长度，取走下模部分，用帽形垫块将导套全部压入上模座。

（6）检验。将上模座与下模座对合，中间垫上等高垫块，检验模架平行度精度。

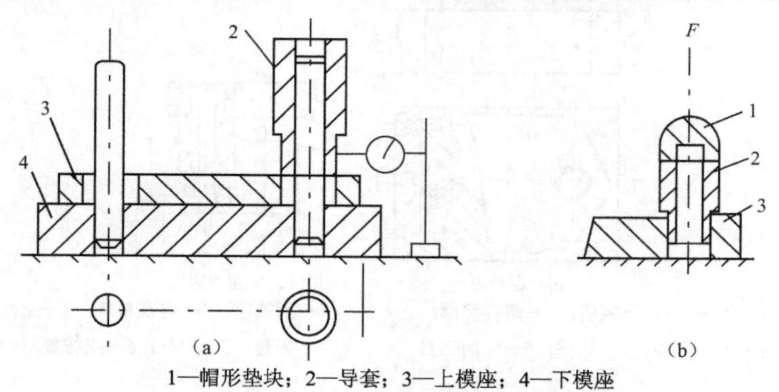

1—帽形垫块；2—导套；3—上模座；4—下模座

图2-7　压入导套示意图

2．黏接式模架的装配

黏接式模架的导柱和导套（或衬套）与模座以黏接方式固定。黏接材料有环氧树脂黏接剂、低熔点合金和厌氧胶等。

黏接式模架对上、下模座配合孔的加工精度要求较低，不需精密设备。模架的装配质量与黏接质量有关。

黏接式模架有导柱可卸式和导柱不可卸式两种。

1）导柱不可卸式黏接模架的装配过程

（1）选配导柱和导套。

（2）清洗。用汽油或丙酮清洗模架各零件的黏接表面并自然干燥。

（3）黏接导柱。黏接导柱如图2-8（a）所示，将专用工具6放于平板上，将两个导柱的非黏接面夹持在专用工具上，保持导柱的垂直度。然后放上等高垫块4，在导柱5上套上塑料垫圈3和下模座2，调整导柱与下模座孔的间隙，待间隙均匀后将下模座与等高垫块压紧，再在黏接缝隙内浇注黏接剂。待固化后，松开工具，取出下模座。

（4）黏接导套。黏接导套如图2-8（b）所示，将粘好导柱的下模座平放在平板上，将导套套入导柱，再套上上模座，在上、下模座之间垫上等高垫块，调整导套与上模座孔的间隙，使间隙均匀；再调整支撑螺钉，使导套台阶面与模座平面接触；最后检查模架平行度精度，合格后浇注黏接剂。

（5）检查模架装配质量。

2）导柱可卸式黏接模架（见图2-9）的装配

导柱可卸式黏接模架的导柱以圆锥面与衬套相配合，衬套黏接在下模座上，导柱是可拆卸的。这种模架要求导柱的圆柱部分与圆锥部分有较高的同轴度精度，导柱和衬套有较高的配合精度，衬套台阶面与下模座平面接触后衬套锥孔有较高的垂直度精度。其装配过程如下。

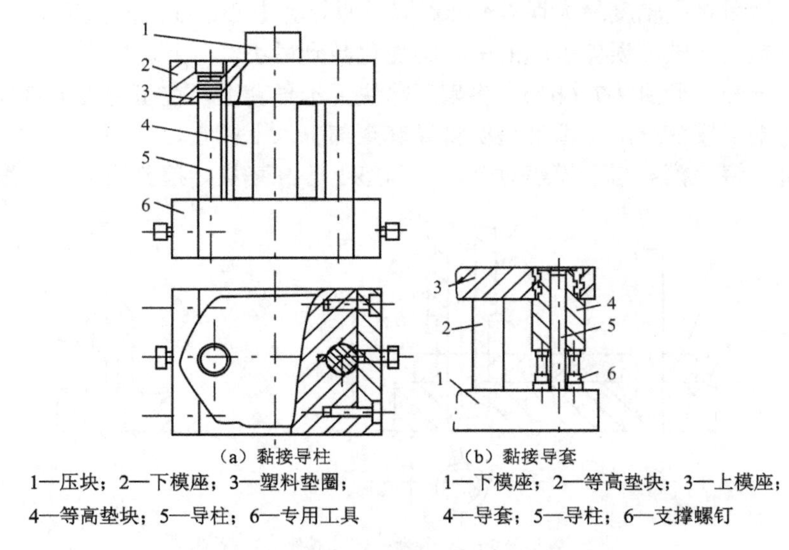

（a）黏接导柱
1—压块；2—下模座；3—塑料垫圈；
4—等高垫块；5—导柱；6—专用工具

（b）黏接导套
1—下模座；2—等高垫块；3—上模座；
4—导套；5—导柱；6—支撑螺钉

图2-8　导柱、导套黏接示意图

（1）选配导柱和导套。

（2）配磨导柱与衬套。先配磨导柱与衬套的锥度配合面，其吻合面在80%以上。然后将导柱与衬套装在一起，以导柱两端中心孔为基准磨削衬套 A 面，如图2-10所示，达到 A 面与导柱轴心线的垂直度要求。

（3）清洗与去毛刺。首先锉去零件毛刺及棱边倒角，然后用汽油或丙酮清洗零件的黏接表面并作干燥处理。

（4）黏接衬套。将导柱与衬套装入下模座孔，如图2-11所示。调整衬套与模座孔的黏接间隙，使黏接间隙均匀，然后用螺钉固紧，垫上等高垫块，浇注黏接剂。

（5）黏接导套。其工艺方法和过程与图 2-8（b）相同。

（6）检验模架装配质量。

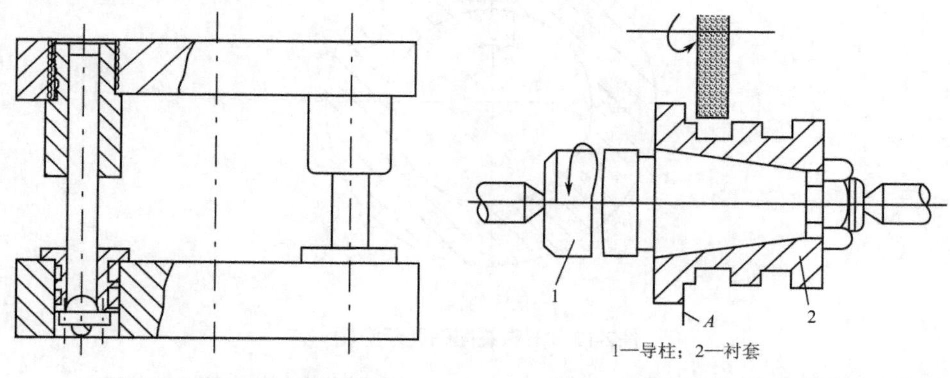

图2-9　导柱可卸式黏接模架

图2-10　削衬套台阶面示意图

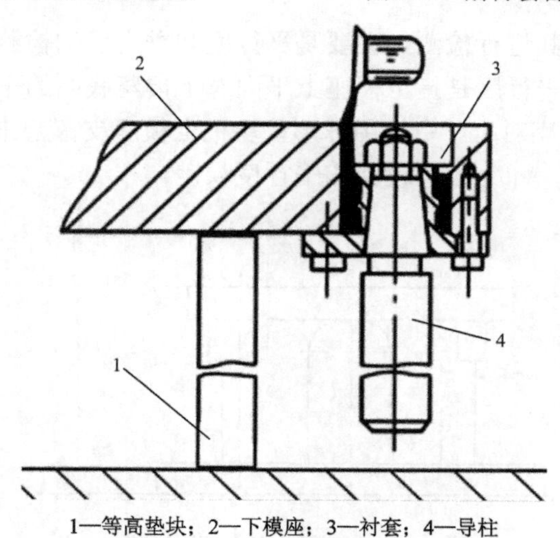

1—等高垫块；2—下模座；3—衬套；4—导柱

图2-11　黏接衬套示意图

3. 滚珠式模架的装配

滚珠式模架由上模座、下模座、导柱、导套及保持圈等组成。它与一般模架的区别如下：导柱和导套之间设有滚珠和滚珠夹持器，导柱、导套与滚珠之间过盈配合（过盈量按导柱直径大小确定，一般为 0.005～0.02mm）。滚珠的直径为ϕ3mm～ϕ5mm，直径公差为 0.003mm。滚珠夹持器的材料采用黄铜（或含油性工程塑料）制成，它在装配时与导柱、导套壁之间各有 0.35～0.5mm 的间隙。常用于小间隙冲裁模、硬质合金冲模、精冲模等精密模具。

滚珠模架的制造精度要求比一般模架高，导柱、导套的装配工艺过程可参考前述方法。滚珠的装配方法如下。

① 在夹持器上钻出特定要求的孔，如图 2-12 所示。

② 装配符合要求的滚珠（采用选配）。

③ 使用专用夹具和专用铆口工具进行封口，要求滚珠转动灵活自如。

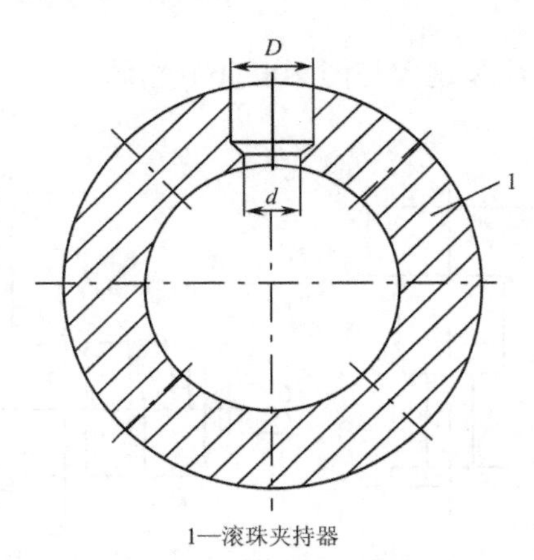

1—滚珠夹持器

图2-12　滚珠装配钻孔示意图

4．模架的检验

模架装好后，必须对其进行检测，主要是平行度和垂直度的检测。

（1）平行度的测量。平行度是指上模座上平面对下模座底面的平行度。它的检测方法如图 2-13 所示，将上、下模座对合，中间用球形垫块把上模座支撑起来。在被测表面内取百分表的最大与最小读数之差，即为被测模架的平行度误差。

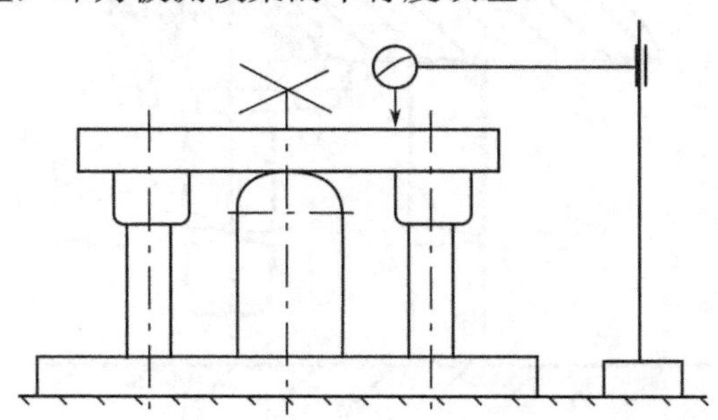

图2-13　模架平行度检测示意图

（2）垂直度的测量。导柱、导套压入模座后要分别对其垂直度在两个互相垂直的方向上进行测量。测量前将圆柱角尺置于平板上，对测量工具进行校正，如图 2-14（a）所示。导柱垂直度测量方法如图 2-14（b）所示。导套孔轴线对上模座顶面的垂直度可在导套孔内插入锥度为 200∶0.015 的芯棒进行检测，如图 2-14（c）所示。但计算误差时应扣除芯棒锥度的影响。其最大误差值Δ可按下式计算：

$$\Delta = \sqrt{\Delta x^2 + \Delta y^2}$$

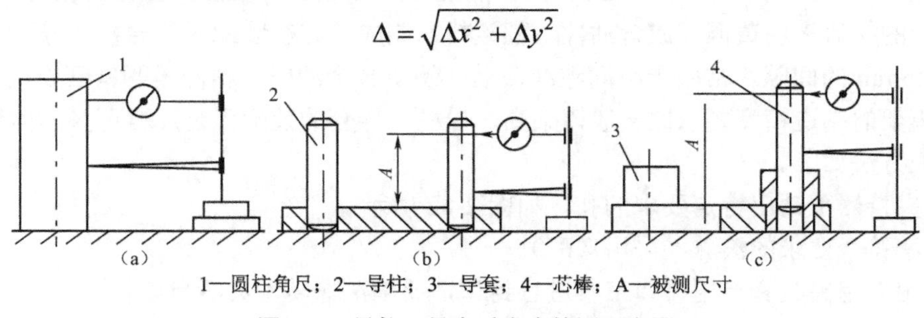

1—圆柱角尺；2—导柱；3—导套；4—芯棒；A—被测尺寸

图2-14　导柱、导套垂直度检测示意图

式中，Δx、Δy 为在互相垂直方向上测量的垂直度误差值。

附录

操作考核评分项目与标准（见表 2-3）

表 2-3 操作考核评分项目及标准

序号	考核项目	考核要求	配分	评分标准
1	装配前的准备	模具结构图的识图，选择合理的装配方法和装配顺序，准备好必要的标准件，如螺钉、销钉及装配用的辅助工具等	5	具备模具结构知识及识图能力
2	装配模柄	安装模柄与上模板后，用 90° 角尺检查模柄与上模板上平面的垂直度，合格后再加工销钉孔，将销钉打入骑缝销钉孔	5	模柄与上模板上平面的垂直度在 0.01mm 之内
3	装配导柱与导套	压入导柱与导套	10	熟练使用百分表校验垂直度和平行度，保证平行度和垂直度在 0.01mm 之内
4	装配凸模	将凸模安装在固定板上，装配全，再将固定板的上平面与凸模安装尾部端面在平面磨床上磨平	10	操作熟练，保证安全，不损伤凸模刃口，熟练使用磨床
5	装卸料板	使用正确的工艺方法钻、铰固定板上的螺钉过孔	10	操作熟练，不损伤凸模刃口，且保证卸料板上孔的位置
6	装凹模	凹模装入凹模固定，紧固后，磨平上、下表面	10	熟练操作使用磨床，保证平行度
7	安装下模	安装定位板，再把固定板与凹模的组合安装在下模板上。最后加工出螺纹、销钉孔，拧紧螺钉，打入销钉	10	熟练操作使用钻床，加工出合格的螺纹孔、销钉孔
8	配装上模	用正确的工艺方法钻、铰各孔，最后不要拧紧螺钉	10	操作过程熟练，思路清晰，保证安全
9	调整间隙	用透光法或其他方法调整凸、凹模之间的间隙	10	以得到均匀的间隙为准
10	紧固上模	调整位置后，拧紧螺钉，并钻、铰销钉孔，打入销钉	10	调整位置准确
11	装入卸料板	将卸料板装在已紧固的上模上，最后安装弹簧	5	凸模端面是否缩入卸料孔内 0.5mm 左右，卸料板能灵活地在凸模间上下移动
12	试切与调整	用于制作厚度相同的纸片或其他材料作为工件材料，将其放在上、下模之间，用锤子敲击模柄进行试切	5	冲出的纸样试件毛刺较小或均匀

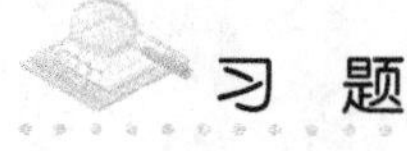

习 题

一、填空题

1．冲模装配是冲模制造过程中的关键工序，冲模装配质量如何将直接影响到制件的（ ）及（ ）的技术状态和使用寿命。

2．冲模装配的工艺过程主要包括四个阶段：装配前的准备、组装、总装、（ ）。

3．选择合理的装配方法和选择合理的（ ），是冲模装配的要点。

4．模架装好后，必须对其进行检测，主要是平行度和（ ）的检测。

5．将导柱的同轴度最大误差Δmax 调至两导套中心连线的（　　）方向，这样可把由同轴度误差引起的中心距变化减到最小。

6．冲压模具根据工序组合程度分为（　　）、（　　）、（　　）三大类。

7．冲压模具根据工艺性质分为（　　）、弯曲模、（　　）、成型模等。

二、问答题

1．在导柱、导套的安装过程中，请比较先装导柱与先装导套的优、劣。

2．冷冲模装配的关键是什么？简述冲裁模的装配技术要求。

任务二　复合式冲裁模的装配

任务描述

本任务主要是完成如图 2-15 所示落料冲孔复合模（工件材料为 Q235，厚度为 1mm）的装配。通过对该模具的装配，介绍复合式冲裁模的装配工艺过程，以及冲裁模工作零件的机械固定方法及间隙的控制方法。

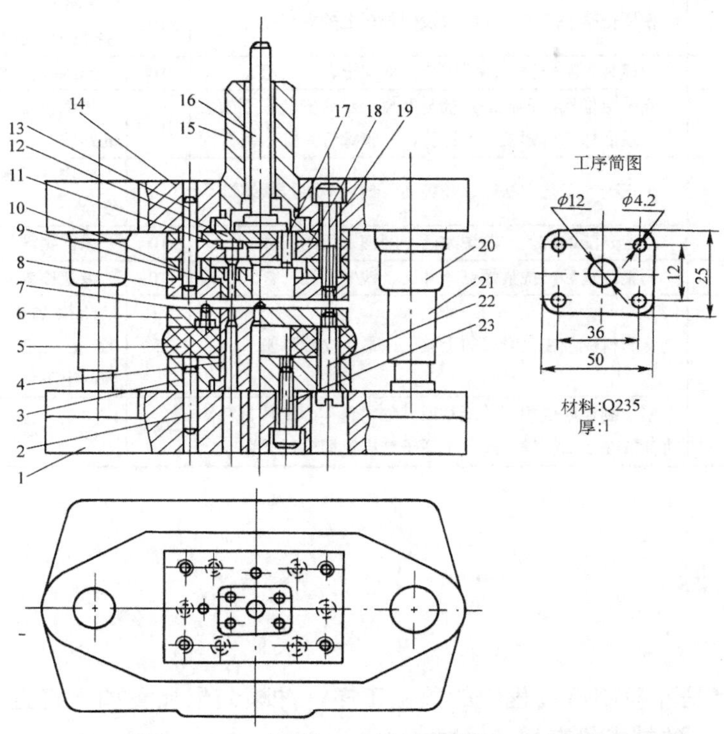

1—下模座；2、13—定位销；3—凸凹模固定板；4—凸凹模；5—橡胶；6—卸料板；7—定位销；8—凹模；9—推板；10—空心垫板；11—凸模；12—垫板；14—上模座；15—模柄；16—打料杆；17—顶料销；18—凸模固定板；19、22、23—螺钉；20—导套；21—导柱

图2-15　落料冲孔复合模

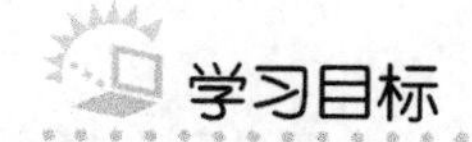

学习目标

通过本任务的学习，要求掌握复合式冲裁模的装配工艺过程，重点掌握冲裁模工作零件的机械固定方法和间隙的控制方法。

任务分析

图 2-15 所示为有导柱、导套导向定位的倒装式落料冲孔复合模，结构紧凑，上、下模，尤其是凸模、凸凹模、凹模的相对位置精度要求高，给模具的装配带来了一定的困难。这就要求认真研究模具，了解模具的零件结构、零件加工工艺及装配组合工艺等相关工艺基础知识。

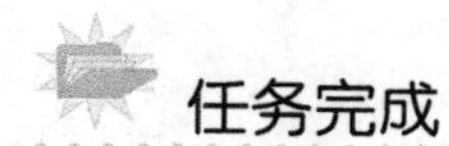

任务完成

基础知识

复合模是指在压力机一次行程中，可以在冲裁模的同一个位置上完成冲孔和落料等多个工序。其结构特点主要表现在它必须具有一个外缘可作落料凸模、内孔并可作冲孔凹模用的复合式凸凹模，它既是落料凸模又是冲孔凹模。

在制造复合模时，上、下模的配合稍有误差，就会导致整副模具的损坏，所以在加工和装配时不得有丝毫差错。

一、复合模的加工制造和装配要点

1. 制造与装配要求

（1）必须保证所加工的工作零件如凸模、凹模、凸凹模及相关零件的加工精度。

（2）装配时，冲孔和落料的冲裁间隙应均匀一致。

（3）装配后的上模中推件装置的推力的合力中心应与模柄的中心重合。如果二者不重合，推件时会使推件块歪斜与凸模卡紧，出现推件不正常或推不下来的情况，有时甚至会导致细小凸模的折断。

2. 零件的加工特点

在加工制造复合模零件时若采用一般机械加工方法，可按下列顺序进行加工。

（1）首先加工冲孔凸模，并经热处理淬硬，经修整后达到图样形状及尺寸精度要求。

（2）对凸凹模进行粗加工后，按图样画线、加工型孔。型孔加工后，用加工好的冲孔凸模压印锉修成型。

（3）淬硬凸凹模，用凸凹模外形压印锉修凹模孔。

（4）加工退件器。退件器可按画线加工，也可以与凸凹模一体加工，加工后切下一段即可作为退件器。

（5）用冲孔凸模通过卸料器压印，加工凸模固定板型孔。

3. 复合模的装配顺序

对于导柱复合模，一般先安装上模，然后找正下模中凸凹模的位置，按照冲孔凹模型孔加工出落料孔。然后以凸凹模为基准，分别调整落料与冲孔的间隙，并使之均匀，最后再安装其他的零件。

4. 复合模的装配方法

复合模的装配有配作装配法和直接装配法两种。在装配时主要采取以下步骤。

（1）组件装配。组件装配包括模架的组装、模柄的装入、凸模及凸凹模在固定板上的装入等。

（2）总装配。总装配时应先装上模，然后以上模为基准装配下模。

（3）调整凸、凹模间隙。

（4）安装其他辅助零件。

（5）检查、试冲。

二、模具工作零件的机械固定方法

1. 紧固件法

紧固件法是利用紧固零件将模具零件固定的方法，其特点是工艺简单、紧固方便。常用的方式如下。

（1）螺钉紧固式。用固定板将凸模固定定位，通过螺钉承受卸料力。常用于线切割加工的直通式大中型凸模的固定。其固定方法如图 2-16 所示，凸模与固定板过渡配合或小间隙配合。

（2）螺钉、销钉紧固式（见图 2-17）。大截面的凸模和凹模常用螺钉和销钉直接固定。螺纹配合长度取螺钉直径的 1.5～2 倍。销钉配合长度取销钉直径的 2～4 倍。模座上的螺孔和销孔与凹模配钻加工，销钉孔加工成通孔，便于打出销钉。

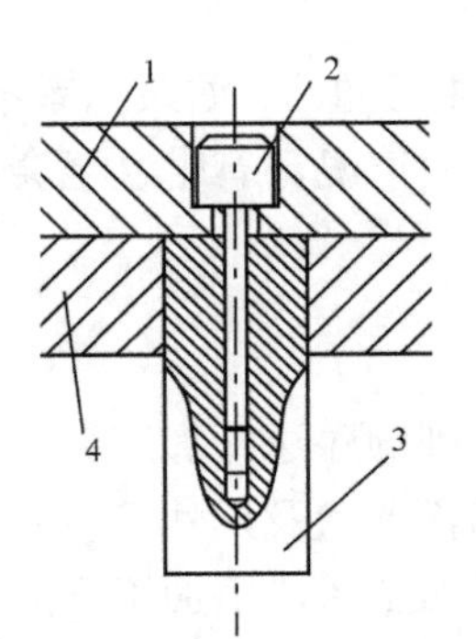

1—垫板；2—螺钉；3—凸模；4—凸模固定板

图2-16　螺钉紧固式

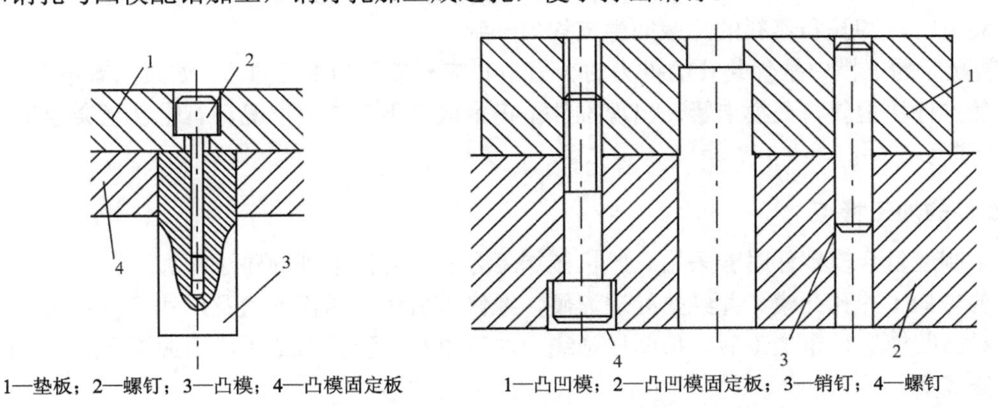

1—凸凹模；2—凸凹模固定板；3—销钉；4—螺钉

图2-17　螺钉、销钉紧固式

（3）卡销固定式（见图 2-18）。适合固定形状复杂、壁厚较薄的凸凹模，固定板与凸凹模的配合长度为固定板厚的 2/3，凸凹模两边磨出凹槽，用两圆柱销或钢丝将凸凹模卡紧在固定板的槽内。注意：两槽间的距离不大于两卡销与凸凹模装配后的尺寸。

（4）挂销固定式（见图 2-19）。适合固定形状复杂、截面细长的直通式凸模。凸模型面和销孔线切割加工。固定板型孔线切割加工，挂销固定沉孔铣削加工，凸模装配后尾部与固定板磨平。槽深应略小于挂销到凸模底部的尺寸。

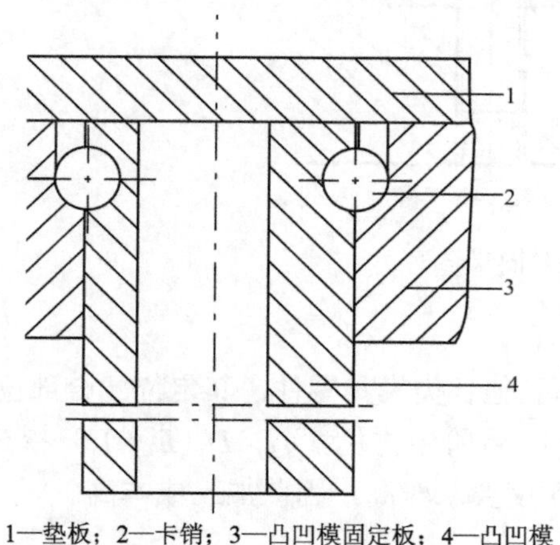

1—垫板；2—卡销；3—凸凹模固定板；4—凸凹模

图2-18 卡销固定式

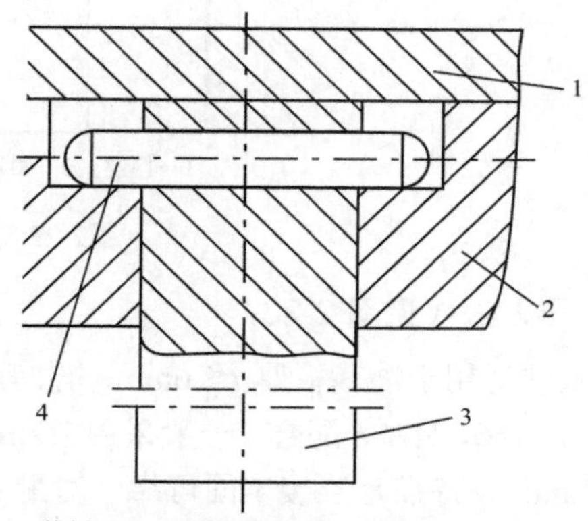

1—垫板；2—凸模固定板；3—凸模；4—挂销

图2-19 挂销固定式

（5）台肩固定式（见图 2-20）。适合固定截面有直边的复杂凸模，在直边处做出台肩。凸模型面和台肩面线切割加工。固定板型孔线切割加工，沉孔铣削加工，凸模装配后尾部与固定板磨平。凸模采用台肩固定式，加大了固定部位的截面尺寸，提高了凸模刚度。

（6）压板固定式（见图 2-21）。适合固定线切割加工的形状复杂、壁厚较薄的直通式凸模，凸模一边磨出或线切割凹槽，用压板卡在槽内将凸模压紧在固定板上。凸模更换方便，可快速更换凸模。

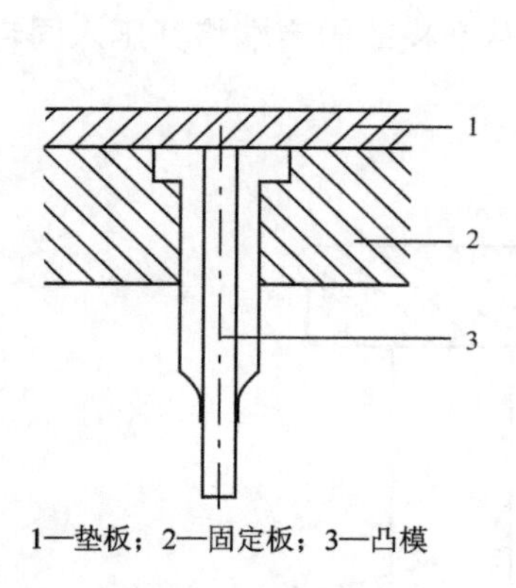

1—垫板；2—固定板；3—凸模

图2-20 台肩固定式

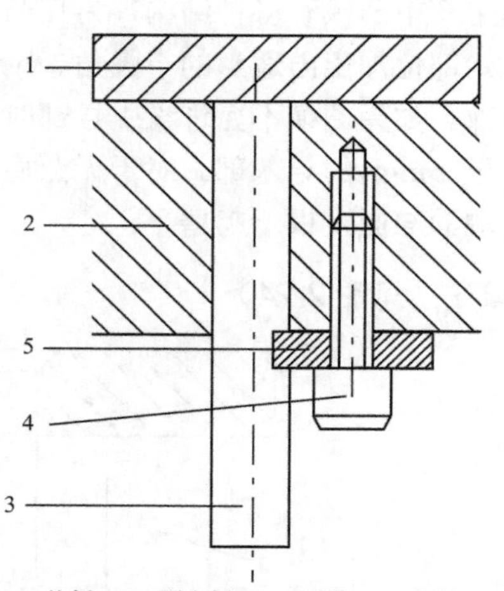

1—垫板；2—固定板；3—凸模；4—螺钉；5—压板

图2-21 压板固定式

（7）斜压块紧固式（见图 2-22）。在模座上刨出长槽，将用斜面压块将凹模固定在槽内（图中α角约为 10° ）。适合无导向简易模具的凹模固定。

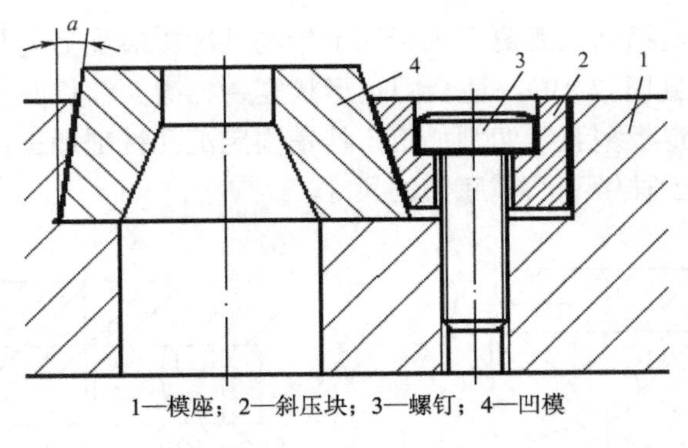

1—模座；2—斜压块；3—螺钉；4—凹模

图2-22 斜压块紧固式

2．压入法（见图 2-23）

压入法适用于冲裁板厚 $t \leqslant 6$mm 的冲裁凸模和其他各类模具零件，其定位配合部位采用 H7/m6、H7/n6、H7/r6 配合（一般采用 H7/m6 配合）。台阶结构尺寸 $H>D$（$D \approx 1.5 \sim 2.5$mm，$H=3 \sim 8$mm）。特点是连接牢固可靠，对配合孔的精度要求较高，因此加工成本高。

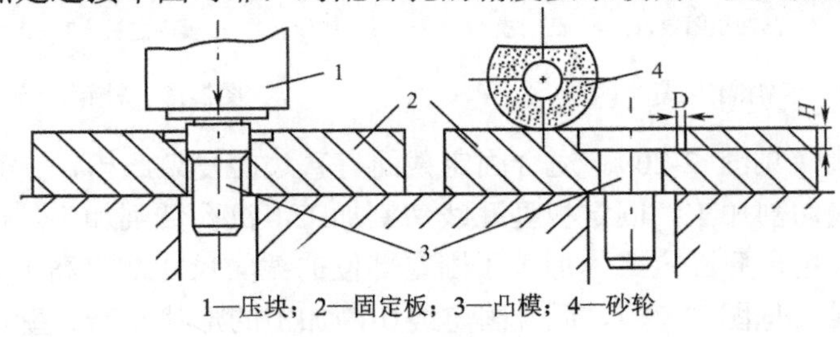

1—压块；2—固定板；3—凸模；4—砂轮

图2-23 压入法

在实际生产中凸模有多种结构，为使凸模在装配时能顺利进入固定孔，压入前应将凸模压入时的起始部位加工出适当的小圆角、小锥度或在 3mm 长度范围内将直径磨小 0.03mm 左右作为引导部。如果凸模不允许设引导部时，可在凸模固定孔的入口部位加工出约 1° 的斜度、高度小于 5mm 的导入部。对于无凸肩凸模，可从凸模的固定端将其压入固定板内。压入后固定端端面与固定板一起磨平。

3．铆接法（见图 2-24）

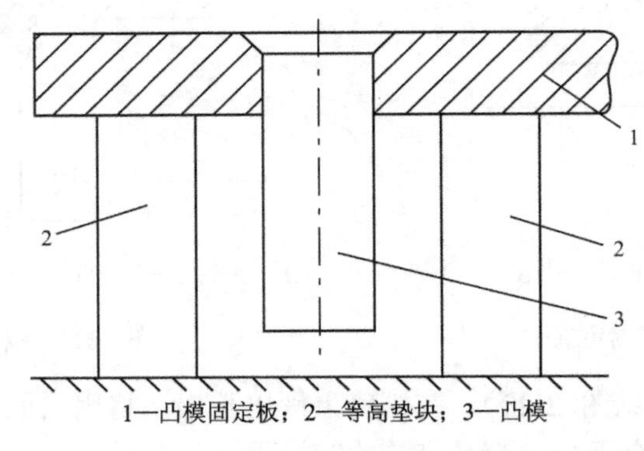

1—凸模固定板；2—等高垫块；3—凸模

图2-24 铆接法

铆接法适用于冲裁板厚 $t \leqslant 2$mm 的冲裁凸模和其他轴向拉力不太大的零件。凸模和固定板型孔配合部位保持 0.01～0.03mm 的过盈量，铆接端凸模硬度应小于 30HRC，固定板型孔铆接端周边倒角为 *C*0.5～*C*1。

三、凸、凹模配合间隙的控制方法

在模具装配时，保证凸、凹模之间配合间隙的均匀性非常重要，它不仅直接影响制件的质量，同时，它也关系到模具的使用寿命。在装配冲模时，一般应依据图样要求先确定其中一件（凸模或凹模）的位置，然后以该件为基准，用找正间隙的方法确定另一件的准确位置。生产中，控制凸、凹模配合间隙的方法很多，需根据冲模的结构特点、间隙值的大小和装配条件来确定。现在常用的方法主要有以下几种。

1. 透光法

透光法也称光隙法（见图 2-25）。这种根据透光情况来确定间隙大小和均匀程度的调整方法，适用于冲裁间隙较小的薄板料冲裁模。其操作方法如下：将模具（凸、凹模已装于固定板，与模座板只做初步固定）合模并翻转倒置，凸、凹模固定板之间用等高垫块垫起，固定放平（可把模柄夹在工作台平口钳上），用手电筒照射，从下模板漏料孔中观察凸、凹模间隙大小，看透光是否均匀。用锤子轻轻敲击固定板侧面，使凸、凹模位置改变，以得到均匀的间隙为准。

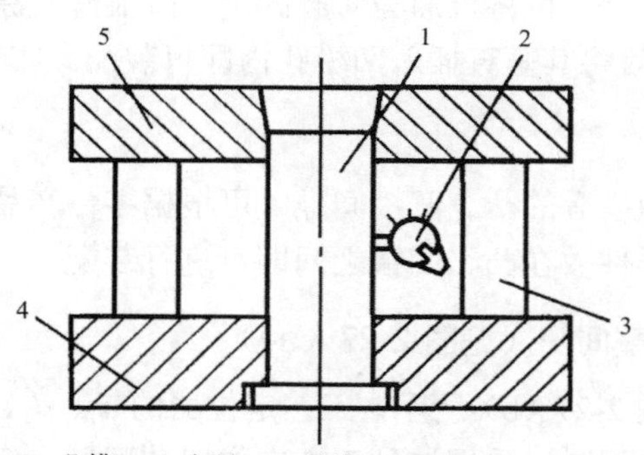

1—凸模；2—光源；3—垫块；4—固定板；5—凹模

图2-25 透光法示意图

2. 测量法

就是直接用塞尺测量凸、凹模的间隙，然后根据测量结果进行调整的一种方法。利用测量法调整间隙值，工艺繁杂且麻烦，但调试间隙较均匀。主要适用于凸、凹模间隙较大的冲模调整，以及弯曲、拉深模凸、凹模间隙的控制。

3. 垫片法（见图 2-26）

这种方法是根据凸、凹模配合间隙的大小在凸、凹模的配合间隙内垫入厚度均匀的纸片或金属片，然后调整凸、凹模的相对位置，以保证配合间隙的均匀。

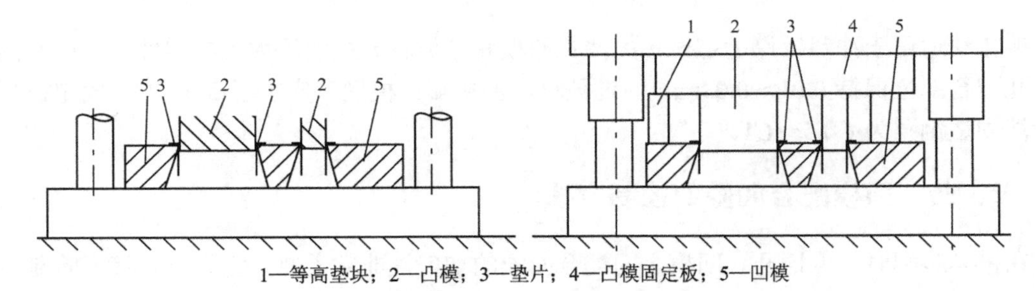

1—等高垫块；2—凸模；3—垫片；4—凸模固定板；5—凹模

图2-26 垫片法调整间隙示意图

4．涂层法

在凸模上涂一层磁漆或氨基醇酸绝缘漆等涂料，其厚度等于凸、凹模的单边配合间隙，将凸模插入凹模型孔，再调整相对位置后固定凸、凹模。此方法适用于小间隙冲模的调整。

5．镀铜法

镀铜法是在凸模工作端镀一层厚度等于单边配合间隙的铜，使凸、凹模装配后的配合间隙均匀。镀层在模具装配后不必去除，在使用过程中其会自行脱落。

6．涂淡金水法

涂淡金水法控制调整凸、凹模间隙的方法与涂层法相似，就是在装配时将凸模表面涂上一层淡金水，待淡金水干燥后，再将机油与研磨砂调合成很薄的涂料，均匀地涂在凸模表面上（厚度等于间隙值），然后将其垂直插入凹模孔内即可装配。

7．标准样件法

对于弯曲、拉深及成型模等的凸、凹模间隙，可根据零件产品图样预先制作一个标准样件，在调整及安装时，将样件放在凸、凹模之间即可进行装配。

8．利用工艺定位器调整间隙（见图 2-27（a））

工艺定位器的结构如图 2-27（b）所示，工艺定位器的 d_1、d_2、d_3 是在车床上一次装夹车成，同轴度精度较高。在装配时，采用这种工艺定位器装配复合模，对保证上、下模的同心及凸模与凹模间隙均匀起到了重要作用。

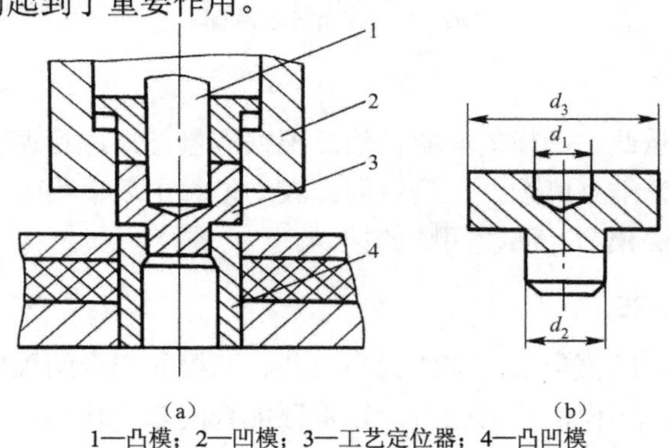

（a） （b）

1—凸模；2—凹模；3—工艺定位器；4—凸凹模

图2-27 工艺定位器及工艺定位器调整间隙示意图

9．工艺留量法调整间隙

工艺留量法是将冲裁模装配间隙值以工艺余量留在凸模或凹模上，通过工艺留量保证间隙均匀。具体做法是在装配前不将凸模或凹模刃口尺寸加工到所需尺寸，而留出工艺留量，使凸模与凹模处于 H7/h6 配合。待装配后取下凸模（或凹模），去除工艺留量，以得到应有的间隙。去除工艺留量可采用机械加工或酸腐蚀的方法。

如果是采用酸腐蚀的方法去除工艺留量，则这种控制间隙的方法，也称酸腐蚀法。用酸腐蚀时，一定要根据留量的大小控制好腐蚀时间的长短，腐蚀后一定要用水清洗干净。

10．切纸法

无论采用哪种方法来控制凸、凹模间隙，装配后都须用一定厚度的纸片来试冲。根据所切纸片的切口状态来检验装配间隙的均匀度，从而确定是否需要调整及往哪个方向调整。如果切口一致，则说明间隙检验合格；如果纸片局部未被切断或毛刺太大，则表明该处间隙较大，需进一步调整。

任务完成

完成如图 2-28 所示落料冲孔复合模（工件材料为 Q235，厚度为 1mm）的装配。装配工艺过程如下。

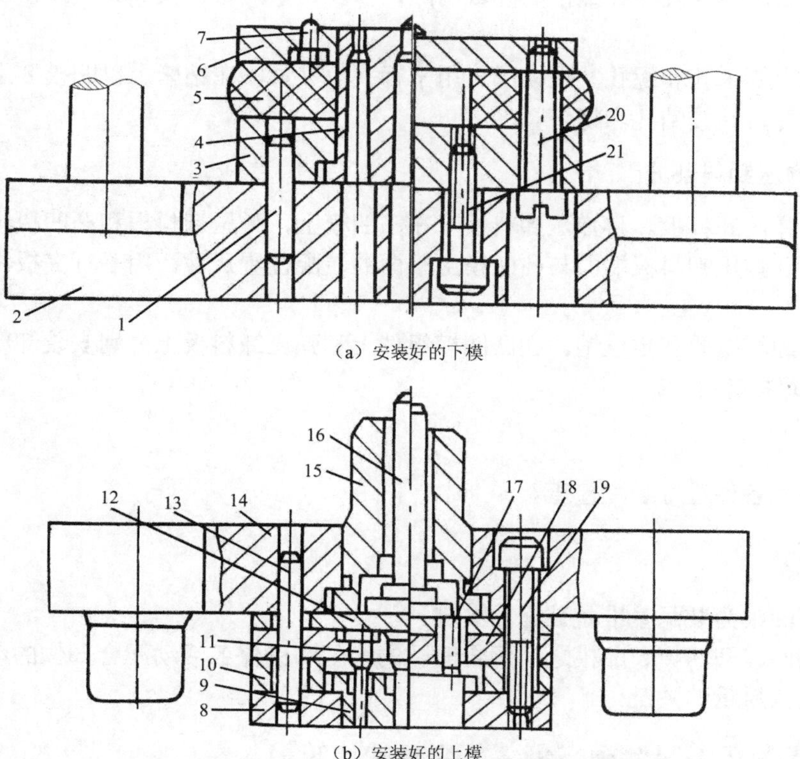

1—下模座；2、13—定位销；3—凸凹模固定板；4—凸凹模；5—橡胶；6—卸料板；7—定位销；8—凹模；9—推板；10—空心垫板；11—凸模；12—垫板；14—上模座；15—模柄；16—打料杆；17—顶料销；18—凸模固定板；19、20、21—螺钉

图2-28　安装好的上下模示意图

1．组件装配

（1）将压入式模柄 15 装配于上模座 14 内，并磨平端面。

（2）将凸模 11 装入凸模固定板 18 内，成为凸模组件。

（3）将凸凹模 4 装入凸凹模固定板 3 内，成为凸凹模组件。

（4）将导柱、导套压入上、下模板，成为模架。

2．确定装配基准件（选择凸凹模组件为安装基准件）

（1）安装凸凹模组件，加工下模座漏料孔。确定凸凹模组件在下模座上的位置，然后用平行夹板将凸凹模组件和下模座夹紧，在下模座上画出漏料孔线。

（2）加工漏料孔。下模座漏料孔尺寸应比凸凹模漏料孔尺寸单边大 0.5～1mm。

（3）安装凸凹模组件。将凸凹模组件在下模座重新找正定位，并用平行夹板夹紧，以凸凹模组件上销孔和螺钉孔为基准，在下模座上钻铰销孔和螺钉孔，然后固定。

3．安装上模部分

（1）检查上模各个零件尺寸是否能满足装配技术条件要求。

（2）安装上模，调整冲裁间隙。将上模系统各零件分别装于上模座 14 和模柄 15 的孔内，用平行夹板将落料凹模 8、空心垫板 10、凸模组件、垫板 12 和上模座 14 轻轻夹紧，然后调整凸模组件和凸凹模 4 及冲孔凹模的冲裁间隙，以及调整落料凹模 8 和凸凹模 4 及落料凸模的冲裁间隙。

（3）钻铰上模销孔和螺孔。上模部分用平行夹板夹紧，在钻床上以凹模 8 上的销孔和螺钉孔作为引钻孔，钻铰销孔和螺钉孔。

4．安装弹压卸料部分

（1）安装弹压卸料板。将弹压卸料板套在凸凹模上，弹压卸料板和凸凹模组件端面垫上平行垫铁，保证弹压卸料板端面与凸凹模上平面的装配位置尺寸，用平行夹板将弹压卸料板和下模夹紧。

（2）安装卸料橡胶和定位销。在凸凹模组件上和弹压卸料板上分别安装卸料橡胶 5 和定位销 7，拧紧卸料螺钉 22。

5．检验

按冲模技术条件进行装配检查。

工艺技巧

（1）以凸凹模为装配基准是装配的关键。

（2）控制凸、凸凹模、凹模之间配合间隙的均匀和确保各活动配合部位的动作灵活可靠是保证整副模具质量的关键。

知识链接　正装复合模与倒装复合模的比较

复合模是正装还是反装，主要是根据凸凹模的安装位置来判断的，凸凹模在上模，称为正装式复合模（又称顺装式复合模）；凸凹模在下模称为倒装式复合模，它们的主要区别比较如下。

1．正装式复合模

结构特点：三套除料、除件装置。

优点：冲出的冲件平直度较高。

缺点：结构复杂，冲件容易被嵌入边料中影响操作。

适用：冲制材质较软或板料较薄的平直度要求较高的冲裁件，可以冲制孔边距离较小的冲裁件。

2．倒装式复合模

结构特点：两套除料、除件装置。

优点：结构简单。

缺点：不宜冲制孔边距离较小的冲裁件。

3．正、倒装复合模的特点比较见表 2-4

表 2-4　正、倒装复合模的特点比较表

项目	正装式复合模	倒装式复合模
凸凹模的位置	上模	下模
除料、除件装置的数量	三套	两套
工件的平整性	好	较差
可冲工件的孔边距	较小	较大

附录

操作考核评分项目与标准（见表 2-5）

表 2-5　操作考核评分项目及标准

序号	考核项目	考核要求	配分	评分标准
1	装配前的准备	模具结构图的识图，选择合理的装配方法和装配顺序，准备好必要的标准件，如螺钉、销钉及装配用的辅助工具等	5	具备模具结构知识及识图能力
2	凹模及凸模分装工艺过程	将凸模 11 装入凸模固定板 18 内，成为凸模组件。将落料凹模 8、空心垫板 10 等装配成凹模组件	10	装配步骤正确，操作熟练
3	凸凹模分装工艺过程	将凸凹模 4 装入凸凹模固定板 3 内，成为凸凹模组件	10	装配步骤正确，操作熟练
4	装上、下模座和导柱、导套	在上模座钻、铰导柱孔（机铰），铰时用百分表校正平面，使孔与底面垂直，铰后用塞规（止通规）或用千分尺检验孔径，装导套及上模座。导套外侧浇低熔点合金或环氧树脂并与上模座固定	10	导柱孔应与底面垂直，装导柱时锥部要与下模座的锥孔接触良好
5	装凹模及凸模	在下模座上平面上按图划出中心线，将下固定板按中心线对准，用螺钉紧固	20	操作熟练，不损伤凸模及凹模，确定相对位置准确
6	装凸凹模	将凸凹模组件在下模座重新找正定位，并用平行夹板夹紧，以凸凹模组件上销孔和螺钉孔为基准，在下模座上钻、铰销孔和螺钉孔，然后固定	15	
7	调整间隙	用透光法或其他方法调整凸凹模之间的间隙	15	以得到均匀的间隙为准
8	试切与调整	用与制作厚度相同的纸片或其他材料作为工件材料，将其放在上、下模之间，用锤子敲击模柄进行试切	15	冲出的纸样试件毛刺较小且均匀

习　题

一、判断题

1．复合模装配时，冲孔和落料的冲裁间隙应均匀一致。（　　）
2．在装配后的上模中，其推件装置的推力的合力中心应与模柄的中心重合。（　　）
3．复合模的装配有配作装配法和直接装配法两种。（　　）
4．紧固件法是利用紧固零件将模具零件固定的方法。（　　）
5．以凸凹模为装配基准是复合模装配的关键。（　　）
6．复合模是正装还是反装，主要是根据凸凹模的安装位置来判断的。（　　）

二、描述题

请描述如图 2-29 所示正装或复合模的装配工艺过程。

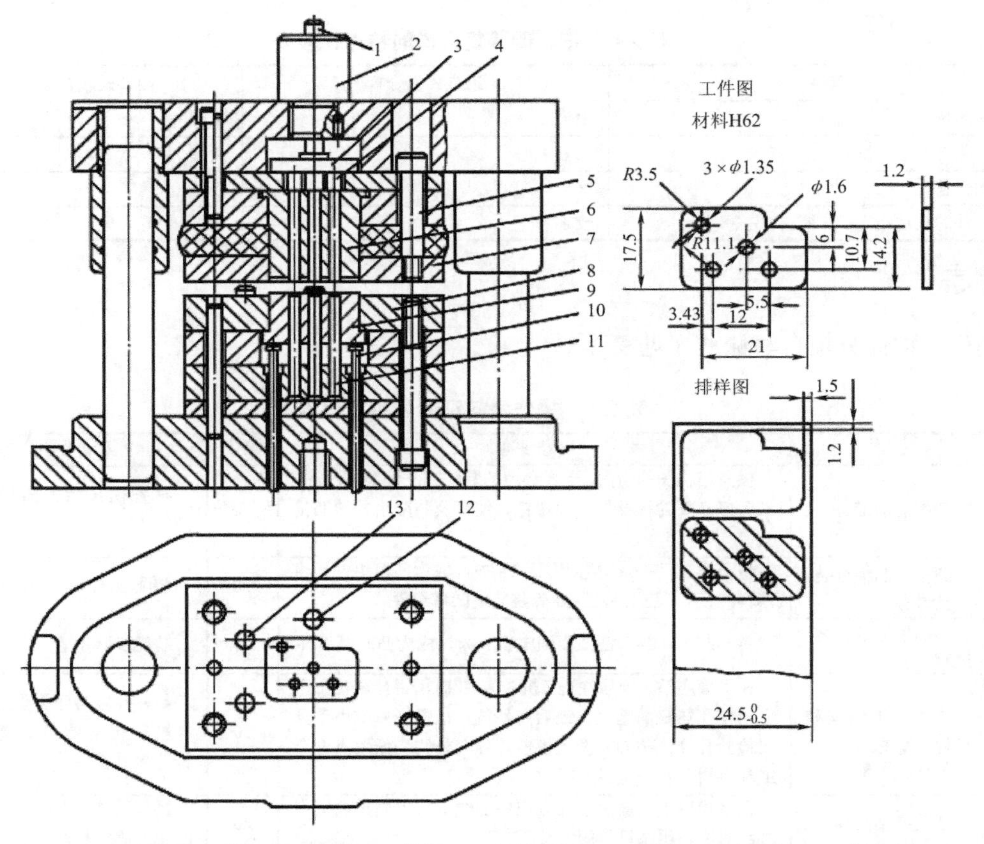

1—打杆；2—模柄；3—推板；4—推杆；5—卸料螺钉；6—凸凹模；7—卸料板；8—落料凹模；9—顶件块；10—带肩顶杆；11—冲孔凸模；12—挡料销；13—导料销

图2-29　正装式复合模

任务三 多工位级进模的装配

任务描述

本任务主要是完成如图 2-30 所示侧刃定距的弹压导板级进模的装配。通过对该模具的装配，介绍级进模的装配工艺过程，以及冲裁模工作零件的物理和化学固定方法，螺钉、销钉的装配方法。

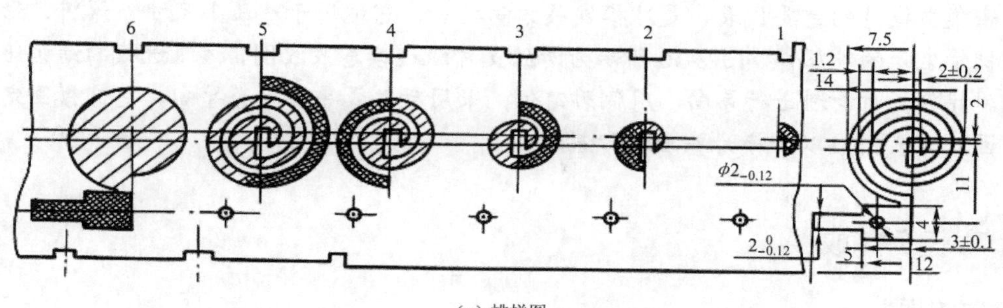

（a）排样图

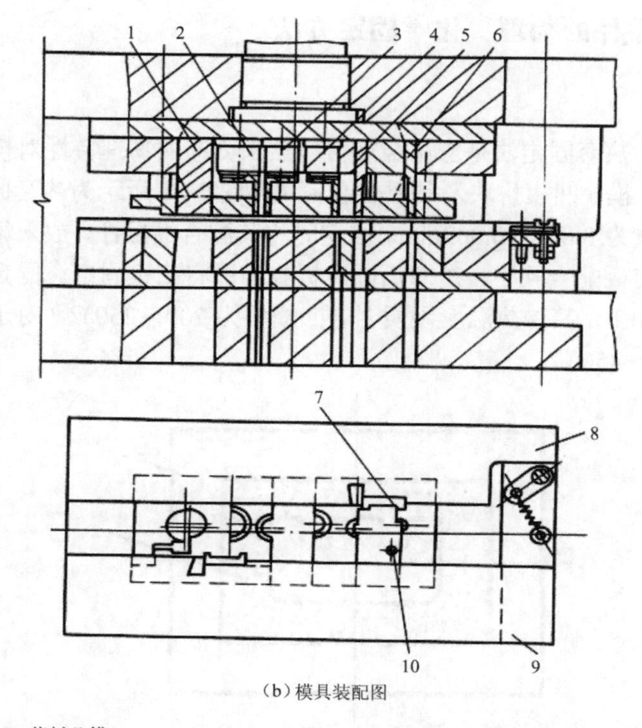

（b）模具装配图

1—落料凸模；2、3、4、5、6—凸模；7—侧刃；8、9—导料板；10—冲孔凸模

图2-30 游丝支片级进冲裁模

学习目标

通过本任务的学习，要求掌握级进模的装配工艺过程，重点掌握螺钉、销钉的装配方法，以及冲裁模工作零件的物理和化学固定方法。

任务分析

多工位级进模是在普通级进模的基础上发展起来的一种高精度、高效率、高寿命的模具，是技术密集型模具的重要代表，是冲模发展方向之一。它适用于冲压小尺寸、薄料、形状复杂和大批量生产的冲压件。图 2-30 所示为游丝支片级进模总装配图，该级进模的结构比较复杂，采用导料板对材料进行导向，用侧刃定位，采用后侧式导柱导套导向，将凹模固定在下模上。因此，我们应以凹模为基准进行装配。

任务完成

基本知识

一、模具工作零件的物理、化学固定方法

1. 物理固定法

（1）热套固定法。热套固定法是应用金属材料热胀冷缩的物理特性对模具零件进行固定的方法，常用于固定凸模、凹模拼块及硬质合金模块。图 2-31 所示为热套固定凹模，凹模和固定板配合孔的过盈量为 0.001～0.002mm。固定时将其配合面擦净，放入箱式电炉内加热后取出，将凹模放入固定板配合孔中，冷却后固定板收缩即将凹模固定。固定后再在平面磨床上磨平并进行型孔精加工。其加热温度硬质合金凹模块为 200～250℃（对于钢质拼块一般不预热），固定板为 400～450℃。

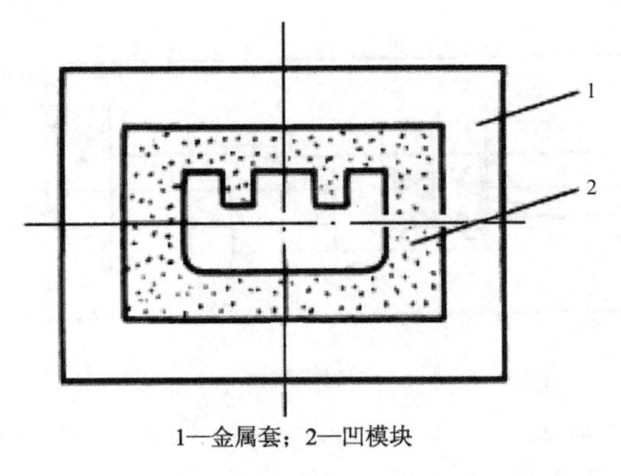

1—金属套；2—凹模块

图2-31　热套法固定凹模

（2）低熔点合金固定法。低熔点合金在模具装配中已得到了广泛的应用，主要用于凸模、凹模、导柱和导套、浇注导向板及卸料板型孔等。低熔点合金固定法工艺简单、操作方便，

浇注固定后有足够的强度，而且合金还能重复使用，便于调整和维修。被浇注的型孔及零件连接部位加工精度要求较低，尤其在复杂型芯和对孔中心距要求严格的多凸模固定中应用更为广泛。它简化了型孔的加工，减轻了模具装配中各凸、凹模的位置精度和间隙均匀性的调整工作。

① 低熔点合金的配方见表 2-6。

表 2-6　低熔点合金的配方表

序号	构成元素	名称	锑（Sb）	铅（Pb）	镉（Cd）	铋（Bi）	锡（Sn）
		熔点（℃）	630.5	327.4	320.9	271	232
		密度（g/cm³）	6.69	11.34	8.64	9.8	7.28
1	成分（质量分数，%）		9	28.5	—	48	14.5
2			5	35	—	45	15

② 低熔点合金配制的方法如下。

a. 将配料分别打碎成 5～25mm³ 的小碎块。

b. 按配比将各合金元素称量好，并分开存放。

c. 用坩埚加热，按熔点的高低依次加入锑、铅、镉、铋、锡金属，每加入一种金属，都要用搅拌棒搅拌均匀且待其全部熔化后再加入另一种金属。

d. 待所有金属全部熔化后，使之冷却至 300℃左右，浇入槽钢内急速冷却成锭。

e. 使用时，按需要量的多少熔化合金。

③ 利用低熔点合金浇注、固定凸模的几种结构形式如图 2-32 所示，可在冲模制造时根据具体情况参考选用。

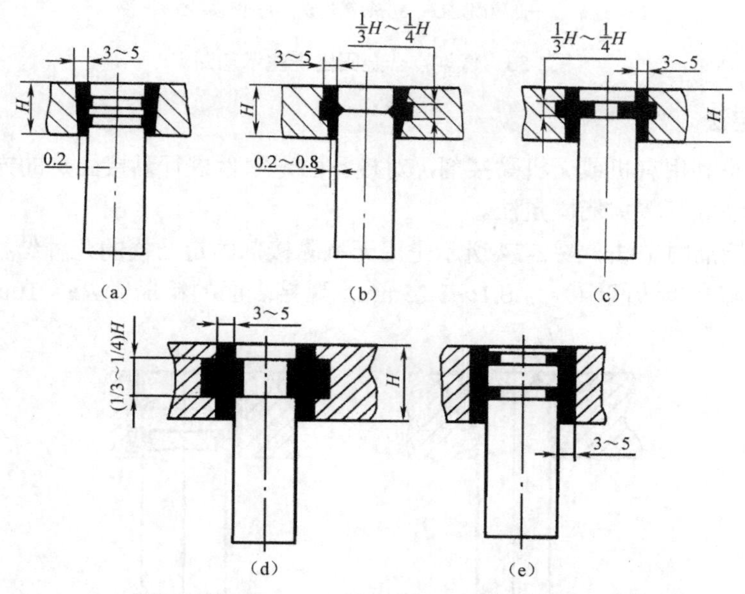

图2-32　低熔点合金浇注、固定凸模的几种结构形式

④ 浇注合金的工艺过程如图 2-33 所示。

a. 把要浇注固定零件的浇注黏接部位清洗干净。

b. 调整好凸、凹模的间隙后并固定，如图 2-33 所示。

c. 对浇注部位进行 100～150℃的预热。

d. 浇注熔融的低熔点合金。

e. 静置 24h 后即可进行其他处理了。

⑤ 低熔点合金法固定的工艺特点如下所述。

a. 工艺简单、操作方便，并可降低配合部位的加工精度，减少加工工时。

b. 有较高的连接强度，适用固定冲裁 t≤2mm 钢板的凸模。

c. 低熔点合金可以重复使用。

d. 浇注前相关零件要加热。

e. 模具易发生热变形。

f. 耗费贵重金属铋。

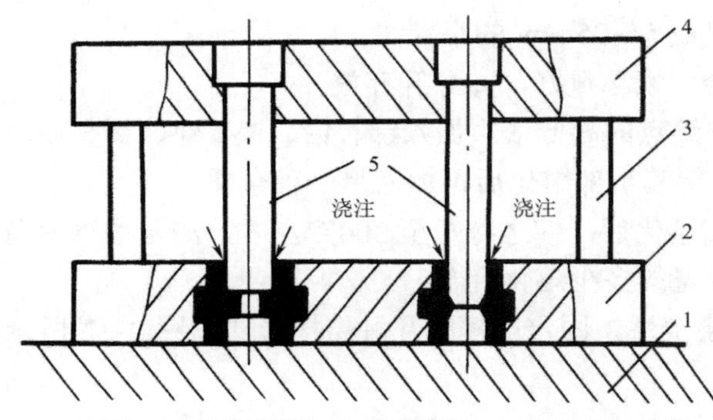

1—平板；2—凸模固定板；3—等高垫铁；4—凹模；5—凸模

图2-33 低熔点合金固定浇注示意图

2．化学固定法

化学固定法是利用有机或无机黏接剂，对模具固定零件进行黏接固定的方法。常用的有无机黏接剂固定法和环氧树脂固定法。

（1）无机黏接剂固定法。图 2-34 所示是用无机黏接剂固定凸模的几种结构形式，其中黏接部分的配合间隙（单边间隙）为 0.1～1.25mm，黏接表面的粗糙度 Ra<10μm。

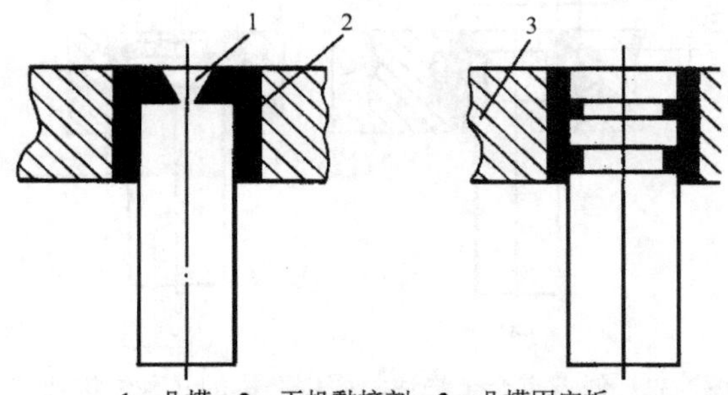

1—凸模；2—无机黏接剂；3—凸模固定板

图2-34 无机黏接剂固定凸模的几种结构形式

利用无机黏接剂固定凸模，具有工艺简单、黏结强度高、不变形、耐高温及不导热等优点。但其本身有脆性，不宜受较大的冲击力，所以只适用于冲裁力较小的薄板料冲裁模具。

无机黏接剂固定凸模的工艺过程如图 2-35 所示。

① 清洗各黏接表面，可用丙酮、甲苯等化学试剂清除油污、灰尘、锈斑等。

② 将冲模各有关零件按装配要求进行安装定位，如图 2-35 所示。

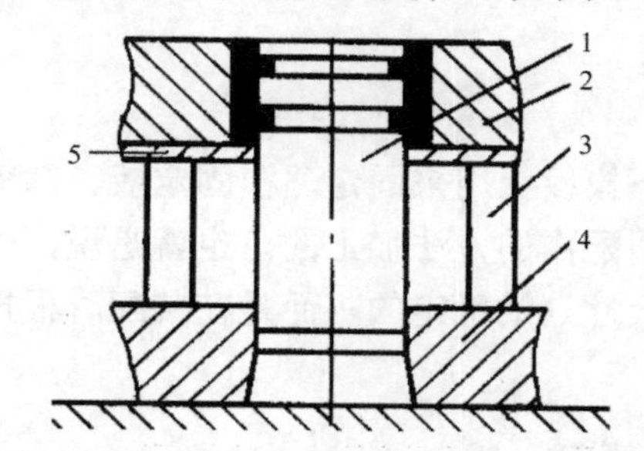

1—凸模；2—凸模固定板；3—等高垫块；4—凹模；5—垫板

图2-35 无机黏接剂固定凸模

③ 将调制好的黏接剂涂于各黏接表面。

④ 黏接后在室内先固化 2h 左右，再将其放入 60～80℃环境下保温 2～3h 即可使用。

黏接时的注意事项如下所述。

① 在黏接时，为防止黏接剂受潮，在使用前应将氧化铜先烘干。

② 黏接剂容易干燥，故每次不宜配制太多，以免浪费。

（2）环氧树脂固定法。图 2-36 所示是用环氧树脂黏接法固定凸模的几种结构形式。环氧树脂在硬化状态下，对金属和非金属表面附着力非常强，而且固化收缩小，黏接时不需附加力，应用于固定模具的凸模和导套及浇注成型卸料孔等。环氧树脂黏接剂固定法适用于冲裁厚度较小的冲模。利用环氧树脂黏接固定凸模的方法，基本上与无机黏接剂固定凸模的方法相似，只是黏接部分的配合间隙稍大，单边间隙为 1.5～2.5mm。

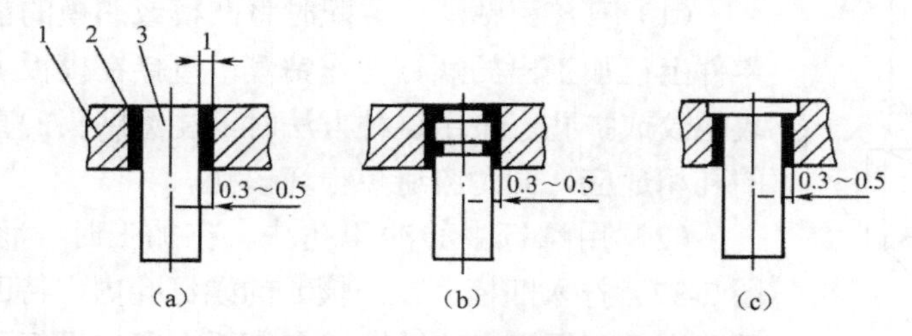

1—凸模固定板；2—环氧树脂黏接剂；3—凸模

图2-36 环氧树脂黏接法固定凸模的几种结构形式

使用环氧树脂黏接凸模时，应注意以下几点。

① 黏接时，相关零件必须保持正确位置，在黏接剂未固化前不得移动。

② 黏接表面必须清洗干净。

③ 黏接表面要求粗糙度 *Ra* 为 12.5～50μm。

④ 填充剂在使用前要烘干（一般 200℃环境下烘 0.5～1h 即可）。

⑤ 环氧树脂与固化剂存放时间不能太久，使用后应密封。

⑥ 不同的固化剂的受热分解温度不同，必须严格控制固化剂加入时的温度，防止固化剂过热分解。

⑦ 胺类固化剂毒性较大，要在通风良好的环境下操作，为防止皮肤受环氧树脂和固化剂的腐蚀，应戴乳胶手套操作。

二、螺钉及销钉的装配

在冲模制造中，对于上、下模板上用来固定凸模固定板、卸料板及凹模固定板等零件的螺钉孔、销钉孔，一般都是采用配作的方法加工的，也就是说，上、下模板上的这些螺钉孔及销钉孔的位置，不是按图样尺寸划线确定的，而是在装配时根据被固定零件上已加工出的孔配作而确定的。

1. 螺钉孔及销钉孔配作的原因

（1）若按图样划线加工，由于被安装的几个零件分别划线，所以会使孔的位置累积误差增大，影响装配精度。

（2）凸模与凹模上的螺钉孔及销钉孔，除要求保证孔与孔之间的位置精度外，还要求保证孔与刃口（工作部分）的相对位置精度。在冲模装配时，都是以凸模与凹模的刃口为基准的，与螺钉孔、销钉孔的相对位置往往发生变化，若提前将其他板料（如上、下底板）上的螺钉孔、销钉孔加工好，装配后就很难保证刃口间隙的均匀。

（3）凸模与凹模一般需经热处理淬硬，在热处理之前加工好的螺钉孔与销钉孔，经过热处理后易变形而使位置发生偏移。

鉴于上述原因，在冲模制造过程中，模板上的螺钉孔、销钉孔一般不预先加工，而是在装配时与凹模及凸模固定板配作加工。

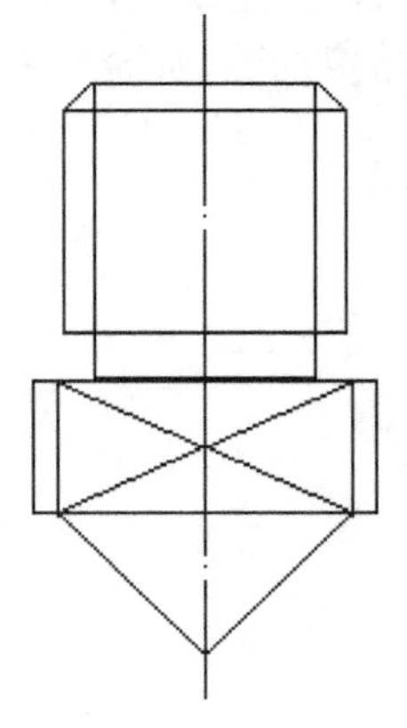
图2-37 螺钉中心冲

2. 模板上螺钉孔的配作方法

（1）直接引钻法。装配时将凸模或凹模的位置确定后，以该零件上已加工出的螺钉孔作钻模，直接在模板上引钻，然后进行攻螺纹或扩孔。采用这种方法时，注意钻头的直径应与用作导向的孔相适应，同时应避免损坏该孔。

（2）用螺钉中心冲印孔法。在加工时，将螺钉中心冲（见图2-37）拧入凹模（或凸模）的螺钉孔内，待凹模（凸模）的位置确定后，螺钉中心冲即可在模板上印出螺钉孔的中心孔，然后以此中心孔进行划线和钻孔。

采用上述方法时，应注意螺钉中心冲的尖端与螺纹要同心。此外，螺钉中心冲装入螺钉孔后，必须用高度规将它们找平后再打印，否则会有高有低，打印时，低处的就印不出中心孔来。

（3）模板上销钉孔的制作方法。模板上的定位销钉孔，在装配时，只有当被固定零件的位置完全确定并用螺钉拧紧后才能与这些零件一起在钻床上配合，进行钻、铰加工。

在钻、铰销钉孔时应注意以下几点：

① 销钉孔的有效长度不宜过长，一般不超过孔径的 1～1.5 倍，其余部分可以扩大，以免影响铰孔精度。

② 钻孔时，留铰孔余量要适当。若采用钻、铰工艺，一般应留 0.5mm 铰孔余量（ϕ10mm 以下孔稍小些）；若采用钻、扩、铰工艺，则应留有 0.2～0.3mm 铰孔余量。

③ 铰孔时，应选用适当的切削用量，一般情况下，转速 n=90～120r/min，进给速度 v_f=0.1～0.3mm/min。

④ 经淬火处理的凸模、凹模柱销孔，应用硬质合金铰刀再精铰一次，以消除淬火变形对孔精度的影响。

采用淬火后磨、镗销钉孔的工艺方法以后，若尺寸偏大，其模板上孔的尺寸也应随之增大，并再配制非标准销钉。

任务完成

一、级进模的装配要点

级进模装配的核心是凹模与凸模固定板及卸料板上的型孔尺寸和位置精度的协调，其关键是同时保证多个凸、凹模工作间隙的均匀性和相对位置精度的要求。

1. 装配顺序选择

级进模一般都采用较精密的模架导向，模具的结构多采用镶拼形式（方便加工、装配和维修），由若干块拼块或镶块组成。因此，在装配时常利用导向装置，以凹模作为装配基准件，装配时先装拼块凹模，把步距调整准确，并进行各组凸、凹模的预配，检查间隙均匀程度，修整合格后再把凹模压入固定板，然后把固定板装入下模，再以凹模定位装配凸模，再把凸模装入上模，待用切纸法试冲达到要求后，用销钉定位固定，再装入其他辅助零件。

2. 级进模的装配工艺过程

（1）凹模的安装。根据凹模外形或标记线在下模座上找正凹模板的正确位置，利用螺钉过孔加工螺孔，调整好导料板的位置，保证与凹模进料中心线的平行度，用螺钉将导料板、凹模板紧固在下模座上，按凹模上的圆柱销孔位置钻、铰下模座上的圆柱销孔，打入圆柱销。若使用凹模固定板，则先将凹模装在固定板上，再将固定板与下模座连接起来。

（2）凸模的安装。凸模的固定方式多种多样，对于级进模，其关键是将多个凸模安装在固定板的正确位置上，保证凸、凹模间隙及垂直度要求。多凸模安装常用的方法有以下几种：

先准确地加工出凸模固定板上的安装孔，凸模与安装孔采用过渡配合，显然安装孔的位置与凹模必须协调一致。此法安装简便，但加工误差会影响凸、凹模间隙，且间隙的调整比较困难，一旦偏差过大，修补就很麻烦，通常是将凸模固定板上的安装孔扩大，镶入镶块，重新进行安装孔的加工。

采用低熔点合金或环氧树脂等固定凸模。凸模固定板上的安装孔尺寸大于凸模尺寸，安装时，先调整好凸、凹模间隙，再用低熔点合金或环氧树脂固定凸模。此法调整容易，间隙易保证，但装配复杂，零件需预热，易引起热变形，且连接强度受连接材料的限制。

此外，凸模安装应满足凸模与固定板基准面的垂直度要求，凸模尾部与固定板基准面一同磨平，头部刃口端面磨平。

（3）卸料板的安装。级进模中常见的有固定卸料板和弹压卸料板。固定卸料板除起卸料作用外，有时也用于对细长凸模的导向。装配时，将固定卸料板套在已装配好的凸模上，调整卸料板型孔与凸模的间隙，使其合理均匀，然后将卸料板定位紧固在凹模上。弹压卸料板有卸料、压料的双重作用，装配时，将卸料板套在已装人固定板的凸模上，在凸模与卸料板之间垫入等高垫块，调整间隙后用平行夹板夹紧，然后利用卸料板上的螺孔引钻固定板上的螺钉过孔，在其后的固定板安装时，利用此孔再配钻上模板与垫板。

（4）凸模固定板的安装。将凸模固定板上的凸模插人凹模型孔中，并在凹模与固定板之间垫入等高垫块，调整凸、凹模间隙后放上模座，并将其与固定板夹紧。取下上模部分，利用固定板上的安装孔引钻上模座的紧固螺钉孔和卸料螺钉过孔。然后装上垫板，用螺钉连接上模座、垫板与固定板，并使其位置可调。

（5）调整凸、凹模间隙。将装好的上、下模座合模，采用适当的间隙调整方法(如透光法、垫片法、试切法、测量法、电镀法、涂层法等)，对所有凸、凹模间隙进行调整，使得多个凸、凹模间隙均满足要求，拧紧紧固螺钉。

（6）切纸试冲。

（7）装定位销，用螺钉紧固　钻、铰上模座圆柱销孔，打入圆柱销。钻、铰固定卸料板的圆柱销孔，打入圆柱销。

（8）在凹模工作面上安装固定挡料销、临时挡料销、承料板等。

（9）试冲　装配完成后，检查模具的运动及刃口状况，满足要求后，在与生产环境相同的条件下进行试冲，并对冲件进行检测，如发现故障，应分析原因，提出相应的修模方案并进行修模。

二、组件装配

1. 凹模组件（见图 2-38）

（1）初步检查修配凹模拼块。组装前检查各凹模拼块尺寸、型孔孔径和位置尺寸，要求凹模、凸模固定板和卸料板相应尺寸一致。

（2）按图示要求拼接各凹模拼块，并检查相应凸模和凹模型孔的冲裁间隙，不妥之处进行修配。

（3）组装凹模组件。将各凹模组件压入模套（凹模固定板），并检查实际装配过盈量，不当之处修整模套。在组装凹模组件时，应先压入精度要求较高的凹模拼块，后压入易保证精度要求的凹模拼块。根据凹模拼块和模套配合结构不同，也可以按排列顺序依次压入凹模拼块。

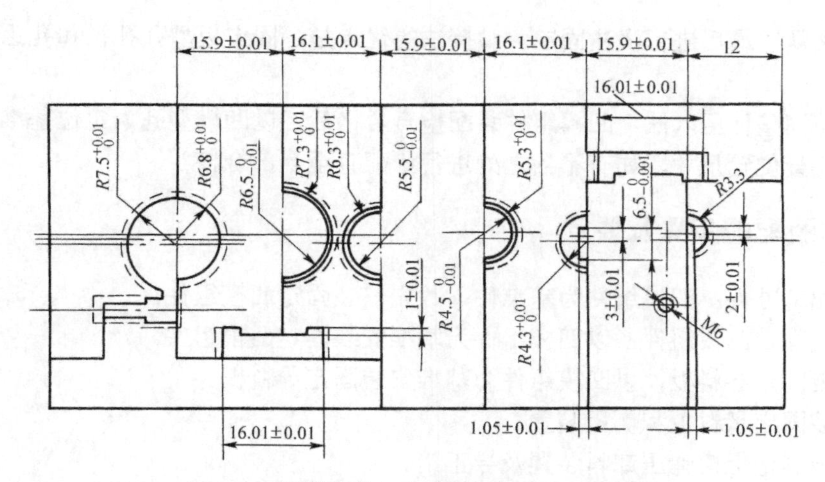

图2-38 凹模组件（各拼块组装后）示意图

2. 凸模组件

级进模中各个凸模与凸模固定板的装配方法，取决于连接的结构形状和装配精度要求，一般可以采用以下几种方法完成。

（1）单个凸模压入法（见图 2-39）。凸模压入固定板的顺序：一般先压入既容易定位又能作为其他凸模压入安装基准的凸模，再压入难定位凸模。如果各凸模的装配精度不同时，应先压入装配精度要求较高和较难控制装配精度的凸模，再压入容易保证装配精度的凸模。图 2-39 中凸模的压入顺序：先压入半圆凸模 6 和 8（连同垫块 7 一起压入），再依次压入半环凸模 3、4 和 5，然后压入侧刃凸模 10 和落料凸模 2，最后压入冲孔圆凸模 9。首先压入半圆凸模（连同垫块）是因为其压入后容易定位，而且稳定性好。在压入半环凸模 3 时，以已压入的半圆凸模为基准，并垫上等高垫块，插入凹模型孔，调整好间隙，同时将半环凸模以凹模型孔定位进行压入，用同样办法依次压入其他凸模。压入凸模时，要严格控制凸模与固定板的垂直度。最后磨削凸模组件的上下端面并检查与固定板、卸料板的平行度精度。

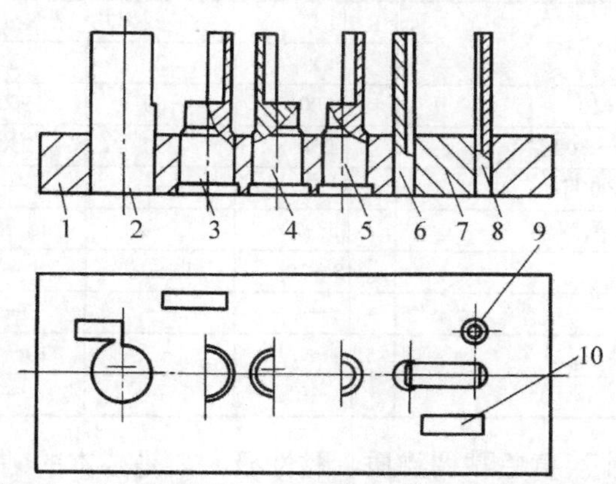

1—固定板；2—落料凸模；3、4、5—半环凸模；6、8—半圆凸模；7—垫块；9—冲孔圆凸模；10—侧刃

图2-39 单个凸模压入法

（2）黏接法。黏接前，先将各个凸模插入相应凹模型孔并调整好冲裁间隙，然后套入固

定板并调整夹紧，最后进行浇注固定。黏接法的优点是：固定板型孔孔径和孔距精度低，加工容易。

（3）多凸模整体压入法。凹模组件装配检查合格后，以凹模型孔为定位基准，多凸模整体压入后，检查位置尺寸，如有不当之处进行修配直至全部合格。

三、总装配的步骤及要点

（1）装配基准件：凹模组件为基准件，故先安装固定凹模组件。
（2）安装固定凸模组件：以凹模组件为基准安装固定凸模组件。
（3）安装固定导料板：以凹模组件为基准安装固定导料板。
（4）安装固定承料板和侧压装置。
（5）安装固定上模弹压卸料装置及导正销。
（6）检验。
（7）试冲。

工艺技巧

严格控制步距精度和定位精度是保证级进模装配质量的关键。

知识链接　环氧树脂和无机黏接剂的配方及配制方法

一、环氧树脂

1. 环氧树脂黏接剂的配方

环氧树脂黏接剂的主要成分是环氧树脂，并在其中加入适量的增塑剂、硬化剂、稀释剂及各种填料以改善树脂的工艺和机械性能。黏接凸模常用的环氧树脂黏接剂的配方见表2-7。

表2-7　环氧树脂黏接剂的配方表

组成成分	名　称	配方（质量分数，%）				
		1	2	3	4	5
黏接剂	环氧树脂634、610	100	100	100	100	100
填充剂	铁粉（粒度200～300目）	250	250	250	—	—
	石英粉（粒度200目）	—	—	—	250	250
增塑剂	邻苯二甲酸二丁酯	15～20	15～20	15～20	15～20	15～20
固化剂	无水乙二胺	8～10	16～19	—	—	—
	二乙烯三胺	—	—	—	—	10
	间苯二胺	—	—	10～16	—	—
	邻苯二甲酸干	—	—	—	18～35	—

环氧树脂是琥珀色或淡黄色黏稠物质，黏性极大，是基本的黏接剂。

邻苯二甲酸二丁酯是无色液体。它的主要作用是使环氧树脂的塑性增加，黏度降低，便于操作，同时使环氧树脂的耐冲击性能和抗弯强度提高，它作为增塑剂加入黏接剂中。

乙二胺是无色液体，有刺激气味。它的作用是使环氧树脂凝固、硬化，它作为硬化剂加入黏接剂中。乙二胺的用量对环氧树脂的机械性能影响极大，用量过多会使树脂发脆，过少则不易硬化，所以应严格按比例用量加入。

氧化铝和铁粉在黏接剂中作为填充剂。加入填充剂可以减少环氧树脂的用量，降低成本，同时还可以改善环氧树脂黏接剂的机械强度、热膨胀系数、收缩率等物理力学性能。

稀释剂属于辅助材料，未列入以上配方中。常用的稀释剂有：环氧丙烷苯基醚、丙酮、甲苯、二甲苯等。加入稀释剂的目的在于降低黏接剂的黏度，浸润胶合剂的表面，提高黏接能力，对于不同稀释剂，其加入量如下（用稀释剂占环氧树脂的质量百分数表示）。

环氧丙烷苯基醚　　10%～20%

丙酮　　5%～20%

甲苯　　5%～20%

二甲苯　　5%～20%

2．环氧树脂黏接剂的配制

配制环氧树脂黏接剂时，应按配方中的用量称取所要物料，先将环氧树脂倒入清洁、干燥的容器内加热（加热温度应控制在 70～80℃），使其流动性增加。再依次将增塑剂和填充剂放入，搅拌均匀。固化剂只能在黏接前放入，而且在放入时要控制温度（30℃左右）并搅拌均匀，用肉眼观察，当容器的壁部无油状悬浮物存在时再稍置片刻，搅拌无气泡逸出即可使用。注意，填充剂在加入前应烘干。

二、无机黏接剂

1．无机黏接剂的配方（见表 2-8）

表 2-8　无机黏接剂的配方表

原料名称	配比	技术要求
氧化铜	4～5g	黑色氧化铜粉末，粒度 320 目，纯度在 98%以上
磷酸	1 mL	密度 1.7～1.9g/cm³，浓度在 85 以上
氢氧化铝	0.04～0.08g	白色粉末，二、三级试剂

2．无机黏接剂的配制方法

（1）根据用量按配方称取或量各相应原料。

（2）先将称取的全部氢氧化铝粉末与十分之一的磷酸置于烧杯中，并搅拌均匀，此时，混合物呈白乳状态。

（3）将留下的磷酸全部倒入烧杯中，一边加热一边搅拌，加热至 220～240℃，当溶液呈淡茶色时，停止加热，使之冷却备用。

（4）将烘干的氧化铜放在干净的铜板上，中间留一个小坑，倒入上面冷却的溶液，用竹片搅拌均匀，调成糊状，当搅拌的糊糊能拉出约 20mm 长的丝时，黏接剂便已调配好。注意：氧化铜一定要先烘干。

附录

操作考核评分项目与标准（见表 2-9）

表 2-9　操作考核评分项目及标准

序号	考核项目	考核要求	配分	评分标准
1	装配前的准备	模具结构图的识图，选择合理的装配方法和装配顺序，准备好必要的标准件，如螺钉、销钉及装配用的辅助工具等	10	具备模具结构知识及识图能力
2	组件装配	初步检查修配凹模拼块。按图示要求拼接各凹模拼块，并检查相应凸模和凹模型孔的冲裁间隙，不妥之处进行修配。组装凹模组件，凸模组件	15	保证各个零件间的位置精度，不要歪斜，凸模（凹模）安装应与固定板型孔成H7/m6配合
3	总装配	1．装配基准件：凹模组件为基准件，故先安装固定凹模组件。 2．安装固定凸模组件：以凹模组件为基准安装固定凸模组件。 3．安装固定导料板：以凹模组件为基准安装固定导料板。 4．安装固定承料板和侧压装置。 5．安装固定上模弹压卸料装置及导正销	20	保证导尺的平行尺寸，顶块、卸料板都能灵活运动，试模合格
4	凸模（凹模）在固定板上的装配	熟悉凸模（凹模）安装技术要求和固定方法（包括压入固定法、铆翻固定法、螺钉紧固法、斜压块紧固法）	20	熟悉凸模（凹模）安装技术要求，掌握凸模（凹模）固定的方法
5	凸、凹模间隙的控制	垫片调整间隙法，透光调整间隙法	20	操作熟练，保证凸、凹模的正确位置
6	螺钉及销钉的装配	模板上螺钉孔的配作方法，模板上销钉孔的配作方法	15	操作熟练，能正确运用操作方法和技巧

习　题

一、填空题

1．多工位级进模是在普通级进模的基础上发展起来的一种高（　　）、高（　　）、高寿命的模具。

2．热套固定法是应用金属材料（　　）的物理特性对模具零件进行固定的方法。

3．利用无机黏接剂固定凸模，具有工艺简单、黏接强度高、不（　　）、耐高温及不导热等优点。但其本身有（　　），不宜受较大的冲击力，所以只适用于冲裁力较小的薄板料冲裁模具。

4．在冲模制造过程中，模板上的螺钉孔、销钉孔一般不（　　）加工。

二、描述题

1．描述低熔点合金固定浇注的工艺过程。

2．请描述如图 2-40 所示模具的装配工艺过程。

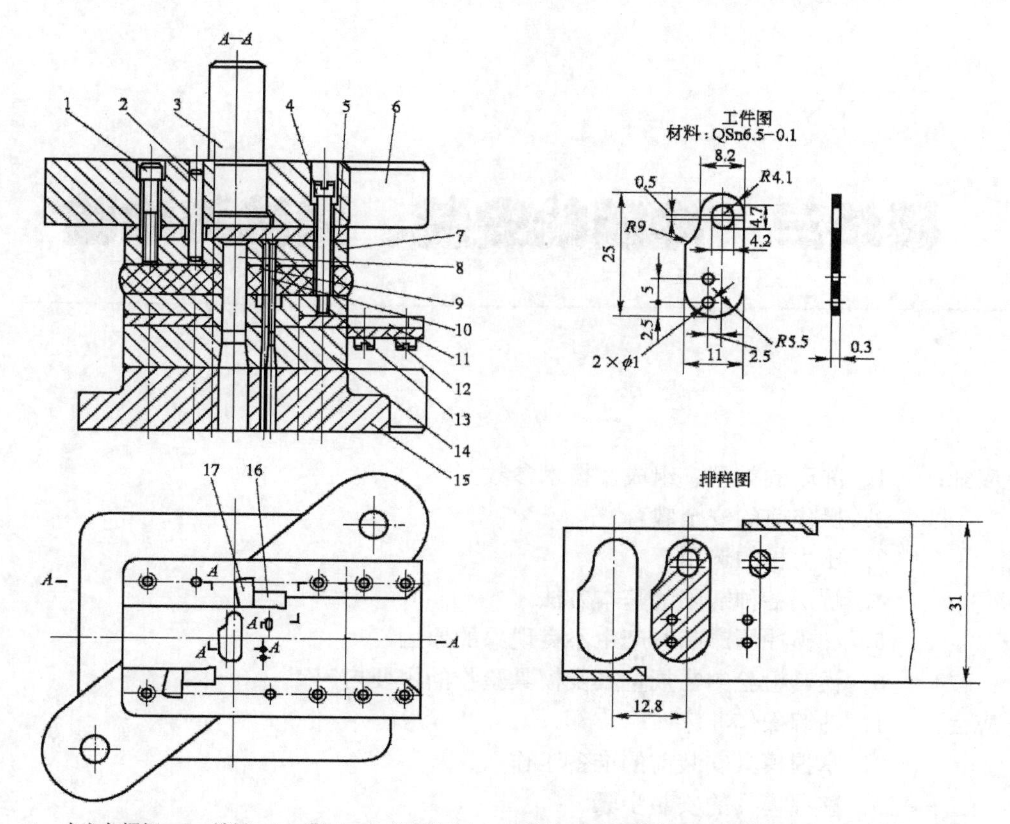

1—内六角螺钉；2—销钉；3—模柄；4—卸料螺钉；5—垫板；6—上模座；7—凸模固定板；8、9、10—凸模；11—导料板；12—承料板；13—卸料板；14—凹模；15—下模座；16—侧刃；17—侧刃挡块

图2-40　双侧刃定距的冲孔落料级进模

模块三　冲模的安装、调试与检验

应知： 1．冲床的类型、组成及技术参数
2．操作前的安全教育
3．压力机的选用
4．解决各种缺陷的基本方法
5．冲模冲压产品时产生不良现象的原因
6．模具检验的常规量具及模具验收的主要内容

应会： 1．熟练操作冲床
2．掌握模具安装前的准备工作
3．掌握模具的安装步骤
4．熟练掌握各种冲模的调试
5．掌握各种冲模的维修技能
6．掌握模具检验的各种测量技能和模具验收的程序

本模块的学习方法和适用学生层次

本模块是本书的一个重点，要求熟练掌握本模块介绍的操作方法和操作技能，因此最好的学习方法是多动手、勤动脑，真正做到理论联系实际。

任务一、任务二、任务三：中专、中技、高技、大专

知识链接：技师

本模块的结构内容

冲模的安装｛冲压设备的分类及型号，曲柄压力机（冲床）、冲压设备的安全操作规程，冲压设备的选用，冲模安装方法，使用冲模应注意的事项｝

冲模的调试、维护与修理｛冲模的调试目的、内容、注意事项、技术要求、调试要点、调整方法，冲模的检修原则、检修步骤、维修工艺过程、修理方法，冲模的拆卸方法及注意事项｝

冲模的检验｛测量的基本概念，检验用的常规量具，模具验收的主要内容，冷冲模试模后的验收项目｝

术语解释

（1）什么是冲裁间隙（Z）？

如图 3-1 所示，冲裁间隙（Z）是指冲裁模中凹模刃口横向尺寸 D_A 与凸模刃口横向尺寸 d_T 的差值。间隙是影响冲裁件质量的主要因素。另外，冲裁间隙对冲裁力影响不是很大，随间隙的增大冲裁力有一定程度的降低；但间隙对卸料力、推件力的影响比较显著，随间隙增大，卸料力和推件力都将减小。

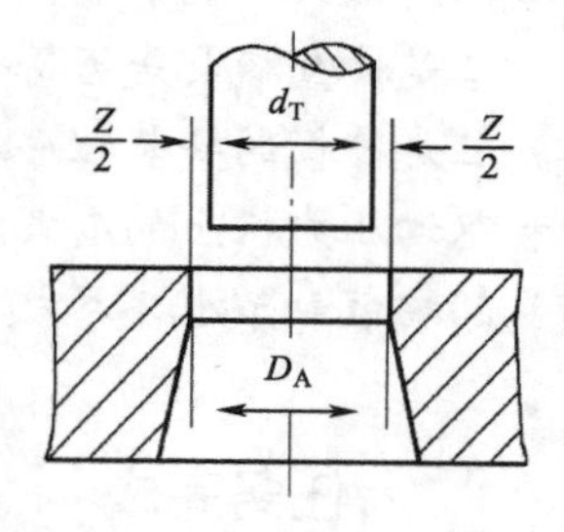

图3-1　冲裁间隙示意图

（2）什么是测量？

测量是以确定被测对象的量值为目的的全部操作。在这一操作过程中，将被测对象与复现测量单位的标准量进行比较，并以被测量与单位量的比值及其准确度表达测量结果。例如，用游标卡尺对一轴径的测量，就是将被测对象（轴的直径）用特定测量方法（用游标卡尺测量）与长度单位（毫米）相比较。若其比值为 30.52，准确度为±0.03mm，则测量结果可表达为（30.52±0.03）mm。任何测量过程都包含测量对象、计量单位、测量方法和测量误差四个要素。

（3）什么是检验？

检验是判断被测物理量是否合格（在规定范围内）的过程，一般来说，就是确定产品是否满足设计要求的过程，即判断产品合格性的过程，通常不一定要求测出具体值。因此，检验也可理解为不要求知道具体值的测量。

任务一　冲模的安装

任务描述

本任务主要介绍冲模在压力机上的安装。冲压模具在装配完毕后，为了保证模具的质量，必须把模具安装到压力机上进行调试，以便发现和解决模具在设计、制造和冲压过程中存在的问题。

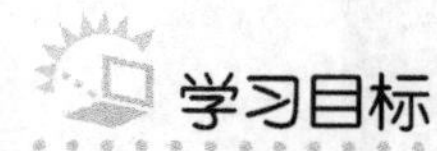

学习目标

通过本任务的学习，要求学生掌握各类冲模的安装和设备的选用，熟悉冲压设备的安全操作规程及冲模安装和使用中的注意事项。

任务分析

按照图样加工和装配好的冲模，必须经过安装调试合格以后才能作为成品交付生产使用。冲模的安装主要有三个方面的要求。

一是对压力机的要求。成品的冲模必须首先保证其能顺利安装到指定压力机上，模具的参数必须符合压力机的各种技术参数，主要包括公称压力、闭合高度、滑块行程、最大装模高度、工作台孔尺寸、模柄孔尺寸、安装条件等。在冲模安装过程中应注意压力机的装模高度和模具高度，必须保证模具高度在压力机装模高度允许范围之内，然后再根据模具高度对装模高度做必要的调整。

二是检查模具是否符合图样要求和技术要求，包括安装零件是否齐全，有无特殊要求。

三是冲模的安装程序和方法，包括模具安装前的准备工作及安装过程。模具在单动压力机和双动压力机上的安装方法不同，对于冲裁模、弯曲模、拉深模、校正整形模等不同结构模具的安装细节也不尽相同。

任务完成

基本知识

一、冲压设备的分类及型号

（1）冲压设备的分类。冷冲压设备一般可以分为机械压力机、电磁压力机、气动压力机和液压机四大类。常用的有机械压力机（如摩擦压力机、曲柄压力机）和液压机（如油压机、水压机）两大类，数控冲床正在推广。图 3-2 所示是一些常用冲压设备的工作图片。

（a）JH21—60 型冲压机、JH23—25 型冲压机和油压机

（b）数控冲床及工作现场

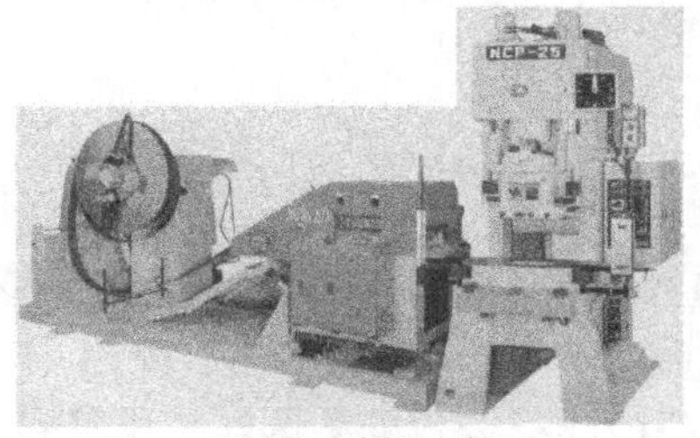

（c）自动高速冲床

图3-2　一些常用冲压设备

（2）冲压设备的型号。按照锻压机械型号编制方法（JB/GQ 2003—84）的规定，机械压力机以J××表示其型号，液压机以Y××表示其型号。

型号 JC-23-63A

其中，J——机械压力机（类）；

C——同一型号产品的变型顺序号，C 表示第三种变形；

2——开式双柱压力机（列）；

3——开式双柱可倾式压力机（组）；

63——公称压力（630kN）；

A——产品重大改进顺序号，A 表示经过第一次改进设计。

二、曲柄压力机（冲床）

曲柄压力机是一种结构精巧的通用性压力机，具有用途广泛、生产效率高等特点，可广泛应用于切断、冲孔、落料、弯曲、铆合和成型等工艺。通过对金属坯件施加强大的压力使金属发生塑性变形和断裂来加工成零件。按床身结构形式的不同，曲柄压力机可分为开式曲柄压力机和闭式曲柄压力机；按驱动连杆数的不同可分为单点压力机和多点压力机；按滑块数是一个还是两个可分为单动压力机和双动压力机。

1．曲柄压力机（冲床）的结构组成

开式曲柄压力机主要由以下几个部分组成。

（1）工作机构包括曲柄、连杆、滑块、导轨等，其主要作用：将传动系统的旋转运动转换为滑块的往复直线运动；承受和传递工作压力；在滑块上安装模具。

（2）传动系统包括带传动和齿轮传动等。

（3）操作系统包括离合器、制动器及控制装置等。

（4）能源系统包括电动机和飞轮等。

（5）支承部件主要是机身及辅助系统和附属装置（润滑系统、顶件装置、保护装置、滑块平衡装置、安全装置）等。

2．曲柄压力机传动原理

在曲柄压力机中，曲柄的右端装有飞轮（大齿轮），由电动机通过减速齿轮（小齿轮）传动，并通过与操纵机构相连的离合器的控制，与曲柄脱离与结合。当离合器结合时，曲柄与飞轮一起转动，通过曲柄连杆机构，把飞轮的转动转化为上、下往复运动并通过连杆传递给滑块，而上模固定在滑块上，下模固定在压力机工作台上，所以滑块带动上模与下模作相对运动，完成冲压工作。当离合器脱离时，曲柄停止运动，并由制动器控制使滑块停止在上止点位置。其传动示意图如图 3-3 所示。

3．曲柄压力机的主要技术参数

曲柄压力机的主要技术参数有公称压力、滑块行程、滑块行程次数、封闭高度、工作台面积、滑块底面积、滑块模柄孔尺寸、工作台孔尺寸、立柱间距离等。这些技术参数反映了压力机的工艺能力及有关生产率的指标。

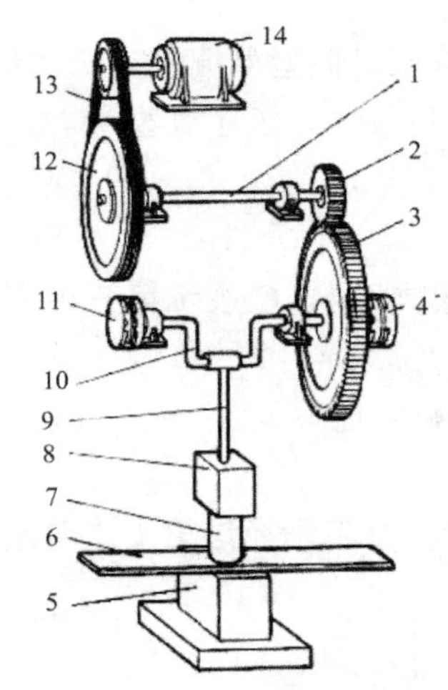

1—传动轴；2—小齿轮；3—大齿轮（飞轮）；4—离合器；5—凹模；6—板材；7—凸模；8—滑块；9—连杆；10—曲柄轴；11—制动器；12—大皮带轮；13—三角皮带；14—电动机

图3-3　曲柄压力机传动系统示意图

（1）公称压力。公称压力是指滑块下滑到距下极点（也称下止点）某一特定距离 S_p（称为公称压力行程）或曲柄旋转到距下极点某一特定角度 α（称为公称压力角）时，所产生的冲击力（即滑块上所允许承受的最大负荷）称为压力机的公称压力。如 JH23-40 压力机，当滑块离下止点 4mm 时滑块上允许承受的最大负荷为 400kN，即公称压力为 400kN。

公称压力是压力机的主要技术参数，我国生产的压力机公称压力系列如下：160 kN、200 kN、250 kN、315 kN、400 kN、500 kN、630 kN、800 kN、1000 kN、1600 kN、2500 kN、4000 kN 等。

压力机工作时，实际冲裁压力曲线与压力机许用压力曲线不同步，如图 3-4 所示。因此，在选用压力机时，冲裁、弯曲时压力机的吨位应比计算的冲压力大 30%左右，拉深时压力机吨位应比计算出的拉深力大 60%～100%。

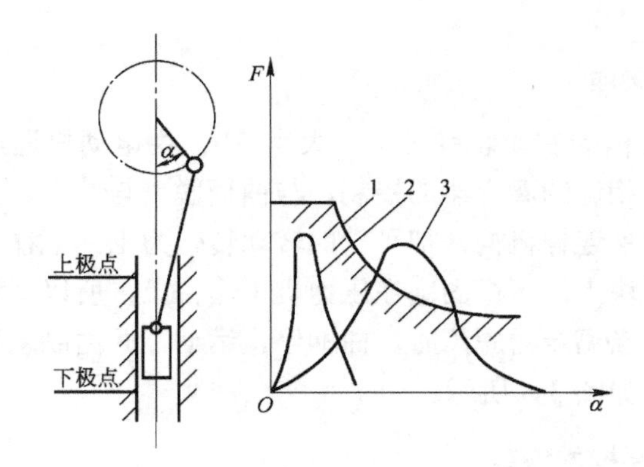

1—压力机许用压力曲线；2—冲裁工艺冲裁力实际变化曲线；3—拉深工艺拉深力实际变化曲线

图3-4　压力机的许用压力曲线示意图

（2）滑块行程。滑块行程是指滑块从上止点到下止点所经过的距离，它是曲柄半径的两倍。滑块行程一般为一定值，如J23—40A压力机的滑块行程为90mm。

（3）滑块行程次数。滑块行程次数是指滑块每分钟往复运动的次数。如果是连续作业，它就是每分钟生产的产品个数。所以自动生产时，滑块行程次数越大，生产效率越高。

（4）封闭高度。封闭高度是指滑块在下止点时，滑块底面到工作台上平面（即垫板下平面）之间的距离。当封闭高度调节装置将滑块调整到最高位置（即连杆调整到最短）时，其封闭高度达到最大值，称为最大封闭高度（H_{max}）；相反为最小封闭高度（H_{min}）；两者的差值为封闭高度的调节量。如J23—40A压力机的最大封闭高度为320mm，封闭高度的调节量为65mm。模具闭合高度与压力机的装模高度的关系如图3-5所示。

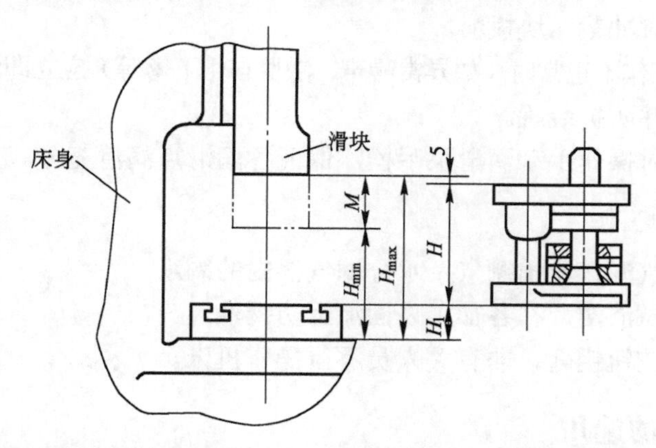

H—模具的闭合高度；H_{max}—最大封闭高度；H_{min}—最小封闭高度；H_1—垫板厚度；M—封闭高度的调节量

图3-5　模具闭合高度与装模高度的关系

理论上为 $H_{min}-H_1 \leqslant H \leqslant H_{max}-H_1$

实际上为 $H_{min}-H_1+10 \leqslant H \leqslant H_{max}-H_1-5$

压力机的装模高度：指压力机的闭合高度减去垫板厚度的差值。

模具的闭合高度（H）：指冲模在最低工作位置时，上模座上平面至下模座下平面之间的距离。

三、冲压设备的安全操作规程

1．操作前的准备工作

（1）冲床工必须经过学习，掌握设备的结构、性能，熟悉操作规程并取得操作许可，方可独立操作。

（2）操作人员必须着标准工作服装。

（3）检查各加油部分的油面及各润滑点，保证供油充分、润滑良好。

（4）检查压缩空气压力是否在规定范围内。

（5）启动电动机，应检查飞轮旋转方向是否和回转标志方向一致。

（6）空运转设备3～5min，检查制动器、离合器等部分的工作情况，试验单次、寸动、连续、紧停等各动作的可靠性。

2．工作中的安全工作

（1）冲床启动时或运转冲制过程中，操作者站立要恰当，手和头部应与冲床保持一定的距离，并时刻注意冲头动作，严禁与他人闲谈。

（2）冲制短小工件时，应用专门工具，不得用手直接送料或取件；冲制长体零件时，应设制安全托料架或采取其他安全措施，以免掘伤。

（3）单冲时，每加工一个零件，手脚要离开操纵机构，以免在取送料时误动作而发生事故。

（4）两人以上共同操作时，应注意协调配合，负责踏闸者必须注意送料人的动作，严禁一面取件，一面踏闸。

（5）严禁在冲压设备旁追逐打闹。

（6）绝对禁止同时冲裁两块板料。

（7）发现压力机工作不正常时（如异常噪声、滑块自由下落等）应立即停车，及时研究解决。

（8）不得任意拆卸防护装置。

（9）每工作四小时操作手动润滑泵手柄，保证各润滑点润滑充分。

3．冲压结束后的工作

（1）切断电源、气源，放出剩气及水分滤气器内的剩水。

（2）将压力机擦拭清洁，在各加工表面涂上防锈油。

（3）保管好操作按钮钥匙，非有关人员不得操作机床。

四、冲压设备的选用

在生产过程中，选择冲压设备是一个重要的环节，它直接影响到生产效率的高低，一般是根据工序性质、产品的生产批量、制件的质量要求等进行选择。

1．压力机类型的选择原则

（1）中小型冲裁模及拉深、弯曲模应选择单柱、开式压力机。

（2）大中型冲裁模应选择双柱、四柱压力机。

（3）产品生产批量大的自动模生产应选择高速压力机或多工位自动压力机。

（4）产品生产批量小且材料厚的大型冲压件应选择液压机。

（5）校平、弯曲、整形模应选择大吨位、双柱及四柱压力机。

（6）冷挤压模或精冲模应选择专用冷挤压机及精冲专用压力机。

（7）覆盖件拉延模应选择双动及三动压力机。

（8）多孔电子仪器板件冲模应选择转头压力机。

2．压力机规格的选择原则

（1）压力机的公称压力应大于模具冲压力（即制件计算压力）的1.2～1.3倍。

（2）电动机的功率应大于完成此加工工序所需要的总功率。

（3）工作台面及滑块平面尺寸应能保证冲模安装牢固和正常工作，漏料孔应不小于所有制件或废料。

（4）滑块行程次数应能满足最高生产效率的要求。

（5）设备的结构要根据工作类别及零件性质确定，应备有特殊装置和夹具，如缓冲器、顶出装置、送料及卸料装置等。

（6）压力机应能保证使用时操作方便、安全。

任务完成

一、冲模安装准备

模具装配完成后的试模或者生产都必须在冲床上进行，因此，正确地将模具安装在冲床上是模具制造工必须具备的一项技能，同时模具安装的正确与否也是保障冲模安全生产的一项前提条件。为正确在冲压机安装模具，须做好以下两项工作：模具安装前的技术准备和冲压机技术状态检查。

1. 冲模安装前的技术准备工作

（1）熟悉冲模的结构及动作原理。在安装调试冲模前，调试工必须首先要熟悉冲压零件的形状、尺寸精度和技术要求；掌握所冲零件的工艺流程和各工序要点；熟悉所要调试的冲模结构特点及动作原理；了解冲模的安装方法及应注意的事项。如果有疑问须向相关技术人员咨询，得到确切答案。

（2）检查模具结构。检查模具是否装配完整，有无缺漏零件；检查螺钉和销钉连接是否牢固，零部件是否有松动；检查模具外观是否有伤痕、开裂、凸起，工作零件是否锋利；检查模具导向是否灵活。

（3）检查冲模的安装条件。冲模的闭合高度必须要与压力机的装模高度相符。冲模在安装前，冲模的闭合高度必须要经过测定，其值要满足下式关系：

$$H_{min}-H_1+10 \leqslant H \leqslant H_{max}-H_1-5$$

式中，H 为模具的闭合高度；H_1 为垫板厚度；H_{max} 为压力机最大封闭高度（mm）；H_{min} 为压力机最小封闭高度（mm）。

（4）确认压力机的公称压力是否满足模具要求。模具设计时已经过计算，标明冲压机吨位，安装前须确认所选用的压力机吨位符合模具设计说明书上的要求。一般冲压机的冲压力必须要大于模具的工艺力的1.2～1.3倍。

（5）冲模的各安装槽（孔）位置必须与压力机各安装槽孔相适应。

（6）压力机工作台面的漏料孔尺寸应不小于制品及废料尺寸。并且，压力机的工作台尺寸、滑块底面尺寸应能满足冲模的正确安装，即工作台面和滑块下平面的大小应适合安装冲模并要留有一定的余地。在一般情况下，冲床的工作台面应大于冲模模板尺寸50～70mm。

（7）确认冲模打料杆的长度与直径是否与压力机上的打料机构相适应。

（8）清除模具表面异物和金属残渣。

2. 检查压力机的技术状态

（1）空运转压力机3～5min，检查压力机是否运转正常，是否有异常声音和焦糊的气味。

（2）在空运转的过程中检查压力机的刹车、离合器及操作机构是否工作正常。

（3）如有顶出机构，则须检查压力机上顶出机构是否灵活、可靠。

（4）检查压力机的行程次数是否符合生产率和材料变形速度的要求。

（5）清除工作台表面异物和金属残渣。

二、冲模安装方法

1．在单动压力机上安装冲模（以模具安装于 JH21-60 冲压机上为例）

（1）准备好安装冲模用的扳手紧固螺栓、螺母、压板、垫块、垫板等附件，如图 3-6 所示。

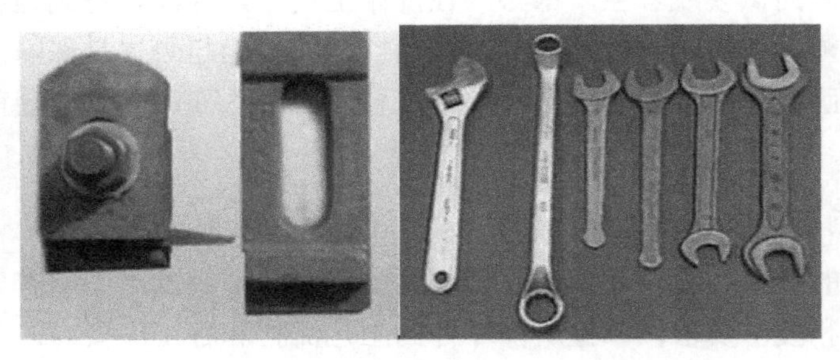

图3-6　装模常用工具

（2）测量模具高度，如图 3-7 所示。

（3）将压力机滑块调节到压力机的上止点（滑块运行到最高位置），如图 3-8 所示。

图3-7　测量模具高度

图3-8　调节滑块至压力机的上止点

（4）调节压力机的调节螺杆，将其调节到最短长度，JH21-60 压力机可以将连杆高度调节到 300mm 左右，以确保当滑块处于下止点位置时，滑块底面与工作台面的距离大于模具的高度，如图 3-9 所示。

（5）将冲模放在压力机工作台上，注意安全，防止模具跌落，如图 3-10 所示。

（6）调节滑块下降，使滑块慢慢靠近上模，并将模柄对准滑块孔，如图 3-11 所示，然后再使滑块缓慢下移，直至滑块下平面贴紧上模的上平面如图 3-12 所示。

（7）固定上模，拧紧模柄固定块上的紧固螺钉（2 个），再将中间的螺钉紧固，将上模固紧在滑块上，如图 3-13 所示。

图3-9　调节螺杆高度显示器

图3-10　搬模于工作台上

图3-11　模柄对准滑块孔

图3-12　滑块贴紧上模面

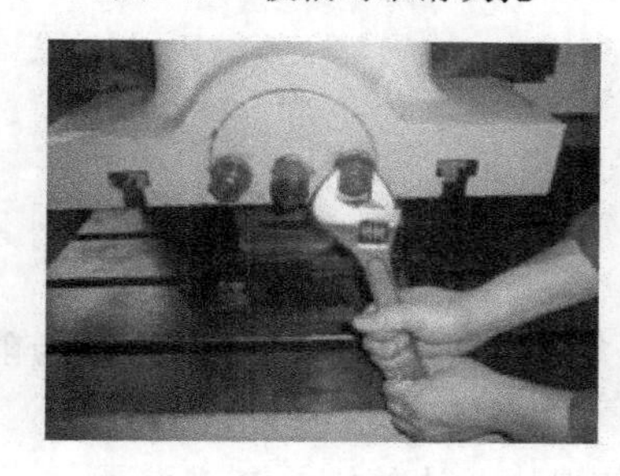

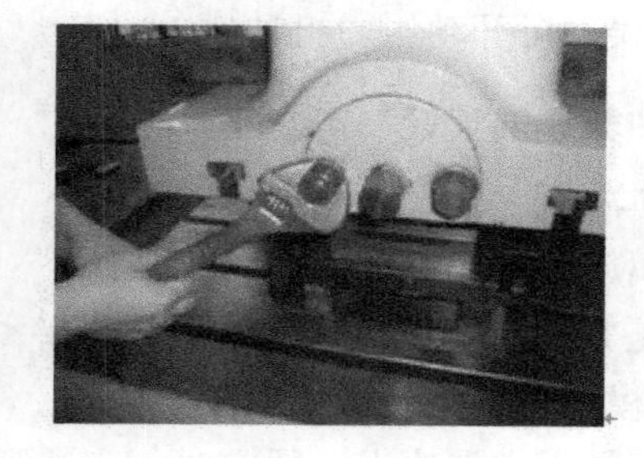

图3-13　固定上模

（8）固定下模，用压块将下模紧固在冲床工作台面上时，压块的位置应摆放正确，如图 3-14 所示。

图3-14　固定下模

（9）放上条料进行试冲。根据试冲情况，可调节上滑块的高度，直至能冲出合格的零件。安装工作才算完成。

2．在双动压力机上安装冲模

（1）检查双动拉深模有关安装尺寸（内、外闭合高度，安装孔及安装槽位置），并选定安装用的垫板。

（2）调节压力机内、外滑块到最高点，并将内、外滑块停于上止点。

（3）将冲模置于压力机工作台面的中心位置。

（4）把滑块降到下止点，开动内滑块调节电动机，使内滑块下降至与凸模固定座相接触，对准安装槽孔，将凸模固定座用螺钉固定在内滑块垫板上。

（5）开动压力机，使滑块及凸模上升并停于上止点位置。

（6）将冲模从台面上拉出，将外滑块的垫板放在压边圈上，用螺钉将其与压边圈初步连接上，然后再将冲模移到台面中心位置。

（7）卸下外滑块垫板与压边圈连接螺钉，开动压力机使其空行程运行数次，以便使外滑块垫板处于正确位置。

（8）安装压边圈。放掉平衡汽缸里的压缩空气，调节外滑块的高度，使外滑块与垫板接触，用螺钉将外滑块、外滑块垫板和压边圈连接紧固。然后，向平衡汽缸里送压缩空气。

（9）用螺钉将凹模初步固定在工作台垫板上（先不拧紧螺钉）。

（10）开动压力机试运转，正常后拧紧凹模的固定螺钉。检查模具及压力机各部位是否正常，确认无误后可开动压力机试模。

3．其他冲裁模的安装

1）无导向冲模

① 将冲模放在压力机工作平台中心处。

② 松开压力机滑块螺母，用手或撬杠转动飞轮，使压力机滑块下降到与模具上模板接触，并使冲模模柄进入滑块中。

③ 将模柄紧固在滑块上。固定时，应注意使滑块两边的螺栓交错拧紧。

④ 在凹模的刃口上垫以相当于凸、凹模单面间隙的硬纸或钢板，并使间隙均匀。

⑤ 间隙调整均匀后压紧下模。

⑥ 开动压力机，进行试冲。

2）有导向的冲模

① 将闭合状态的模具搬至压力机工作台面中心位置，使压力机的闭合高度大于模具的高度。

② 将压力机滑块下降到最低位置，并调整到使其与上模板接触。

③ 把上模固定在滑块上，利用点动使滑块慢慢上升，让导柱、导套自由导正（导柱不能离开导套），再将下模座压紧。

④ 调整滑块位置，使其在上止点时凸模不至于逸出导板之外，或导套下降距离不应超过导柱长度的1/3为止。

⑤ 紧固时要牢固。紧固后进行试冲与调整。

⑥ 拉深模与弯曲模安装时，最好在凸、凹模之间垫以样件，如图3-15所示，以便调整间隙值。

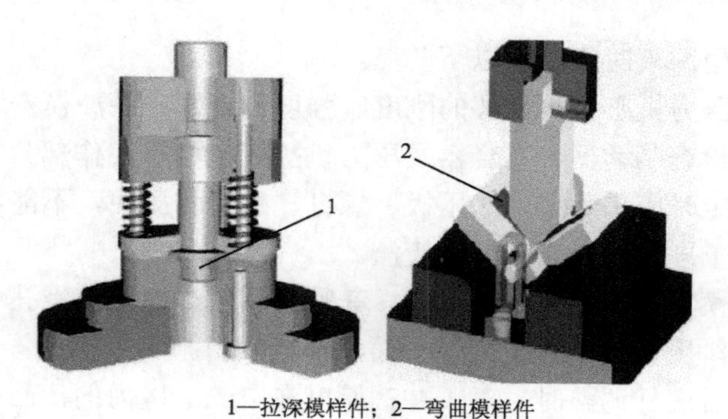

1—拉深模样件；2—弯曲模样件

图3-15 拉深模和弯曲模模型图

4．弯曲模的安装

弯曲模在压力机上的安装方法基本上与冲裁模在压力机上的安装方法相同。其在安装过程中的调整方法如下。

（1）有导向装置的弯曲模，调整安装比较简单，上模与下模相对位置及间隙均由导向零件决定。

（2）无导向装置的模具，上、下模的位置需要用测量间隙法或用垫片法来调整，如果冲压模具有对称、直壁的制件（如 U 形弯曲件），在安装模具时，可先将上模紧固在压力机滑块上，下模在工作台上暂不固定。然后在凹模孔壁口放置与制件材料等厚的垫片，再使上、下模吻合就能达到自动对准，且间隙均匀，再把下模紧固。待调整好闭合高度后，即可试冲。所用的垫片最好选用样件，这样可便于调整间隙，也可避免碰坏凸、凹模。

5．拉深模的安装

在使用单柱压力机拉深时，其模具在压力机上的安装固定方法基本上与弯曲模相同。但对于带有压边圈的拉深模，应对压边力进行调整。这是因为压边力过大易被拉裂，而压边力太小又易起皱。因此，在安装模具时，应边试验边调整，直到合适为止。对于拉深筒形零件，先将上模固定在冲床的滑块上，下模放在冲床工作台面上，先不紧固，在凹模孔上放置一个制件（试件或与制件同样厚度的垫片），再使上、下模通过调节螺杆或飞轮使其吻合，下模便可自动对正位置，调好闭合高度后，紧固下模试冲。

6．校正、整形模的安装

在安装校正、整形模时，要特别小心地调节压力机的闭合高度，应使上模随滑块到下止点位置时，既能压实制件，又不发生硬性冲击或卡住现象。因此，对上模在压力机上的上下位置进行粗略调整后，在凸、凹模上、下平面之间垫入一块等于或约厚于毛坯厚度的垫片，用调节压力机连杆长度的方法，用手搬动飞轮（或用微动按钮），直到使滑块能正常地通过下止点而无阻滞或卡住的现象为止，这样就可以固定下模，取走垫片进行试冲，合格后再拧紧紧固件。

三、使用冲模应注意的事项

在冷冲压试冲中能否正确使用冲模，对于冲模的使用寿命、工作的安全性、工件的质量等有很大影响。在使用冲模时应注意以下几点。

（1）安装冲模的压力机必须有足够的刚度、强度和精度。在冲模安装前，须将压力机预先调整好，即应仔细检查制动器、离合器及压力机操纵机构等工作部分是否正常。

（2）冲模安装固定时应采用专用的压板、螺钉、螺母和压块，不能用替代品。要将模具底面和工作台面擦拭干净，不应有废屑、废渣。

（3）用压块将下模紧固在工作台面上时，其紧固用的螺栓拧入螺孔中的长度应不小于螺栓直径的1.5～2.0倍，压块应平行于工作台面，不能倾斜。

（4）在冲模安装后进行调整时，对于冲裁厚度在2mm以内的，凸模进入凹模的深度不能超过0.8mm；对于硬质合金制成的凸、凹模，不应超过0.5mm。对于拉深模，调整时可以用试件先套入凸模上，当其全部进入凹模内时，才能将下模固定，以防将冲模损坏，其试件的厚度最好等于制件厚度的1.2～1.4倍。

（5）安装后的冲模，所有凸模中心线都应与凹模平面垂直，否则会使刃口啃坏。

（6）冲模在使用一段时间后，应定期进行检查，刃磨刃口，每次刃磨时的刃磨量不应太大，一般为0.05～0.1mm，刃磨后应用油石进行修整。使用过程中应经常对导柱、导套进行润滑。

（7）对于冲模所使用的板料，可进行少许润滑，以减少磨损。

（8）冲压时应防止叠片冲压，以免损坏冲模。

（9）在冲压过程中应随时注意检查刃口状况，若发现有微小裂纹或啃刃，应停机维修。

工艺技巧

（1）冲模在安装过程中要注意压力机的闭合高度和模具的高度，当压力机的滑块运行到下止点时，滑块底部到工作台面的高度应大于模具的高度。

（2）对于有导柱、导套导向的模具，在安装时，应先固定上模，然后利用导柱、导套上下配合运行，自动找正后才固定下模。

知识链接　常用冷冲压设备的工作原理和特点

常用冷冲压设备的工作原理和特点见表3-1。

表3-1　常用冷冲压设备的工作原理和特点

类型	设备名称	工作原理	特点
机械压力机	摩擦压力机	利用摩擦盘与飞轮之间相互接触并传递动力，借助螺杆与螺母相对运动原理而工作	结构简单，当超负荷时，只会引起飞轮与摩擦盘之间的滑动，而不致损坏机件。但飞轮轮缘磨损大，生产率低。适用于中小型件的冲压加工，对于校正、压印和成型等冲压工序尤为适宜
	曲柄压力机	利用曲柄连杆机构进行工作，电动机通过皮带轮及齿轮带动曲轴传动，经连杆使滑块做直线往复运动。曲柄压力机分为偏心压力机和曲轴压力机，二者区别主要在主轴，前者主轴是偏心轴，后者主轴是曲轴。偏心压力机一般是开式压力机，而曲轴压力机有开式和闭式之分	生产率高，适用于各类冲压加工

续表

类型	设备名称	工作原理	特点
机械压力机	高速冲床	工作原理与曲柄压力机相同，但其刚度、精度、行程次数都比较高，一般带有自动送料装置、安全检测装置等辅助装置	生产率很高，适用于大批量生产，模具一般采用多工位级进模
液压机	油水压压机机	利用帕斯卡原理，以水或油为工作介质，采用静压力传递进行工作，使滑块上、下往复运动	压力大，而且是静压力，但生产率低。适用于拉深、挤压等成型工序

附录

操作考核评分项目与标准（见表3-2）

表3-2　操作考核评分项目及标准

序号	考核项目	考核要求	配分	评分标准
1	图样分析	模具结构图的识图	5	具备模具结构知识及识图能力
2	检查冲模、压力机技术状态	冲模安装条件，模具表面质量，压力机技术状态	10	明确冲模各项安装条件，模具质量要求，压力机技术状态
3	开机、清理安装面	滑块至下止点，清理安装表面	5	操作熟练，目的明确，保证安全
4	吊装	保证滑块底面与冲模上表面距离大于压力机行程	15	操作熟练，目的明确，保证安全
5	滑块至下止点	滑块至下止点，通过调整连杆长度使滑块下表面与冲模安装吻合	10	操作熟练，目的明确，保证安全
6	紧固上模，初步固定下模	用螺钉将上模紧固在压力机上，并将下模初步固定在压力机台面上	10	操作熟练，目的明确，保证安全
7	开机找正，固定下模	将滑块稍往上调一点（以免冲模顶死），然后开动压力机，使滑块上升到上止点，松开下模的安装螺栓，让滑块空行程运行数次，再把滑块降到下止点停止	20	操作熟练，目的明确，保证安全
8	润滑、试冲	拧紧下模的安装螺栓（对称交错进行）。再开机使滑块至上止点。在导柱上加润滑油，并检查冲模工作部分有无异物。然后开动压力机，再使滑块空行程运行数次，检查导柱、导套配合情况	20	操作熟练，目的明确，保证安全
9	调整推料螺栓，调节压缩空气	调节压力机上的推料螺栓到适当高度，使推料杆能正常工作，如果冲模使用气垫，则应调节压缩空气到合适的压力	5	操作熟练，目的明确，保证安全

习　题

一、填空题

1．冷冲压设备一般可以分为（　　）、电磁压力机、气动压力机和（　　）四大类。

2．JH23—40压力机的公称压力为（　　）N。

3．封闭高度是指滑块在（　　）时，滑块底面到工作台上平面（即垫板下平面）之间的距离。

4．压力机的公称压力应（　　）模具冲压力（即制件计算压力）的 1.2～1.3 倍。

5．在模具安装调整滑块位置时，使滑块到达上止点时凸模不至于逸出（　　）之外，或导套下降距离不应超过导柱长度的（　　）为止。

6．用压块将下模紧固在工作台面上时，其紧固用的螺栓拧入螺孔中的长度应不小于螺栓直径的（　　）倍。

7．在冲模安装后进行调整时，对于冲裁厚度在 2mm 以内的，凸模进入凹模的深度不能超过（　　）mm；对于硬质合金制成的凸、凹模，不应超过（　　）mm。

8．冲模在使用一段时间后，应定期进行检查，刃磨刃口，每次刃磨时的刃磨量不应太大，一般为（　　）mm，刃磨后应用油石进行修整。

二、判断题

1．冲压时应防止叠片冲压。（　　）

2．压力机的滑块行程可通过连杆进行调节。（　　）

3．滑块行程次数越大，生产效率就一定越高。（　　）

4．复合模就是滑块一次行程能冲裁出两个产品。（　　）

5．曲柄压力机的滑块行程等于它的曲柄半径的 2 倍。（　　）

任务二　冲模的调试、维护与修理

任务描述

本任务主要介绍冲模的调试、维护与修理。冲模安装后要进行试冲和试模，并对冲制件进行严格的检查。这是因为在通常情况下，仅按照图样加工和装配好的冲模还不能完全满足成品冲模的要求。产品（冲压件）设计、冲压工艺、冲模设计直到冲模的制造，任何一个环节的缺陷，都将在冲模的调试中得到反映，都会影响冲模的质量要求。因此，必须对模具进行调试，根据试件中出现的问题，分析产生的原因并设法加以解决，以保证模具能冲出合格的制件。

在试模或生产过程中，对产生的各种缺陷要仔细分析，找出产生缺陷的原因。如果是模具在制造过程中或生产过程中的损耗、损坏等因素，则要对模具进行适当的调整与修理。

学习目标

通过本任务的学习，基本掌握各类冲模的调试工艺，熟悉冲模调试方法与技术要求，具有独立完成冲模的调试和独立分析、处理调试中各类问题的能力。要求学生基本掌握冲模维护、保养和修理的方法及工艺过程，并能对模具的常见故障进行分析、处理和修复。

任务分析

冲模安装好以后要进行试模，并对试模时的产品进行严格的检查，这主要是由于在通常情况下，按照图样加工和装配好的模具还不能完全满足产品生产的要求，因为模具的设计与制造、产品的设计、冲压工艺等任何一个环节有缺陷或存在问题都会在模具调试中通过制件反映出来。所以，为了保证模具出厂后能生产出合格的制件，所有模具必须经调试合格后才能出厂。冲模调试的内容大体包括以下几个方面。

（1）检查模具的质量和探寻制件成型的基本工艺参数，为正常生产做好充分准备。

（2）调整产品的精度。在调试过程中，可能会出现各种缺陷，这就要求根据缺陷，分析和找到产生缺陷的真正原因并设法解决，以保证产品的精度要求。

（3）分析调试过程中各种异常情况，如需要对模具进行修理，则提出合理的建议并说明原因。

（4）选择试模材料。试模材料必须符合设计规定的要求，不能随便使用其他材料代替，在选择时，应考虑到材料的尺寸、硬度、韧性、牌号规格等参数。

另外，冲模在使用一段时间后将会出现各种故障和问题，从而影响生产的正常进行，甚至造成冲模的损坏或发生安全事故。为了保证冲模安全可靠地工作，必须重视模具的维护工作。一是生产过程中对模具的维护，如用料要按照要求，不能两块料重叠冲裁等，也包括上班前和下班后的维护。二是冲模的修理，包括使用过程中的修理，损坏后的修理，修理过程中所使用的工具及选择怎样的修理方式等。三是修理后的试模与验证，包括修理后模具质量的检查，产品质量的检查，修配后是否排除了故障等。

任务开始

基本知识

一、冲模的调试

模具的试冲与调整简称为调试。冲模在冲床上安装后，要通过试冲对制件的质量和模具的性能进行综合考查和检测。对在试冲中出现的各类问题要进行全面、认真的分析，找出产生的原因，并对冲模进行适当的调整与修正，以最终得到质量合格的制件。

1．试模与调整的目的

（1）发现模具设计及制造中存在的问题，以便对原设计、加工与装配中的工艺缺陷加以改进和修正，制造出合格的制件。

（2）通过试模与调整，能初步提供产品的成型条件及工艺规程。

（3）试模及调整后，可以确定前一道工序毛坯的准确尺寸。

（4）验证模具质量及精度，作为交付生产的依据。

2．试模与调整的内容

（1）将模具安装在指定的压力机上。

（2）用指定的坯料（或板料）在模具上试冲出制件。

（3）检查成品的质量，并分析其产生质量缺陷的原因，设法修整解决后，试冲出一批完全符合图样要求的合格制件。

（4）排除影响生产、安全、质量和操作的各种不利因素。

（5）根据设计要求，确定模具上某些须经试验后才能决定的工作尺寸（如拉深模首次落料坯料尺寸），并修正这些尺寸，直到符合要求为止。

（6）经试模后制定制件生产的工艺规程。

3．试模与调整的注意事项

（1）试模材料的性能与牌号、试件坯料厚度均应符合图样要求。

（2）冲模用的试模材料的宽度应符合工艺图样要求。若是连续模，其试模材料的宽度要比导板间距离小 0.1～0.15mm。

（3）试模用的条料在长度方向上一定要保证平直。

（4）模具在设备上的安装一定要紧固，不可松动。

（5）在试模前，先要对模具进行一次全面检查，检查无误后，才能安装于设备上。

（6）模具各活动部位在试模前或试模中要加润滑油。

（7）试模用的压力机、液压机一定要符合要求。

4．冲模调试的技术要求

（1）模具外观。各种冷冲模在装配后，应经外观和空载检验合格后才能进行试模。

（2）凸模进入凹模的深度。当冲裁厚度小于 2mm 时，凸模进入凹模的深度不应超过 0.8mm。硬质合金模具不超过 0.5mm。拉深模及弯曲模应采用试冲方法，确定凸模进入凹模的深度。其操作方法：弯曲模试冲时，可将样件放在凸、凹模之间，借助试件确定凸模进入凹模的深度；拉深模在调试时，可先将试件套在凸模上，当其全部进入凹模内，即可将其固定。试件的壁厚应大于制件的壁厚。

（3）凸模与凹模的相对位置。在冲模安装后，凸模的中心线与凹模工作平面应垂直；凸模与凹模间隙应均匀。可以利用 90° 角尺测量和利用塞块或试件进行检查。

（4）试模材料。试模材料必须经过检验并符合技术要求。冲裁模允许用材料相近、厚度相同的材料代用；大型冲模的局部试冲，允许用小块材料代用；其他试冲材料的代用，须经用户同意。

（5）试冲设备。试冲设备必须符合工艺规定，设备精度必须符合有关标准规定要求。

（6）试冲最小数量。小型模具不少于 50 件；硅钢片不少于 200 件；自动冲模连续时间不少于 3min；贵重金属材料试冲数量根据具体情况而定。试冲件数无规定时，每一工序不少于 3～10 个。

（7）冲件质量。冲件断面应均匀，不允许有夹层及局部脱落和裂纹现象。试模毛刺不得超过规定数值（冲裁模允许的毛刺值见表 3-3）；尺寸公差及表面质量应符合图样要求。

（8）入库。模具入库时，应附带检验合格证。

表 3-3　试模冲裁毛刺允许值参考表　　mm

σ_b \ t		≤0.4	>0.4～0.63	>0.6～1.0	>1.0～1.66	>1.6～2.5	>2.50
≤250	1 级	0.03	0.04	0.04	0.05	0.07	0.10
	2 级	0.04	0.05	0.06	0.07	0.10	0.14

续表

σb \ t		≤0.4	>0.4～0.63	>0.6～1.0	>1.0～1.66	>1.6～2.5	>2.50
>250～400	1 级	0.02	0.03	0.04	0.04	0.07	0.09
	2 级	0.03	0.04	0.05	0.06	0.09	0.12
>400～630	1 级	0.02	0.03	0.04	0.04	0.06	0.07
	2 级	0.03	0.04	0.05	0.06	0.08	0.10
>630	1 级	0.01	0.02	0.03	0.04	0.05	0.07
	2 级	0.02	0.03	0.04	0.05	0.07	0.09

注：σb——材料抗拉强度（单位：MPa）；t——材料厚度（单位：mm）。表中 1 级用于较高要求，2 级用于一般要求，硅钢片采用 2 级数值。

二、冲模的维护与修理

1. 模具维修人员的职责

（1）熟悉本部门所使用模具的种类及每种成品件的模具副数和使用情况。

（2）负责建立模具使用检修技术档案，对每副模具的每次开始使用时间、生产的件数、刃口修整次数、刃磨量太小（或型面修整情况）及模具使用状态做好记录和必要说明。如写明易损件磨损情况、修理了哪些部位，以及更换易损件情况、修理方案等。

（3）详细了解并掌握每副模具的结构特点和动作原理，对于易损件要做到胸中有数，根据生产批量大小，能确定每副模具易损件的数量。

（4）负责使用模具的安装、调整和修理工作。

（5）模具在工作过程中，要经常检查工作状况，发现有问题要及时采取措施进行调整和修理。

（6）负责模具的大修工作。

（7）负责易损件的准备和更换工作。

2. 冲模的检修原则与步骤

冲模在使用过程中，如果发现主要部件损坏或失去使用精度时应进行全面检修。

1）冲模的检修原则

① 冲模零件的更换一定要符合原图样规定的材料牌号和各项技术要求。

② 检修后的冲模一定要进行试冲和调整，直到冲出合格的制件后方可交付使用。

2）冲模的检修步骤

① 冲模间隙前要用汽油或清洗剂清洗干净。

② 对清洗后的冲模按原图样的技术要求检查损坏部位的损坏情况。

③ 根据检查结果编制修理方案卡片，其内容应包括冲模名称、编号、使用时间、检修原因、检修前的制件质量、检查结果、主要损坏情况、修理方法，以及修理后能达到的性能要求。

④ 按修理方案卡片上规定的修理方案拆卸损坏部位。拆卸时，可以不拆的尽量不拆，以减小重新装配时的调整和研配工作。

⑤ 将拆下的损坏的零部件按修理卡片进行修理。

⑥ 安装调整。

⑦ 对重新调整后的冲模试冲，检查故障是否排除，制件质量是否合格，直至故障完全排除并冲出合格制件后，方能交付使用。

3．模具维修工艺过程

模具的维修一般都要经过这四个过程，即分析修理原因、制订修理方案、修理（实施修理方案）、试模验证（检查修理效果）。

1）分析修理原因

分析修理原因时的首要任务，即仔细观察其模具的损坏部位、损坏的特征和损坏的程度。同时应了解掌握该模具结构及动作原理，以及制作使用方面的情况，最后分析损坏和造成修理的原因。

2）制订修理方案

制订修理方案是建立在分析原因的基础上，确定修理方法是大修或是小修，其具体的修理工艺，以及根据修理工艺准备必要的专用工具、备件和安排返修等事项。

3）修理

进行修理是具体操作的过程，要对模具进行检查，拆卸损坏部位；清洗零件，并核查修理原因及方案的修订；配备及修整损坏零件，使其达到原设计要求；更换修配后的零件，重新装配新模具。

4）试模与验证

试模和验证是修理模具最后要做的一项工作。采用相应的设备对修理好的模具进行试模和调整，根据试模样件检查和确定修理后的模具质量状况，例如，是否将模具的原有弊病消除，是否将模具修复达到正常使用要求。确定修配合格的模具，打刻印，入库保存。

任务完成

一、冲裁模的调试

1．冲裁模调试要点

（1）凸、凹模刃口及其间隙的调整。

① 冲裁模的上、下模要吻合。应保证上、下模的工作零件（凸模与凹模）相互咬合，深度要适中，不能太深与太浅，以冲下合适的零件为准。调整是依靠调节压力机连杆长度来实现的。

② 凸、凹模间隙要均匀。对于有导向零件的冲模，其调整比较方便，只要保证导向件运动顺利而无发涩现象即可保证间隙值；对于无导向冲模，可以在凹模刃口周围衬以紫铜皮或硬纸板进行调整，也可以用透光及塞尺测试方法在压机上调整，直到上、下模的凸、凹模互相对中且间隙均匀后，可用螺钉紧固在压力机上，进行试冲。

（2）定位装置调整。

① 修边模与冲孔模的定位件形状，应与前工序形状相吻合。在调整时应充分保证其定位的稳定性。

② 检查定位销、定位块、定位杆是否在定位时稳定和合乎定位要求。假如位置不合适及形状不准，在调整时应修正其位置，必要时要更换定位零件。

（3）卸料系统的调整。

① 卸料板（顶件器）形状是否与冲件服贴。

② 卸（顶）料弹簧及橡皮弹力应足够大。

③ 卸料板（顶件器）的行程要足够。

④ 凹模刃口应无倒锥以便于卸件。

⑤ 漏料孔和出料槽应畅通无阻。

⑥ 打料杆、推料板应顺利推出制品，如发现缺陷，应采取措施予以消除。

2. 冲裁模试冲时出现的缺陷及调整方法

冲模在试冲过程中可能会出现各种各样的缺陷问题。冲模试冲过程中常见的一些缺陷现象及产生缺陷的可能原因和相应的解决方法列举如下。

1）制件毛刺大

产生原因：

① 间隙值偏小、偏大或不均匀。

② 刃口不锋利。

③ 凹模有倒锥。

④ 导柱、导套间隙过大，压力机精度不高。

解决方法：

① 若制件剪切面上光亮带过宽，甚至出现两个光亮带和被挤出的毛刺时，说明间隙过小，可用油石修研凸模（落料模）或凹模（冲孔模），使其间隙变大，达到合理间隙值。若制件剪切面上光亮带太窄，塌角较大，且整个断面又有很大倾斜度，产生断裂毛刺时，则表明间隙过大，修复时，对于落料模只好重做一个凸模；对于冲孔模要更换凹模，重新装配后，调整好间隙。若制件剪切面上光亮带宽窄不均，且毛刺偏于一边，则表明间隙不均匀，应对凸、凹模间隙重新调整，使之均匀；如果是局部不均匀，应进行局部修正。

② 若凸模刃口不锋利时，会在落料件周边上产生大毛刺，而在冲孔件上产生大圆角；若凹模刃口不锋利时，则冲孔件孔边产生毛刺，落料件圆角大；若凸模、凹模刃口都不锋利时，则在冲孔件和落料件上均会产生毛刺。其解决方法是刃磨刃口端面。如果是凸、凹模硬度降低而引起刃口变钝，则要重新淬硬。

③ 落料凹模有倒锥，当制件从凹模孔中通过时，制件边缘被挤出毛刺。解决的办法是将凹模倒锥修磨掉。

④ 由于压力机精度不高，或导柱、导套间隙太大，模具上、下模闭合时会使凸、凹模相对位置发生变化，导致间隙不均匀，从而使制件产生毛刺。解决方法是选用精度高的压力机或更换导柱、导套。

2）凸、凹模刃口相碰造成啃刃

产生原因：

① 凸模、凹模或导柱安装时，与模面不垂直。

② 上模座、下模座、垫板及固定板上、下面不平行，装配后平行度误差积累导致凸模或凹模轴心线偏斜。

③ 卸料板、推件板的孔位不正确或歪斜。

④ 导向件配合间隙大于冲裁间隙。

⑤ 无导向冲模安装不当或机床滑块与导轨间隙大于冲裁间隙。

解决方法：

① 重新安装凸、凹模或导柱，并在装配后进行严格检验，以提高精度。

② 装配前要对零件进行检查并修正，卸下修正重装并检验。

③ 更换导柱或导套重新研配后，使之配合间隙小于冲裁间隙。

④ 重新安装冲模，或更换精度较高的压力机。

3）制件翘曲不平

产生原因：

① 冲裁间隙不合理或刃口不锋利。

② 落料凹模有倒锥，制件不能自由下落而被挤压变形。

③ 推件块与制件的接触面积过小。推件时，制件内孔外形边缘的材料在推力作用下产生翘曲变形。

④ 顶出或推出制件时作用力不均匀。

解决方法：

① 选择合理的间隙和用锋利的刃口冲裁，并在模具上增设压料装置或加大压料力。

② 修磨凹模，去除倒锥。

③ 更换推件块，加大与制件的接触面积，使制件平起平落。

④ 调整模具，使顶件、推件工作正常。

4）制件内孔与外形相对位置不正确

产生原因：

① 单工序模中定位元件位置或尺寸不准确。

② 级进模侧刃内尺寸或位置不准确，定距不准确。

③ 定位元件尺寸、位置不准确，如挡料销或挡料块的位置不正确，导正销尺寸过大等。

④ 凹模各型孔间的位置不正确或组装凹模时（拼块凹模）各工位间步距的实际尺寸不一致。

⑤ 导料板和凹模送料中心线不平行，条料送进时偏移中心线，导致制件孔、形误差。

解决方法：

① 成型更换定位元件。

② 当定距侧刃尺寸小于步距时，修正时应将挡料块磨去一些；当侧刃尺寸大于步距时，应将侧刃内边磨去一些，并将挡料块移靠侧刃一侧，其加大或减小的尺寸应等于制件孔、形误差量除以步数。

③ 修正或更换定位元件。

④ 重新安装、调整凹模，保证步距精度。

⑤ 修正导料板，使其平行于送料中心线。

5）级进模送料不通畅或卡死

产生原因：

① 导料板安装不正确或条料首尾宽窄不等。

② 侧刃与导料板的工作面不平行或侧刃与侧刃挡块不密合，冲裁时在条料上形成很大的毛刺或边缘不齐，从而影响条料的送进。

③ 凸模与卸料板型孔间隙过大，卸料时，使搭边翻转上翘。

解决方法：

① 根据情况重新安装导料板或修正条料。

② 设法将侧刃与导料板调整平行，消除侧刃挡块与侧刃之间的间隙或更换挡块，使之与侧刃密合。

③ 更换卸料板，使其与凸模间隙缩小。

6）卸料不正常

产生原因：

① 模具制造与装配不正确，如卸料板与凸模配合过紧，或因卸料板倾斜或装配不当，导致卸料机构不能正常工作。

② 弹性元件（如弹簧、橡皮等）弹力不足。

③ 凹模孔与下模板卸料孔位置偏移。

④ 凹模有倒锥。

⑤ 推料杆或顶料杆长度不够。

解决方法：

① 修正卸料装置，或重新装配，使其调整得当。

② 更换弹性元件。

③ 重新装配凹模，使卸料孔与凹模孔对正。

④ 修磨去掉凹模倒锥。

⑤ 增加推料杆或顶料杆长度。

7）凸模被折断

产生原因：

① 卸料板倾斜。

② 冲裁产生侧向力。

③ 凸、凹模相对位置变化。

解决方法：

① 调修卸料板。

② 采用侧压板抵消侧压力。

③ 重新调整凸、凹模相对位置。

8）凹模被胀裂

产生原因：

① 凹模孔有倒锥。

② 凹模孔与下模板漏料孔位置偏移。

解决方法：

① 修正凹模孔，消除倒锥。

② 重新调整、装配凹模，使凹模孔与下模板漏料孔对中或加大下模板漏料孔。

9）制件尺寸超差，形状不准确

产生原因：凸、凹模形状及尺寸精度差。

解决方法：修正凸、凹模，使之达到尺寸精度要求。

二、弯曲模的调试

1. 弯曲模调试要点

1）上、下模在压力机上的相对位置的调整

① 有导向的弯曲模，全由导向装置来决定上、下模的相对位置。

② 无导向装置的弯曲模，其在压力机上的相对位置，一般由调节压力机连杆长度的方法来调整。调整时，应使上模随滑块到下极点时，既能压实工件又不发生硬性顶撞或在下极点时发生顶住及咬住现象。

③ 在调压时，最好把试件放在模具工作位置上进行调整。

2）间隙调整

① 模具在压力机的上、下位置粗略地调整后，再在上凸模下平面与下模卸料板之间垫一块比坯件略厚的垫片（一般为弯曲毛坯料厚的 1～1.2 倍），继续调节连杆长度，一次又一次用手搬动飞轮，直到使滑块能正常地通过下极点而无阻滞时为止。

② 上、下模侧向间隙，可采用垫薄紫铜泊、纸板或标准样件方法，以保证间隙的均匀性。

③ 固定下模板，试冲。试冲合格后，可将各紧固零件再拧紧，并检查无误后，可投入生产使用。

3）定位装置的调整

① 弯曲模定位零件的定位形状应与坯件相一致，在调整时应充分保证其定位的可靠性和稳定性。

② 利用定位块及定位钉定位。若试模调整时发现位置不准确，应将其修准确，必要时重新更换定位零件。

4）卸料、退件装置的调整

① 顶出器及卸料机构应调整到动作灵活并能顺利卸出制件，不应有任何卡死现象。

② 卸料机构的行程应足够大。

③ 卸料及弹顶机构的弹力要适当，必要时要重新更换。

④ 卸料机构作用于制件的作用力要均衡，以保证制件的平整及表面质量。

2. 弯曲模试模时出现的缺陷及调整方法

弯曲模在调试过程中可能会出现各种各样的缺陷问题。弯曲模试冲过程中常见的一些缺陷现象及产生缺陷的可能原因和相应的解决方法列举如下。

1）弯曲零件产生裂纹

产生原因：

① 弯曲变形区域内有内应力存在，即内应力超过材料强度极限而产生裂纹。

② 在弯曲区外侧有毛刺，造成该处应力集中，使零件破裂。

③ 弯曲线与板料的纤维方向平行。

④ 弯曲变形过大（弯曲系数太小）。

⑤ 凸模圆角太小。

解决方法：

① 更换成塑性好的材料弯曲，或者在允许的情况下，将板料退火后弯曲。

② 减小弯曲变形量或选择毛刺的一边放在弯曲内侧进行弯曲。

③ 改变落料排样，使弯曲曲线与板料纤维方向互成一定的角度。

④ 分两次弯曲，首次弯曲时采用较大的弯曲半径。

⑤ 加大凸模圆角。

2）弯曲件尺寸和形状不合格

产生原因：

① 冲压件产生回弹造成零件不合格。

② 毛坯定位不可靠。

③ 凸、凹模本身没有加工到尺寸精度，或形状不正确。

解决方法：

① 改变弯曲凸模的角度和形状。

② 增加凹模型槽的深度。

③ 减小凸、凹模之间的间隙。

④ 增加矫正力，使矫正力集中在变形部位。

⑤ 弯曲前使坯件退火。

⑥ 增大凸、凹模之间的接触面积。

⑦ V形弯曲件应减小凸模弯曲角度，即采取“矫枉过正”的办法减小回弹影响。

⑧ 模具增设压料装置。

⑨ 改用孔定位方法。

⑩ 修整凸、凹模形状尺寸，使弯曲件尺寸、形状达到要求。

3）弯曲件底面不平

产生原因：

① 卸料杆着力分布不均匀，卸料时将件顶弯。

② 压料力不足。

解决方法：

① 增加卸料杆数量，使其分布均匀。

② 增加压料力。

4）弯曲件表面擦伤或壁部变薄

产生原因：

① 凹模圆角太小或表面质量粗糙。

② 板料黏附在凹模上。

③ 间隙小，挤压变薄。

④ 压料装置压力太大。

解决方法：

① 加大凹模圆角并抛光。

② 凹模表面镀铬或化学处理。

③ 加大间隙。

④ 减小压料力。

5）弯曲件出现挠度或扭转

产生原因：中性层内外变化及收缩、弯曲量不一致。

解决方法：

① 对弯曲件进行再校正。

② 材料弯曲前退火处理。

③ 改变设计，将弹性变形设计在与挠度方向相反的方向上。

三、拉深模的调试

1．拉深模的调试要点

1）进料阻力的调整

拉深模进料阻力大，易使制件被拉裂；进料阻力小，易使制件产生皱纹。故在调整拉深模时，关键是调整好拉深模进料阻力的大小。

① 调节压力机滑块的压力，使之正常。

② 调节压边圈的压边力。

③ 调整压料筋配合的松紧。

④ 凹模圆角半径要适中。

⑤ 必要时改变坯料的形状和尺寸。

⑥ 采用良好的润滑剂，调整润滑次数。

2）拉深深度及间隙的调整

① 拉深模的深度可分成2～3段来调整。先将较浅的一段调整好后，再往下调整较深的一段，直至调整到所需的拉深深度为止。

② 如果是对称或封闭式的拉深模，在调整时，可先将上模紧固在压力机滑块上，下模放在工作台上先不紧固。在凹模内壁上放入样件，再使上、下模吻合对中后，即可保证间隙的均匀性。调整好闭合位置后，再把下模紧固在工作台上。

2．拉深模试冲时出现的缺陷及调整方法

拉深模在调试过程中可能会出现各种各样的缺陷问题。拉深模试冲过程中常见的一些缺

陷现象及产生缺陷的可能原因和相应的解决方法列举如下（见表 3-4）。

表 3-4 拉深模调试过程中常见缺陷、产生原因及解决方法一览表

常见缺陷	产生原因	解决方法
凸缘起皱且零件壁部被拉裂	压边力太小，凸缘部分起皱，无法进入凹模而被拉裂	加大压边力
壁部被拉裂	① 材料承受的径向拉应力太大。 ② 凹模圆角半径太小。 ③ 材料塑性差。 ④ 材料润滑不良	① 减小压边力。 ② 增大凹模圆角半径。 ③ 使用塑性好的材料，采用中间退火。 ④ 加强润滑
凸缘起皱	① 凸缘部分压边力太小，无法抵制过大的切向压边力引起的切向变形，因而失去稳定而形成皱纹。 ② 材料较薄	① 增大压边力。 ② 适当加大材料厚度
边缘呈锯齿状	毛坯边缘有毛刺	修整落料模刃口，调匀间隙，减小毛刺
制件边缘高低不一致	① 坯件与凸、凹模中心线不重合。 ② 材料厚薄不均匀。 ③ 凸、凹模圆角不等。 ④ 凸、凹模间隙不均匀	① 调整好中心定位，使坯件中心与凸、凹模中心线重合。 ② 更换材料。 ③ 修整凸、凹模圆角半径。 ④ 校匀间隙
制件底部不平	① 坯件不平整。 ② 顶料杆与坯件接触面积太小。 ③ 缓冲器弹力不足	① 平整毛坯。 ② 改善顶出装置的结构。 ③ 更换弹簧或橡皮
盒形件直壁部分不挺直	角部间隙太小	调整凸、凹模角部间隙，减小直壁间隙值
制件壁部拉毛	① 模具工作部分或圆角半径上有毛刺。 ② 毛坯表面及润滑剂有杂质	① 研磨修光模具的工作表面和圆角。 ② 清洁毛坯或使用干净的润滑剂
盒形件角部内折，局部起皱	① 材料角部压边力太小。 ② 毛坯角部面积偏小	加大压边力或增加毛坯角部面积
阶梯形制件局部破裂	凸模、凹模圆角太小，加大了拉延力	加大凸模与凹模的圆角半径
制件成歪形件	排气不畅或顶料杆顶力不均	加大排气孔或调整好顶料杆位置中心
拉深高度不够	① 毛坯尺寸太小。 ② 拉深间隙太大。 ③ 凸模圆角半径太小	① 放大毛坯尺寸。 ② 调整间隙。 ③ 加大凸模圆角半径
断面变薄	① 凹模圆角半径太小。 ② 凸、凹模间隙太小。 ③ 压边力太大。 ④ 润滑不当	① 加大凹模圆角。 ② 加大凸、凹模间隙。 ③ 减小压边力。 ④ 涂上合适的润滑剂冲压
制件底部拉脱	凹模圆角太小，材料处于被切断状态	加大凹模圆角半径
制件口缘折皱	① 凹模圆角半径太大。 ② 压边圈不起压边作用	① 减小凹模圆角半径。 ② 调整压边圈结构，加大压边力
锥形件斜面或半球形件的腰部起皱	① 压边力太小。 ② 凹模圆角半径太大。 ③ 润滑油过多	① 增大压边力或采用拉延筋。 ② 减小凹模圆角。 ③ 减小润滑油或加厚材料（可几片坯件叠在一起拉深）

续表

常见缺陷	产生原因	解决方法
盒形件角部破裂	① 凹模圆角半径太小。 ② 间隙太小。 ③ 变形程度太大	① 加大凹模圆角半径。 ② 加大凸、凹模间隙。 ③ 增加拉深次数
拉深高度太大	① 毛坯尺寸太大。 ② 拉深间隙太小。 ③ 凸模圆角半径太大	① 减小毛坯尺寸。 ② 加大拉深间隙。 ③ 减小凸模圆角半径
零件拉深后壁厚与高度不均匀	① 凸模与凹模间隙不均匀，向一面偏斜。 ② 定位不正确。 ③ 凸模不垂直。 ④ 压边力不均匀。 ⑤ 凹模形状不对	① 调整凸、凹模位置，使其间隙均匀。 ② 调整定位零件。 ③ 调整凸、凹模的垂直度。 ④ 调整压边力。 ⑤ 更换凹模
制件壁厚不均匀和拉深高度不等	① 凸、凹模轴线不重合。 ② 间隙不均匀。 ③ 凸模安装不垂直。 ④ 压料力不均匀。 ⑤ 坯料定位不正确	调整定位，调匀模具间隙或重新安装调整模具
制件周边鼓凸	拉力不足	① 增设压料装置。 ② 减小凹模圆角半径。 ③ 减小凸、凹模间隙值
制件底面凹陷	① 模具无通气孔或通气孔太小、堵塞。 ② 顶料杆与制件接触面积太小	① 扩大模具通气孔。 ② 修整顶料装置
制件表面拉伤、拉毛	① 凹模圆角半径太小。 ② 间隙不均匀或太小。 ③ 坯料润滑油有杂质	① 加大凹模圆角半径。 ② 加大间隙并调整均匀。 ③ 使用干净的润滑剂

四、冷挤压模的调试

冷挤压模的调试过程中可能会出现各种各样的缺陷问题。冷挤压模调试过程中常见的一些缺陷现象及产生缺陷的可能原因和相应的解决方法列表说明如下（见表3-5）。

表3-5　冷挤压模调试过程中常见缺陷、产生原因及解决方法一览表

常见缺陷	产生原因	解决方法
正挤压件外表、内孔产生环形裂纹	① 凹模锥角偏大。 ② 凹模结构不合理。 ③ 润滑不好。 ④ 材料塑性不好	① 修正凹模锥角。 ② 采用两层工作带的正挤压凹模。 ③ 更换润滑剂。 ④ 改用塑性好的材料或采用中间退火工艺
正挤压件端部产生缩孔	① 凹模工作带尺寸太大。 ② 凹模锥角偏大。 ③ 凹模入口处圆角太小。 ④ 凹模表面不光洁。 ⑤ 凸模端面不光亮。 ⑥ 毛坯润滑不良	① 调整凹模工作尺寸。 ② 修正凹模锥角。 ③ 加大凹模入口处圆角。 ④ 抛光凹模表面。 ⑤ 降低凸模表面粗糙度等级。 ⑥ 采用良好的表面处理及润滑方法

续表

常见缺陷	产生原因	解决方法
反挤压件外表产生环形裂纹	① 毛坯直径太小。 ② 凹模型腔不光洁。 ③ 毛坯表面处理及润滑不良。 ④ 毛坯塑性太差	① 增加毛坯直径，最好使毛坯直径大于型腔直径 0.01～0.02mm。 ② 抛光凹模。 ③ 做好表面处理和润滑。 ④ 采用好的软化处理，提高毛坯的塑性
挤压后矩形工件开裂	① 凸、凹模间隙不合理。 ② 凸模工作圆角半径不合理。 ③ 凸模结构不合理。 ④ 凸模工作端面锥角不合理	① 矩形长边间隙应小于短边间隙。 ② 矩形长边圆角应小于短边圆角。 ③ 长边工作带应大于短边工作带。 ④ 使长边锥角大于短边锥角
反挤压后薄壁零件壁部缺小金属	① 凸、凹模间隙不均匀。 ② 上、下模垂直度及平行度不好。 ③ 润滑剂太多。 ④ 凸模细长，稳定性差	① 修理或调整间隙使之均匀。 ② 重装以保证垂直度和平行度。 ③ 控制润滑剂。 ④ 在凸模工作面加开工艺槽
反挤压件单面起皱	① 间隙不均匀。 ② 润滑不好，不均匀	① 修理或调整间隙使之均匀。 ② 保证良好，均匀地润滑
反挤压件内孔产生环状裂纹	① 毛坯表面处理及润滑不好。 ② 凸模表面不光洁。 ③ 毛坯塑性不好	① 采用良好的毛坯表面处理及润滑方法。 ② 抛光凸模。 ③ 采用最好的软化热处理规范，提高毛坯的塑性
挤压件表面被刮伤	① 毛坯表面处理及润滑不好。 ② 模具硬度不够	① 采用良好的毛坯表面处理及润滑方法。 ② 重新淬火，提高硬度；模具工作部分镀硬铬或软氮化、渗硼等
反挤压件表面有环状波纹	润滑不良	改用皂液润滑方法
反挤压件上端厚下端薄	凹模型腔退模锥度太大	减小或不采用退模锥度
反挤压件上端口部不直	① 凹模型腔深度不够。 ② 卸件板安装高度低	① 增加凹模型腔深度。 ② 提高卸件板安装高度以免工作件上端与之相碰
反挤压件侧壁底部变薄及高度不稳定	① 毛坯底部厚度不够。 ② 毛坯退火硬度不均匀。 ③ 润滑不均匀。 ④ 毛坯尺寸超差	① 增加毛坯底部厚度。 ② 提高热处理质量。 ③ 提高润滑质量。 ④ 控制毛坯尺寸
正挤压件端部产生毛刺	① 间隙太大。 ② 毛坯硬度太高	① 减小凸、凹模间隙值。 ② 提高毛坯退火质量
正挤压件发生弯曲	① 模具工作部分形状不对称。 ② 润滑不均匀	① 修改模具工作部分尺寸。 ② 提高润滑质量
挤压件壁厚相差太大	① 毛坯退火硬度不均匀。 ② 凸、凹模轴线不重合。 ③ 模具导向精度低。 ④ 反挤压凹模顶角太小，引起挤压件偏心。 ⑤ 反挤压件毛坯直径太小，引起坯件偏斜	① 修改退火工艺。 ② 重新装配。 ③ 提高模具导向精度。 ④ 加大凹模顶角。 ⑤ 加大毛坯直径使之与凹模配合紧密

续表

常见缺陷	产生原因	解决方法
正挤压空心件侧壁断裂	凸模心轴露出凸模长度太大	使心轴露出凸模长度与毛坯孔的深浅相适应，一般为 0.5mm
正挤压环形件侧壁皱曲	凸模心轴露出凸模长度太短	增加心轴长度
挤压件中部产生缩口	凸模无锥度	改用锥度凸模
连皮位置不在零件高度中央	凸模锥度不合适	采用不同的上、下凸模锥角，使 $\alpha_1>\alpha_2$
挤压件底部出现台阶	凹模拼块尺寸及安装不合适	合理改进拼块尺寸及安装方法，将其增高 0.4mm 以补偿压缩变形量
金属填冲不满	模腔内存在空气	在模腔内开设通气孔

五、精冲模的调试

精冲模的调试过程中可能会出现各种各样的缺陷问题。精冲模调试过程中常见的一些缺陷现象及产生缺陷的可能原因和相应的解决方法列表说明如下（见表 3-6）。

表 3-6　精冲模调试过程中常见缺陷、产生原因及解决方法一览表

常见缺陷	产生原因	解决方法
冲裁面的表面质量不好	① 凹模模孔表面太粗糙。 ② 凹模圆角半径太小。 ③ 齿圈压力不合适。 ④ 材料太硬	① 提高凹模模孔表面质量。 ② 加大凹模圆角半径。 ③ 调整齿圈压力。 ④ 材料退火处理
产生撕裂	① 齿圈压力太小。 ② 凹模圆角半径太小或不均匀。 ③ 材料不合适。 ④ 工作间距、边距太小。 ⑤ 齿圈高度不够	① 加大齿圈压力。 ② 加大凹模圆角半径或修正均匀。 ③ 材料调质处理或更换新材料。 ④ 加大送进长度或带料宽度。 ⑤ 增加齿圈高度
冲裁面断开	冲裁间隙太大	重做新凸模，使间隙变小
冲裁面产生斜度	① 凹模圆角半径太大。 ② 凹模固定不牢，产生松动	① 重磨凹模，减小圆角半径。 ② 重新装配及紧固凹模
冲裁面歪斜	冲裁间隙太小	修磨凸模，使间隙加大
冲裁面呈波浪形并有暗伤	① 凹模圆角半径太大。 ② 冲裁间隙太小	① 重磨凹模，减小圆角半径。 ② 修磨凸模，使间隙加大
冲裁面呈波浪形并有撕裂	① 凹模圆角半径太大。 ② 冲裁间隙太大	① 重磨凹模，减小圆角半径。 ② 重做新凸模，使间隙变小
制件毛刺太大	① 冲裁间隙太小。 ② 凸模刃口变钝。 ③ 凸模进入凹模太深	① 修磨凸模，使间隙加大。 ② 修磨端面使刃口锋利。 ③ 调整凸模进入凹模的深度
制件一边有撕裂，一边有波浪形暗伤	① 冲模间隙不均匀。 ② 凸模与导板间隙太大。 ③ 凸、凹模装配中心线不对中	① 调匀间隙。 ② 调整导板间隙。 ③ 重新装配

续表

常见缺陷	产生原因	解决方法
制件有塌角	① 凹模圆角半径太大。 ② 反向压力太小	① 磨削修整凹模圆角。 ② 加大反向压力
制件不平	① 反向压力太小。 ② 带料上油污太多	① 加大反向压力。 ② 去除油污
制件纵向弯曲	带料上有内应力	拉直带料，消除带料内应力
制件发生扭曲变形	① 材料有内应力。 ② 顶件器、顶杆位置不均或接触零件面积小、顶件器歪斜	① 消除材料内应力，重新排样。 ② 多加顶杆或重新调整顶出装置
制件损坏	① 带料被卡住。 ② 模具内导销及其他零件使制件损坏。 ③ 制件不能及时排出模外而碰坏	① 检查模具，使其送料通畅。 ② 改进模具结构。 ③ 利用压缩空气将制件及时排出

六、冲模的拆卸与维护修理

1．冲模的拆卸方法

（1）用手或撬杠转动压力机的飞轮（大型压力机应开启电源），使滑块下降，上、下模处于完全闭合状态。

（2）松开压力机上的夹紧螺母，使滑块与模柄松开。

（3）将滑块上升至上止点位置，并使其离开上模。

（4）卸掉下模的压紧螺栓及压块，将冲模移出台面。

2．卸模应注意的事项

（1）卸模时，在上、下模之间应垫上木块，使卸料弹簧处于不受力的状态。

（2）在滑块上升前，应先用锤子敲打一下上模板，以避免上模随滑块上升后又重新落下，损坏冲模刃口。

（3）在整个卸模过程中，应注意操作安全，尽量停止电动机的转动，以防发生事故。

（4）卸下的冲模应及时完整地交回模具库或指定地点存放，由专人维护保管。

3．冲模的修理方法

（1）凸、凹模刃口的修磨。凸、凹模刃口变钝，使制件剪切面上产生毛刺而影响制件质量。刃磨方法有两种。

① 凸、凹模刃口磨损较小时，为了防止冲模拆卸影响圆柱销与销孔的配合精度，一般不必将凸模卸下，可用几种不同规格的油石加煤油直接在刃口面上顺一个方向来回研磨，直到刃口光滑锋利为止。

② 凸、凹模刃口磨损较大或有崩裂现象时，应拆卸凸、凹模，用平面磨床磨削。

（2）凸、凹模间隙不均匀的修理。冲模间隙不均匀，会使制件产生单边毛刺或局部产生第二光亮带，严重时，会使凸、凹模相啃造成较大的事故。凸、凹模间隙不均匀一般是由以下两个原因引起的。

① 导向装置刚度差、精度低，起不到导向作用，使凸、凹模发生偏移，引起凸、凹模

间隙不均匀。

修理方法：一般是更换导向装置；有时对导柱、导套也进行修理，方法是给导柱镀铬。镀铬前，导柱、导套的配合表面要磨光。镀铬后按原来导柱、导套的配合间隙研配导柱。研配后，在导柱与导套的配合表面上涂上机油，把上、下模板合在一起，使导柱通过上模板的导套压在模板上，这样可以保证导柱、导套对上、下模板的垂直度。

② 凸、凹模定位圆柱销松动，失去定位作用，使凸、凹模移动，造成凸、凹模间隙不均匀。

修理方法：首先把凸、凹模刃口对正，使间隙恢复到原来的均匀程度，然后用螺钉紧固，把原来的销钉孔再用铰刀扩大 0.1～0.2mm，重新配装圆柱销，使模具精度恢复到原来的要求。

（3）更换小直径的凸模。冲压过程中，由于板料在水平方向的错动，直径较小的凸模很容易折断。其更换方法如下。

① 将凸模固定板卸下并清洗干净。

② 将凸模固定板放在平台上，使凸模朝上并用等高垫块垫起。

③ 将铜棒对准损坏的凸模，用锤子敲击铜棒，将凸模从凸模固定板上卸下。

④ 将新的凸模引入固定板型孔并用锤子轻轻敲入凸模固定板中。

⑤ 将换好的凸模固定板组件磨削好刃口面（刃口面与固定板基准面应平行）。

⑥ 将凸模组件装配到模具上，并调整凸、凹模间隙，试冲出合格的制件方可交付使用。

（4）大中型凸、凹模的补焊。对于大中型冲模，凸、凹模有裂纹或局部损坏，用电焊法对其进行修补时，电焊条和工件的材料要相同。注意：修补后要进行表面退火，以免凸、凹模变形，退火后再进行一次修正。

工艺技巧

（1）试模材料的性能与牌号、试件坯料厚度均应符合图样要求。

（2）试模用的压力机、液压机一定要符合要求。

（3）模具在设备上的安装一定要牢固。

（4）模具各活动部位在试模前或试模中要加润滑油。

（5）凸模进入凹模的深度一定要符合要求。

（6）凸模与凹模的相对位置一定调整正确，间隙要均匀。

（7）模具在工作一段时间后，一定要进行定期检查和维护。

知识链接　冲模损坏及造成修理的原因

一、模具工作零件表面的磨损

1．冲裁过程中的磨损

冲裁过程中磨损的主要原因如下。

（1）凸、凹模工作部分润滑不良。

（2）间隙过小或过大。

（3）凸、凹模的选材不当或热处理不合适。

（4）冲件材料超过规定性能或表面有锈蚀和灰尘等杂物。
（5）冲模的上、下模不在同一条中心线上，冲模的装配质量差。
（6）压力机精度差（如平行度、垂直度超出规定）。
（7）模具安装不当，如紧固件松动。
（8）操作中违章作业。

2. 弯曲、拉深过程中的磨损

弯曲、拉深过程中磨损的主要原因如下。
（1）由于材料在凹模内滑动，引起凸、凹模的表面有划痕和磨损。
（2）拉深模压边力不足或压边力不均匀。
（3）材料厚薄不均匀。
（4）材料表面有灰砂或材料表面润滑油不干净。
（5）凸、凹模之间间隙过小。
（6）模具的缓冲（气垫）系统顶件力不足，弹簧或橡皮弹力不足。

3. 模具其他部位的磨损

模具其他部位磨损的主要原因如下。
（1）定位零件长期使用，零件之间相互摩擦而磨损。
（2）连续级进模的挡料块与导板长期使用，因板料在送给过程中的接触而磨损。
（3）导柱和导套间、斜楔与滑块之间的长期使用及相对运动次数的增加而产生磨损。

二、模具工作零件的裂损

1. 操作方面造成的裂损

操作方面造成裂损的主要原因如下。
（1）制件放偏，没有定好位置就冲了，造成凸模偏负载。
（2）制件或板料影响了导向部分，造成导向失灵。
（3）叠料冲压。
（4）制件或废料未及时排除，又进到了刃口部位。
（5）异物（包括用于放坯料的镊子之类的小工具）遗忘在工作部位的范围内，没有及时清除或来不及移开就冲了。
（6）违章操作，如起吊工不慎将模具摔裂或调整闭合高度时，使上、下模相撞。

2. 模具安装方面造成的裂损

模具安装方面造成裂损的主要原因如下。
（1）闭合高度调得过低，将下模压裂。
（2）打杆横梁螺钉调得过低，将卸料器顶裂。
（3）压板螺钉紧固不良，生产时模具松动。
（4）上、下模座与滑块或工作台垫板接触平面间有脏物（或废料），造成刃口崩裂，严重时造成凸模折断。

（5）当下模座与工作台垫板间用垫块时，垫块将下模座的出废料孔堵了，使废料排不出，造成凹模胀裂。

（6）安装工具忘在模具内未及时发现而开始工作，造成工作部位被挤裂。

3. 模具制造方面因素造成的裂损

（1）凹模排废料或排件孔不通畅，如有台肩、排件或排废料受阻，使凹模胀裂。

（2）凹模的工作部位有倒锥。

（3）凹模的工作部位太粗糙，又无落料斜度，凹模内积存的件太多，排不出来将凹模胀裂。

（4）模柄松动或未装防转螺钉。

（5）连续自动及多工位级进模工作不稳定，造成制件重叠将凹模胀裂。

（6）由于结构上的应力集中或强度不够，受力后自身裂损。

4. 制件材料引起的模具裂损

（1）制件材料的力学性能超过允许值太多。

（2）材料厚薄不均，公差超差太大。

附录

操作考核评分项目与标准（见表3-7）。

表3-7　操作考核评分项目及标准

序号	考核项目	考核要求	配分	评分标准
1	调试目的与内容	试模与调整的目的，试模与调整的内容，试模与调整的注意事项	5	要求熟悉考核要求的内容
2	冲模调试的技术要求	调试技术要求，凸模进入凹模的深度，凸模与凹模的相对位置	5	要求熟悉考核要求的内容
3	冲模的调试要点	凸、凹模刃口及其间隙的调整，定位装置的调整	5	操作熟练，目的明确，保证安全
4	卸料系统的调整	漏料孔和出料槽应畅通无阻，卸料板（顶件器）的行程要足够	10	操作熟练，目的明确，保证安全
5	冲裁件常见问题的处理	能根据现象分析原因，找出解决办法	10	能解决存在的问题
6	弯曲件常见问题的处理	能根据现象分析原因，找出解决办法	10	能解决存在的问题
7	拉深件常见问题的处理	能根据现象分析原因，找出解决办法	10	能解决存在的问题
8	冷挤压件常见问题的处理	能根据现象分析原因，找出解决办法	10	能解决存在的问题
9	精冲件常见问题的处理	能根据现象分析原因，找出解决办法	10	能解决存在的问题
10	冲模的检修	冲模的检修原则，冲模的修理步骤	10	操作熟练，目的明确，保证安全
11	冲模的修理工艺	凸、凹模刃口的修磨方法，凸、凹模间隙不均匀的修理	10	操作熟练，目的明确，保证安全
12	冲模的维护与管理	冲模的维护和管理方法	5	要求熟悉考核要求的内容

习　题

一、填空题

1．模具的维修一般都要经过这四个过程：分析修理原因、制订修理方案、(　　)和(　　)。

2．当冲裁厚度小于 2mm 时，凸模进入凹模的深度不应超过(　　)mm。硬质合金模具不超过(　　)mm。

3．在调试冲裁模上、下模的吻合状态时，是依靠调节压力机的(　　)长度来实现的。

二、判断题

1．试模材料的性能与牌号、试件坯料厚度均应符合图样要求。(　　)

2．试模用的压力机、液压机一定要符合要求。(　　)

3．模具在设备上的安装一定要牢固。(　　)

4．模具各活动部位在试模前或试模中要加润滑油。(　　)

5．凸模进入凹模的深度一定要符合要求。(　　)

6．凸模与凹模的相对位置一定调整正确，间隙要均匀。(　　)

7．模具在工作一段时间后，一定要进行定期检查和维护。(　　)

8．修边模与冲孔模的定位件形状应与前工序形状相吻合。(　　)

三、问答题

1．冲模调试的目的是什么？

2．冲模调试的技术要求有哪些？

3．冲模调试应注意哪些事项？

4．冲模卸料系统的调整应从哪些方面入手？

5．如何刃磨凸、凹模的刃口？

任务三　冲模的检验

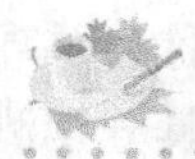

任务描述

本任务主要介绍模具检验与验收的一些基础知识。介绍模具检测过程中常用的一些检验工具及使用方法。

学习目标

通过本任务的学习，要求学生掌握模具零件的常用检测方法，熟悉各种量具的使用方法与操作要领。掌握模具验收的内容和验收程序。

任务分析

模具的检验是模具生产过程中不可缺少的重要组成部分。模具检验的目的主要有三个：一是验证零部件在加工工艺上的精度要求；二是保证模具的装配状态；三是严格控制成形件的废品率。模具检验的内容主要包括模具设计方案的评估；模具材料性能的检验；模具零件制造过程中的各种测量与测试；装配、调试过程中的各种测量与试验及模具的验收（即客户的最终检验）等。这里将主要介绍模具零件的常用检测方法和各种常用的测量工具及模具验收的内容与程序。

任务完成

基本知识

模具零件（或模具）在经过某道工序以后的质量状况时，就必须对零件（或模具）进行检测。检验的基础知识如下。

一、基本概念

1．测量方法的分类

（1）直接测量和间接测量：从测量器具的读数装置上直接得到被测量的数值或对标准值的偏差称直接测量。如用游标卡尺、外径千分尺测量轴径等。通过测量与被测量有一定函数关系的量，根据已知的函数关系式求得被测量的测量称为间接测量。例如，通过测量一圆弧相应的弓高和弦长而计算得到圆弧半径的实际值。

（2）绝对测量和相对测量：测量器具的示值直接反映被测量量值的测量为绝对测量。用游标卡尺、外径千分尺测量轴径不仅是直接测量，也是绝对测量。将被测量与一个标准量值进行比较得到两者差值的测量为相对测量。例如，用内径百分表测量孔径为相对测量。

（3）接触测量和非接触测量：测量器具的测头与被测件表面接触并有机械作用的测力存在的测量为接触测量。否则，称为非接触测量。例如，用光切法显微镜测量表面粗糙度及用投影仪测量零件尺寸都属于非接触测量。

（4）单项测量和综合测量：对个别的、彼此没有联系的某一单项参数的测量称为单项测量。同时测量某个零件的多个参数及其综合影响的测量称为综合测量。用测量器具分别测出螺纹的中径、半角及螺距属单项测量；而用螺纹量规的通端检测螺纹则属综合测量。

（5）被动测量和主动测量：产品加工完成后的测量为被动测量；正在加工过程中的测量为主动测量。被动测量只能发现和挑出不合格品。而主动测量可通过其测得值的反馈，控制设备的加工过程，预防和杜绝不合格品的产生。

2．测量误差的来源

测量误差是指被测量的测得值与其真值之差，由于真值是不可能确切获得的，因此，在实际工作中往往将比被测量值的可信度（精度）更高的值，作为其当前测量值的“真值”。测量误差主要由测量器具、测量方法、测量环境和测量人员等方面因素产生。

（1）测量器具：测量器具设计中存在的原理误差，如杠杆机构、阿贝误差等。制造和装配过程中的误差也会引起其示值误差的产生。例如，刻线尺的制造误差、量块制造与检定误差、表盘的刻制与装配偏心、光学系统的放大倍数误差、齿轮分度误差等。其中，最重要的是基准件的误差，如刻线尺和量块的误差，它是测量器具误差的主要来源。

（2）测量方法：间接测量法中因采用近似的函数关系原理而产生的误差或多个数据经过计算后的误差累积。

（3）测量环境：测量环境主要包括温度、气压、湿度、振动、空气质量等因素。在一般测量过程中，温度是最重要的因素。测量温度对标准温度（+20℃）的偏离、测量过程中温度的变化，以及测量器具与被测件的温差等都将产生测量误差。

（4）测量人员：测量人员引起的误差主要由视差、估读误差、调整误差等引起，它的大小取决于测量人员的操作技术和其他主观因素。

3．测量注意事项

在实际测量中，对于同一被测量往往可以采用多种测量方法。为减小测量不确定度，应尽可能遵守以下基本测量原则。

（1）要求在测量过程中被测长度与基准长度应安置在同一直线上。若被测长度与基准长度并排放置，在测量比较过程中由于制造误差的存在及移动方向的偏移，两长度之间出现夹角而产生较大的误差。误差的大小除与两长度之间夹角大小有关外，还与两长度之间距离大小有关，距离越大，误差也越大。

（2）测量基准要与加工基准和使用基准统一。即工序测量应以工艺基准作为测量基准，终检测量应以设计基准作为测量基准。

（3）在间接测量中，与被测量具有函数关系的其他量与被测量形成测量链。形成测量链的环节越多，被测量的不确定度越大。因此，应尽可能减少测量链的环节数，以保证测量精度，称为最短链原则。当然，按此原则最好不采用间接测量，而采用直接测量。所以，只有在不可能采用直接测量，或直接测量的精度不能保证时，才采用间接测量。以最少数目的量块组成所需尺寸的量块组，就是最短链原则的一种实际应用。

（4）测量器具与被测零件都会因实际温度偏离标准温度和受力（重力和测量力）而产生变形，形成测量误差。在测量过程中，控制测量温度及其变动、保证测量器具与被测零件有足够的等温时间、选用与被测零件线胀系数相近的测量器具、选用适当的测量力并保持其稳定、选择适当的支承点等，都是实现最小变形原则的有效措施。

二、模具零件检验用的常规量具

合理选择计量器具对保证产品质量、提高测量效率和降低费用具有重要意义。一般来说，器具的选择主要取决于被测工件的精度要求，在保证精度要求的前提下，也要考虑尺寸大小、结构形状、材料与被测表面的位置，同时也要考虑工件批量、生产方式和生产成本等因素。对批量大的工件，多用专用计量器具，对单件小批则多用通用计量器具。了解和掌握各种测量工具的功能和使用方法，是正确选择测量工具和保证测量精度的前提。一些模具零件检验用的常规量具如下。

（1）游标量具。游标量具分为游标卡尺、游标深度尺和游标高度尺。量值的整数部分从本尺上读出，小数部分从游标尺上读出，是利用光标原理（主尺上的刻线间距和游标尺上的线距之差）来读出小数部分。

① 游标卡尺有数字式（也称数显式、电子式）游标卡尺和机械式游标卡尺两种，如图 3-16（a）所示。

游标卡尺是工业上常用的测量长度的仪器，能精确地测量工件的内径、外径、高度、深度、长度等。它由尺身及能在尺身上滑动的游标组成。若从背面看，游标是一个整体。游标与尺身之间有一弹簧片，利用弹簧片的弹力使游标与尺身靠紧。游标上部有一紧固螺钉，可将游标固定在尺身上的任意位置。尺身和游标都有量爪，利用内量爪可以测量槽的宽度和管的内径，利用外量爪可以测量零件的厚度和管的外径。深度尺与游标尺连在一起，可以测槽和筒的深度。机械式游标卡尺的结构如图 3-16（b）所示。

（a）数字式游标卡尺和机械式游标卡尺

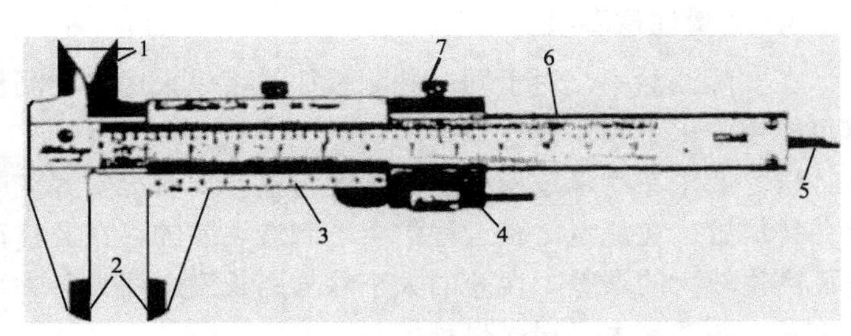

（b）机械式游标卡尺的结构示意图

1—内量爪；2—外量爪；3—游标尺；4—微调装置；5—深度尺；6—主尺；7—固定螺钉

图3-16　游标卡尺

② 深度卡尺（见图 3-17）用于测量工件的深度尺寸、台阶高度尺寸等。

③ 高度尺也称高度规，分机械式和电子式两种，如图 3-18 所示，主要用于工件的高度测量和钳工精密画线。

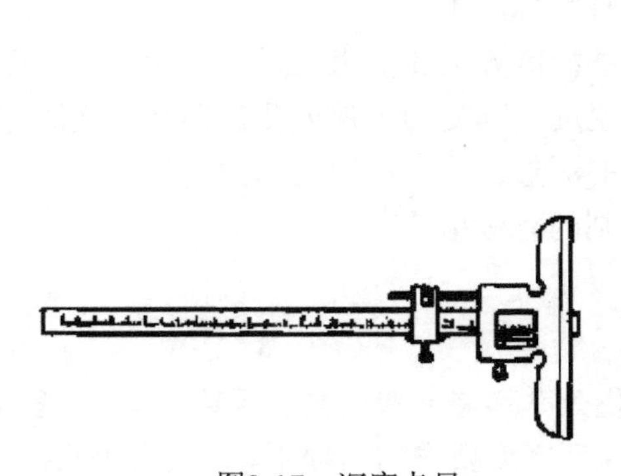

图3-17　深度卡尺

图3-18　机械式和电子式高度尺

（2）千分尺（micrometer）又称螺旋测微器、螺旋测微仪、分厘卡，是比游标卡尺更精密的测量长度的工具，用它测长度可以准确到 0.01mm。千分尺分为机械式千分尺和电子千分尺两类，如图 3-19 所示。机械式千分尺的结构如图 3-20 所示，它是利用精密螺纹副原理测长的掌上型通用长度测量工具。精密螺杆在螺母中每转动一圈，即沿轴线移动一个螺距。所以，千分尺用螺杆转动的角度来表示移动的距离，主要用于精密测量工件的外形尺寸。改变千分尺测量面形状和尺架等就可以制成不同用途的千分尺，例如，有用于测量内径、螺纹中径、齿轮公法线或深度等的千分尺。

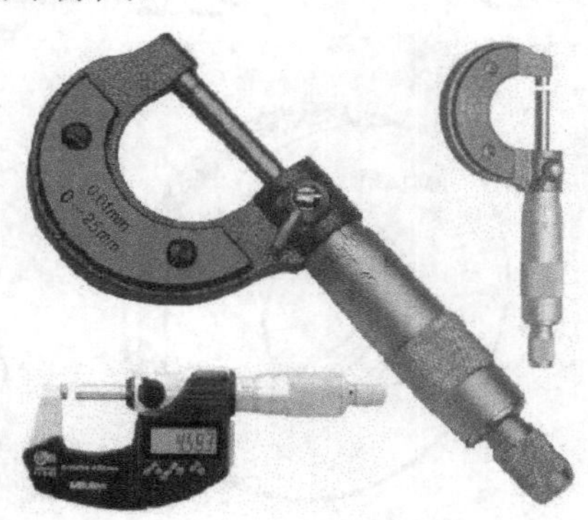

图3-19　机械式千分尺和电子千分尺

（3）测微仪（也称比较仪）。测微仪分为机械式比较仪（见图3-21）、光学比较仪和电学比较仪。测量时，先用量块研合组成与被测基本尺寸相等的量块组，再用此量块组使测微仪指针对零，然后换上被测工件，测微仪指针指示的即被测尺寸的偏差值。测微仪的测量精度高，主要用于高精度的圆柱形、球形等零件的测量。

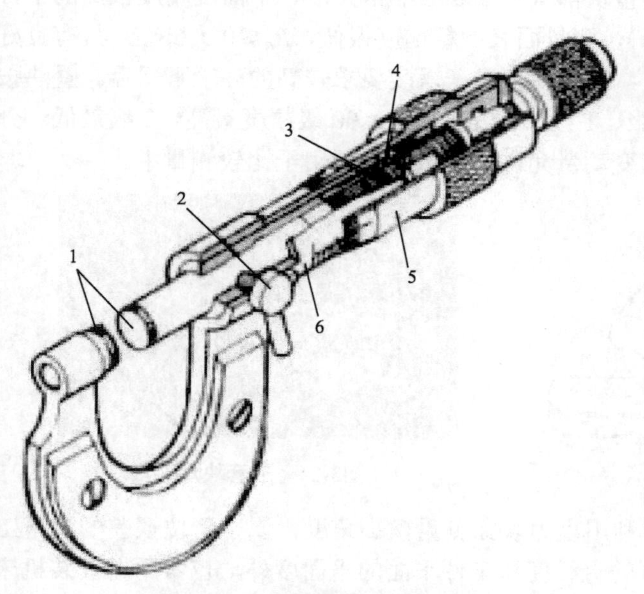

1—测量面；2—锁紧装置；3—精密螺杆；
4—螺母；5—微分筒；6—固定套筒

图3-20　机械式千分尺结构示意图

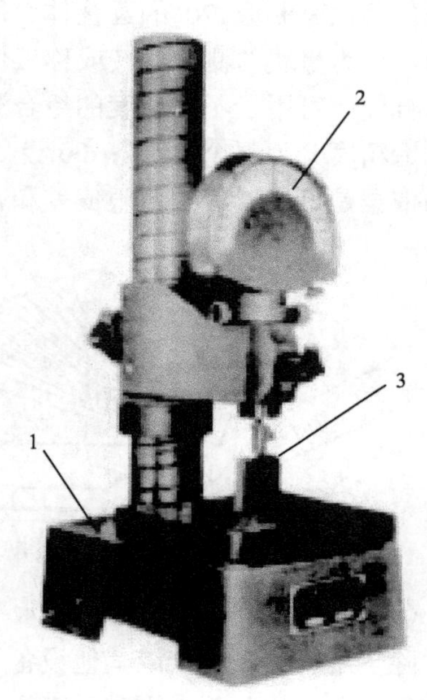

1—测量座；2—测微仪；3—量块

图3-21　机械式比较仪

（4）量规。量规是一种没有刻度的专用检验工具，它的制造精度很高，量规的测量值是确定的，不可调。有光滑极限量规、塞规、卡规或环规、高度量规等，量规的一端按被检验零件的最小实体尺寸制造称为止规，标记为 Z；量规的另一端按被检验零件的最大尺寸制造称为通规，标记为 T，如图 3-22 所示。

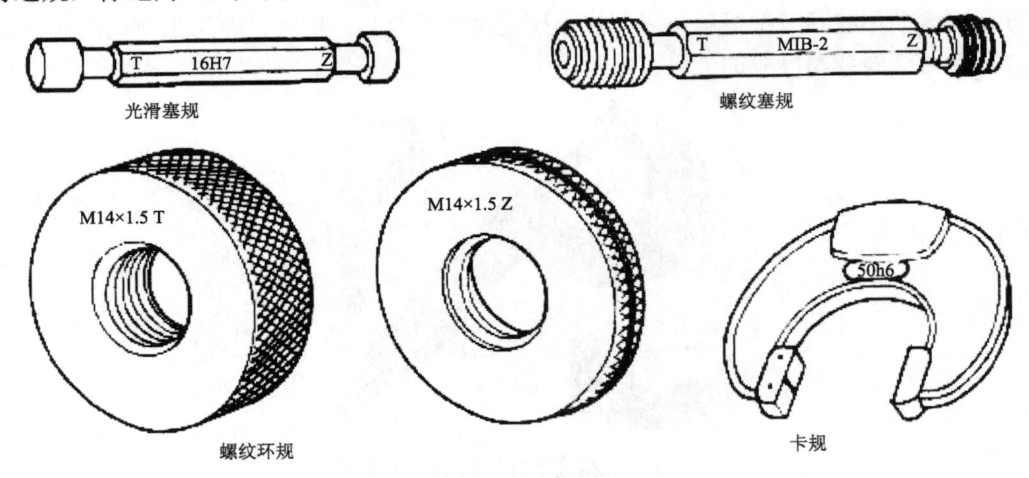

图3-22　各种量规

（5）塞尺（见图 3-23）。塞尺用于测量间隙尺寸。在检验被测尺寸是否合格时，可以用通止法或松紧程度判断。塞尺一般最薄的为 0.02mm；最厚的为 3mm。

（6）量块（见图 3-24）又称块规，是一种常用的定检设备，绝大多数量块制成直角平行六面体，也有制成ϕ20 的圆柱体。每块量块都有两个表面非常光洁、平面度精度很高的平行平面，称为量块的测量面（或称工作面），测量面表面粗糙度很低，$R_a \leqslant 0.016\mu m$，具有良好的研合性，可用于不同长度的组合测量，通常在恒温干燥度要求较高的环境下保存。量块按其制造精度分为五个“级”：00 级、0 级、1 级、2 级和 3 级。00 级精度最高，3 级最低。分级的依据是量块长度的极限偏差和长度变动量允许值，量块主要用于比较测量中。

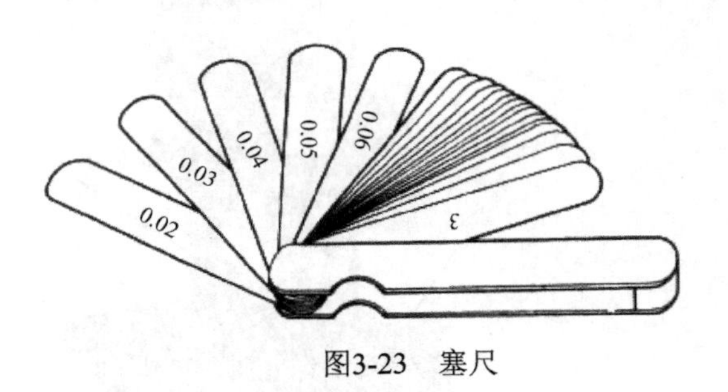

图3-23　塞尺

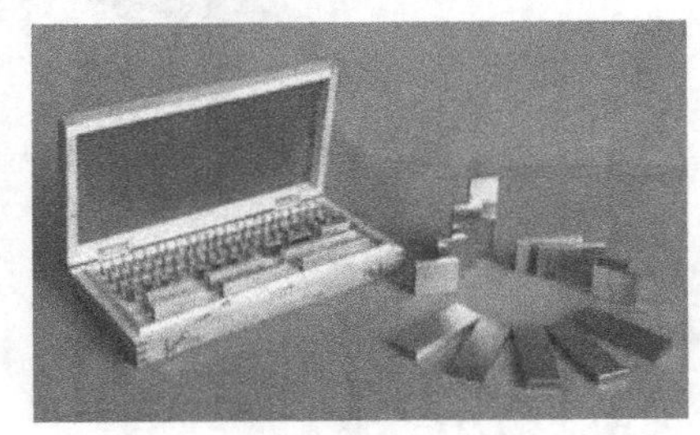

图3-24　成套块规（量块）

（7）水平仪（见图 3-25）。水平仪利用重力现象测量微小角度，属于形位误差的测量工具。除了用于测量机床或其他设备导轨的直线度和工件平面的平面度外，也常用在安装机床或其他设备时检验其水平和垂直位置的正确与否。精密水平仪如图 3-26 所示。水平仪主要分为水平泡式水平仪和电子水平仪两类。电子水平仪的工作原理是利用磁芯与绕阻之间的相对偏移角度而发生电感量进而产生相应的角度读数，如图 3-27 所示。在模具制造中，水平仪主要用于测量平面度。

（8）指示表。常用的指示表有钟表式百分表（分度值为 0.01mm）、钟表式千分表（分度值为 0.001～0.005mm）、杠杆百分表（分度值为 0.01mm）和杠杆千分表（分度值为 0.002mm）等类型。它主要用于测量零件形状和位置误差及小位移的长度尺寸。

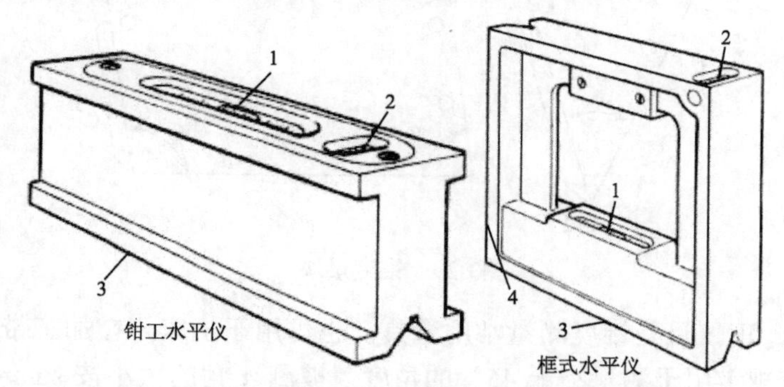

1—主水准泡；2—横向水准泡；3—水平测量面；4—垂直测量面

图3-25　常见水平仪

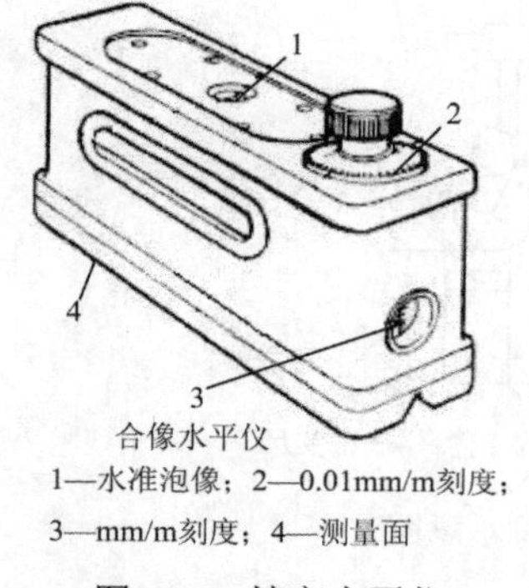

1—水准泡像；2—0.01mm/m刻度；
3—mm/m刻度；4—测量面

图3-26　精密水平仪

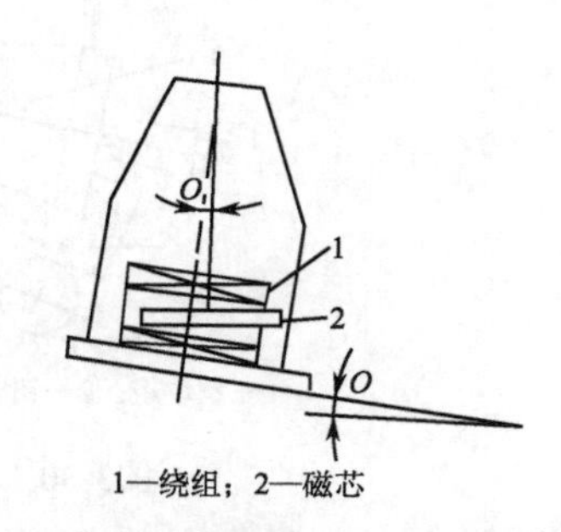

1—绕组；2—磁芯

图3-27　电感式电子水平仪工作原理示意图

（9）角度样板和锥度量块。主要用于测量零件的角度和锥度。

① 角度样板。角度样板是根据被测角度的两个极限尺寸制成的，因此有通端和止端之分，如图 3-28 所示。它常用于检验外锥体如螺纹车刀、成型刀具及零件上的斜面或倒角等。

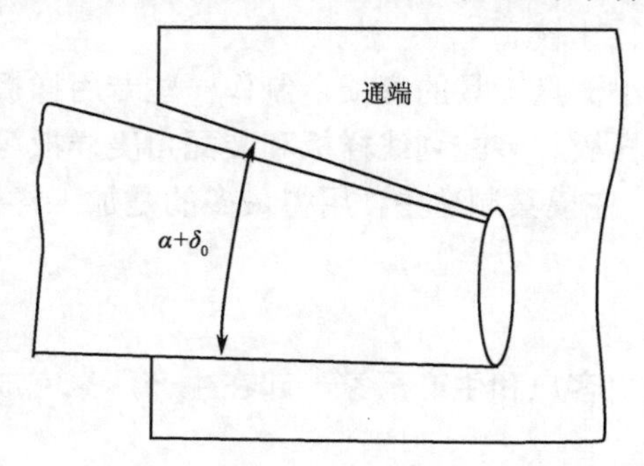

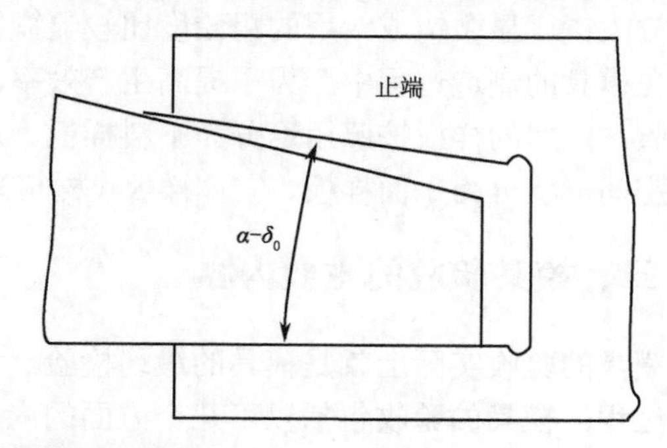

图3-28　角度样板检测示意图

② 锥度量块（见图 3-29）。锥度量块是能在两个具有研合性的平面间形成准确角度的量规。它利用角度量块附件把不同角度的量块组成需要的角度，常用于检定角度样板和万能角度尺等，也可用于直接测量精密模具零件的角度。

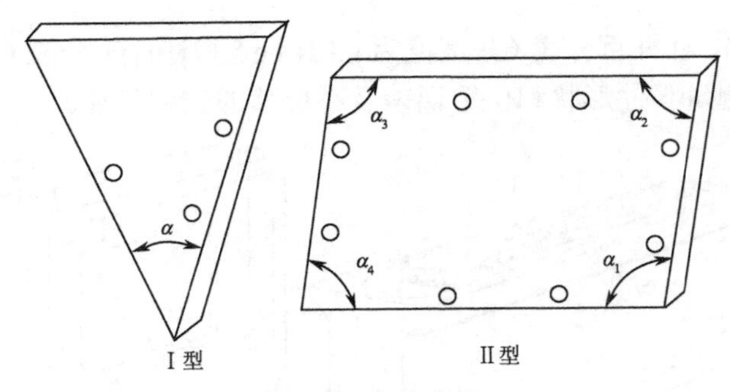

图3-29　锥度量块

（10）正弦尺。正弦尺是锥度测量常用量具，也可用于机床，在加工带角度的零件时用作精密定位。正弦规常用于测量小于 45° 的角度，被测 α 角的大小按 $\sin\alpha=H/L$ 进行计算，操作方法如图 3-30 所示。

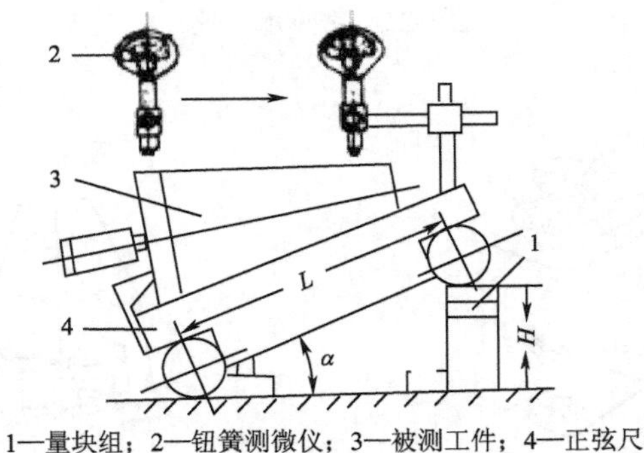

1—量块组；2—钮簧测微仪；3—被测工件；4—正弦尺

图3-30　正弦尺测量锥度示意图

（11）表面粗糙度样块。表面粗糙度样块是以目测比较法来判断工件表面光洁度的工具，一般用于粗糙度较大的工件表面的近似评定，使用时需要注意以下几点。

① 表面粗糙度样块的加工纹理方向及材料应与被测零件相同，否则易发生错误的判断。

② 比较法多为目测，常用于评定低等和中等粗糙度值，对于 R_a 为 0.4μm 以下的，可借助于放大镜、显微镜或专用的粗糙度比较显微镜进行比较。

在模具的制造过程中，为了提高生产效率，减小测量工具的磨损，制作一些专用样板进行检验，常用的样板按照用途分为下料样板、加工样板、装配划线样板和装配角度样板等；按照空间形状分为平面样板、立体样板（样箱）等。在模具制造中，用得最多的是加工样板。

三、模具验收的主要内容

模具的验收实际上就是模具的最终检验，它是由客户和生产厂家一起在生产厂家完成的检验过程。模具的验收包括以下几个方面的内容。

1．验收前的准备（又称预验收）

（1）生产厂家根据模具的设计标准、行业标准及客户的特别要求制订出相适应的验收计划。

（2）提供相关的验收资料，主要包括以下内容。

① 模具的设计图纸。

② 模具材料材质的硬度检验报告。

③ 关键部位材料的热处理数据报告。

④ 模具静态检验报告。

⑤ 模具动态检验报告。

⑥ 冲压件的检验报告。

⑦ 冷冲压工艺卡：参数、工艺流程等。

⑧ 易损件的明细。

⑨ 刃口维修所使用的焊条规格。

⑩ 以上没有提及的其他有关资料。

2．验收流程

模具验收一般流程：先审核厂商提供的资料是否齐全，然后再核验其与标准是否相符，是否满足预订的要求。主要检验厂家使用的检具是否合格；模具静检是否合格；模具动检是否合格；制件的合格率是多大等内容。最后根据检验的情况与厂家提供的资料与厂家一起综合分析，最终确定模具是否合格接收。

3．静检要素

（1）模具的结构是否符合设计书的要求。

（2）模具装配后的要求包括外形尺寸、装模高度、顶杆孔、存放方式、安全性、快速定位、中心槽等是否符合设计标准要求。

（3）模具的外观检查包括铸字和铭牌检查，铭牌内容包括产品型号、模具编号、制件名称、零件图号、使用设备、模具重量、外形尺寸、闭合高度、存放高度、顶杆高度数量及布置图、制造商全称、制造日期等，其中字的大小为40×30，除“F”外皆为白色。

（4）工作零件的材质、硬度、工作面的光洁度等的检验。

（5）斜契机构的结构形式、动作原理等是否满足要求（须拆开检查）。

（6）安全性方面包括非工作面倒钝、防锈漆是否满足要求，防护装置是否合理等内容。

4．动检要素

（1）导向机构。导向机构必须检查接触面的大小（要求接触面不小于 30%）、导向面间隙是否满足要求（要求：大型模具为 0.08～0.10mm，中型模具为 0.06～0.08mm，小型模具为 0.04～0.06mm），止退装置是否符合要求等内容。

（2）卸料板及托料装置。要求不得有干涉或卡滞现象；行程 S 符合设计要求；滚轮要求外缘有橡胶，转动部位有轴承，正反向都转动灵活，位置合理。

（3）定位机构。定位机构要求定位可靠、操作方便、不能有干涉。

（4）契块运动检查。斜契块要求后有挡墙（间隙为零）；接触面的润滑状态良好；运动行程 S 符合图纸要求；驱动块与滑块接触面不小于 30%；弹簧有芯轴；侧冲孔时，两侧冲头要求同步；刀块有对号标记。

（5）冲压件检查：至少连续冲裁或冲压 10 件合格，注意包合模具是否包严实。

（6）压印器到底标记是否正确。

（7）废料清除口是否符合设计要求。

（8）限位器是否限位可靠。

（9）冲孔深度是否符合设计要求。

（10）备件数量和质量是否满足要求。

（11）其他相关数据检查：提供的坯料工艺参数和设备的型号规格工艺参数等。

5．最终验收

经过以上检验合格后，按照进度要求，模具分批运回客户工厂，根据试生产计划进行试生产。一般要有三轮：P_1，P_2，P_3。

（1）P_1 为在我方生产场地进行的第一轮试制，主要验证模具与设备的匹配性、技术参数，并打出一些冲压件，同时进行静、动检及冲压件检；发现问题并记录。

（2）P_2 根据 P_1 的问题列计划进行整改，我方人员现场跟踪，解决老问题，发现新问题。

（3）P_3 是解决 P_2 的问题，同时也是批量生产的开始，当最终与焊装夹具相匹配后，模具的验收工作基本结束。

任务完成

通过以上的学习，来完成冷冲模具和型腔模具试模后的模具验收任务。

一、冷冲模试模后的验收项目主要包括以下内容

1．模具性能检查

（1）模具各系统紧固可靠，活动部分灵活、平稳，动作互相协调，定位准确。能保证稳定正常工作，能满足正常批量生产的需要。

（2）卸件正常，容易退出废料，条料送进方便。

（3）成型零件刃口锋利，表面粗糙度等级高。

（4）导向系统良好。

（5）各主要受力零件有足够的强度及刚性。

（6）模具安装平稳性好，调整方便，操作安全。

（7）消耗材料少。

（8）配件齐全，性能良好。

2．冲件质量检查

（1）尺寸精度、表面粗糙度应符合图样规定的要求。

（2）形状结构完整，表面光泽平滑，不得产生不允许的各种成型缺陷及弊病。

（3）冲裁毛刺不能超过规定的数值。

（4）制件质量稳定。

二、型腔模具试模后的验收项目主要包括以下内容

1. 模具性能检查

（1）各工作系统坚固可靠，活动部分灵活、平稳，动作协调。定位起止正确保证能稳定正常工作，满足成型要求及生产效率。

（2）脱模良好。

（3）嵌件安装方便、可靠。

（4）各主要零件受力均匀，有足够的强度及刚性。

（5）模具的成型条件容易达到且操作方便，便于投入生产。

（6）模具安装平稳性好，调整方便，工作安全可靠。

（7）加料、取料、浇注金属及取件方便，消耗材料少。

（8）配件、附件齐全，使用性能良好齐备。

2. 制品质量检查

（1）制品尺寸、表面粗糙度符合图样要求。

（2）制品形状完整无缺，表面光洁平滑，无缺陷及弊病。

（3）顶杆残留凹痕不得太深。

（4）飞边不得超过规定要求。

（5）成批生产时，质量稳定，性能良好。

工艺技巧

（1）在模具的检验和验收前必须先确认所使用的检测工具是合格的。

（2）熟悉各种测量工具并能熟练地使用是模具检验验收的基础。

（3）模具零件尺寸测量时，选择合理的测量基准是保证测量准确度的关键。

（4）选择合理的测量工具是保证测量精度的关键。

（5）模具的验收必须按照验收程序进行。

知识链接　模具制造中使用的其他精密测量工具简介

一、表面粗糙度测量工具

1. 双管显微镜（见图3-31）

双管显微镜是根据光切法原理测量表面粗糙度的仪器，一般按R_z（也可按R_{max}）评定R_z为50～1.6μm级的表面粗糙度。测量范围决定于物镜的倍率，对于大型模具零件和内表面的粗糙度，可采用印模法复制被测表面模型，再用双管显微镜进行测量。

（1）测量原理（见图3-32）：光源1发出的光，通过狭缝形成一条扁平的带状光束，以45°左右的角度投射到被测表面上，调整仪器可使此投射光束自被测表面反射后进入斜置45°的观察光管，于是从目镜中可看到一条凹凸不平的亮带（*A*向视图中未打点的部分）。此亮带即工件表面上被照亮了的狭长部分的放大轮廓。测量出此亮带的高度h（见图3-32（c））即可求出被测表面上的实际不平度高度h。

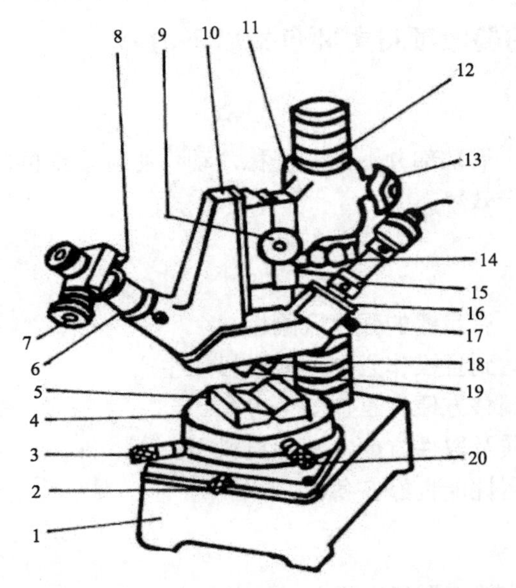

1—底座；2—工作台紧固螺钉；3、20—工作台纵横百分尺；4—工作台；5—V形块；6—观察管；7—目镜测微计；8—紧固螺钉；9—物镜工作距离调节手轮；10—镜管支架；11—支臂；12—立柱；13—支臂锁紧手柄；14—支臂升、降螺母；15—照明管；16—物镜焦距调节环；17—光线投射位置调节螺钉；18、19—可换物镜

图3-31 双管显微镜

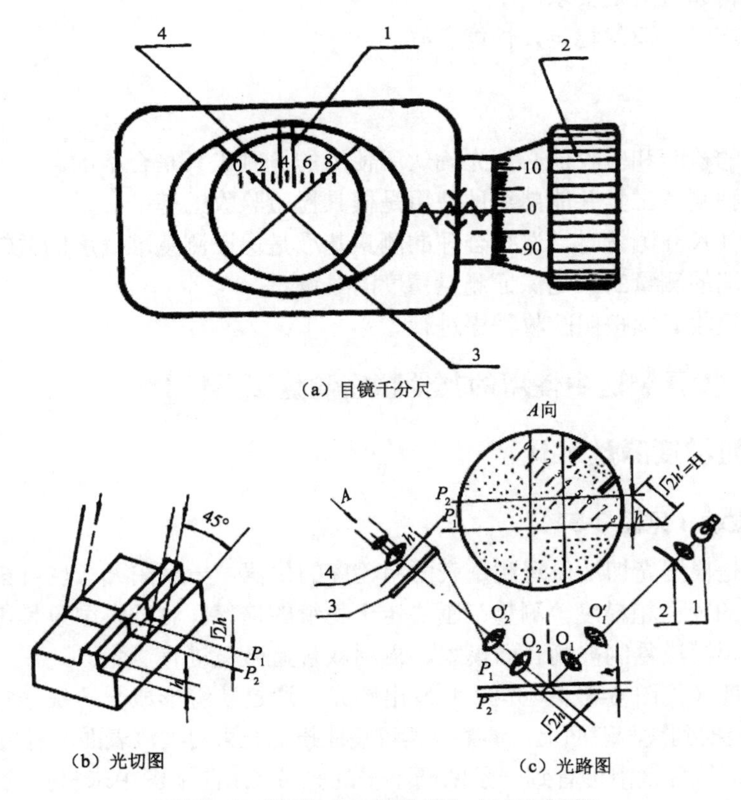

（a）目镜千分尺

（b）光切图

（c）光路图

1—双标线；2—刻度筒；3—可动分划板；4—固定分划板

图3-32 双管显微镜测量原理示意图

（2）使用方法步骤：

① 选取一对合适的物镜分别安装在两镜管的下端。

② 接通光源。

③ 把被测零件放在工作台上，调整工作台，转动支臂 11，使被测零件位于物镜的正下方。

④ 调整手轮 9，使显微镜缓缓下降，直至在被测表面上能看到扁平的绿色光带为止。注意：光带方向要与表面的加工痕迹垂直。

⑤ 调整调节环 16 和调节螺钉 17，使目镜视场中央出现最窄最清晰的亮带。

⑥ 测量。至少测量 5 个峰值和谷值。

⑦ 计算。根据公式 $R_Z = \frac{1}{2N}\left(\frac{\sum_{1}^{5} a_{峰} - \sum_{1}^{5} a_{谷}}{5}\right)$ 计算出 R_Z 来。

注意：公式中 N 为物镜放大倍数。

2．电动轮廓仪

电动轮廓仪又称表面粗糙度检查仪或侧面仪（见图 3-33），是利用针描法来测量表面粗糙度的。一般由传感器、驱动器、指示表、记录器、工作台等主要部件组成。工作原理示意图如图 3-34 所示。

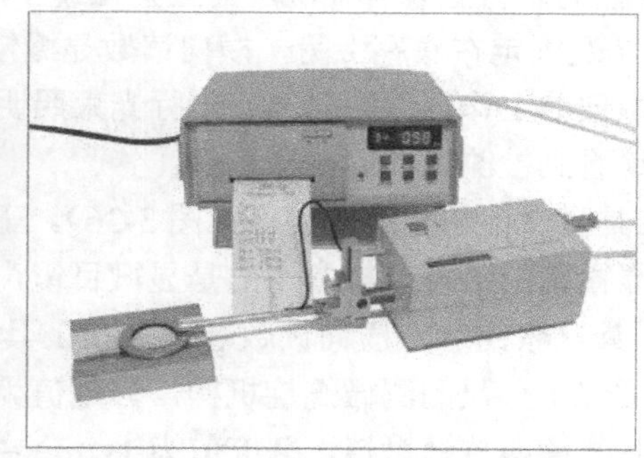

图3-33　电动轮廓仪

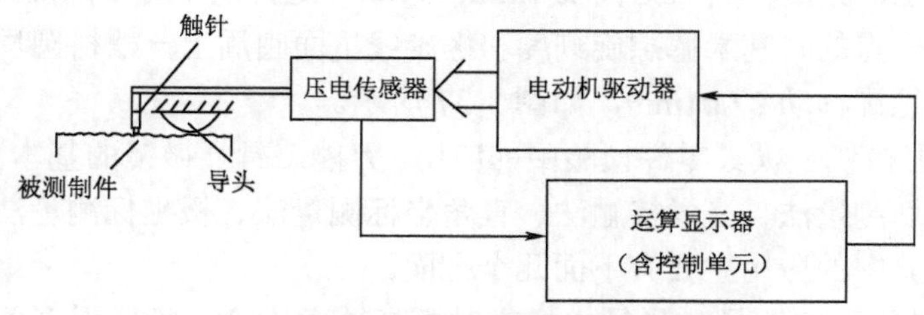

图3-34　工作原理示意图

二、工具显微镜

按工具显微镜的工作台的大小和可移动的距离、测量精度的高低及测量范围的宽窄，一般分为小型、大型和万能型及重型。它们的测量精度和测量范围不同，但基本结构、测量方法大致相同。

（1）万能工具显微镜的结构（见图 3-35）。

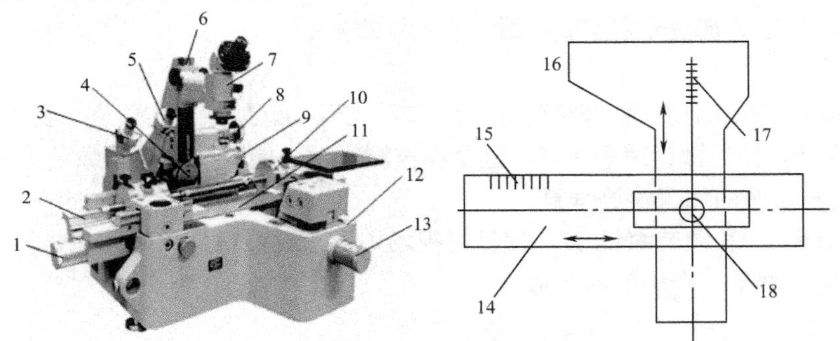

1—纵向微动手轮；2、14—纵向滑台；3—纵向读数显微镜；4—光圈调节环；5—横向读数显微镜；6—立柱；7、18—主显微镜；8—立柱倾斜调节柄；9、16—横向滑台；10—顶尖座；11—工作台；12—底座；13—横向微动手轮；15、17—刻度线

图3-35　万能工具显微镜及局部放大图

（2）万能工具显微镜的工作原理。如图 3-35 所示，底座 12 上有互相垂直的纵、横向导轨。纵向滑台 2、14 及横向滑台 9、16 可彼此独立地沿纵、横向粗调、微调和锁紧。纵向滑台 2 上装有纵向玻璃刻线尺和安放工件的玻璃工作台 11，玻璃刻线尺的移动量，即被测工件移动量，可由固定在底座上的纵向读数显微镜 3 读出。横向滑台 9、16 上装有横向刻线尺和立柱 6，立柱的悬臂上装有瞄准用的主显微镜 7、18。主显微镜在横向上的移动可通过横向刻度线 15、17 及固定在底座上另一横向读数显微镜 5 读出。被测工件放在工作台上或装在两顶针之间，由玻璃工作台下面射出一平行光束照明。主显微镜可沿立柱升降以调整焦距，可通过此显微镜看到被测工件的轮廓影像。

① 工具显微镜的瞄准机构（见图 3-36）。工具显微镜的瞄准机构用于测量时瞄准工件。各种工具显微镜的瞄准机构常用的是显微目镜，万能工具显微镜还可采用光学接触器。

② 工具显微镜纵、横向读数装置。在工具显微镜上，工作台纵、横向移动距离的读数装置常用类似千分尺的测微螺旋机构，分度值为 0.01mm 或 0.005mm。万能工具显微镜则一般采用阿基米德螺旋显微镜，分度值为 1μm。在显微镜读数镜头中可看到三种刻度：第一种是毫米玻璃刻线尺上的刻度，其间距代表 1mm；第二种是目镜视野中间隔为 0.1mm 的刻度；第三种是有十圈多一点的阿基米德螺旋刻度和螺旋线里面圆周上一摆格圆周刻度，每格圆周刻度代表阿基米德螺旋移动 0.001mm，如图 3-37 所示。

（3）万能工具显微镜在模具零件检验中的应用。万能工具显微镜的基本测量方法有多种，如影像测量法、轴切测量法、光学接触法、直角坐标测量法、极坐标测量法等。万能工具显微镜在模具零件检验中的应用主要有下面几个方面。

① 样板与模具轮廓的测量。测量样板或对模具轮廓检验一般采用直角坐标测量法、极坐标测量法或采用光学接触法测量。

圆弧的检测方法如图 3-38 所示。

圆弧的计算公式：

$$R=\frac{\sin\dfrac{\alpha}{2}}{1-\sin\dfrac{\alpha}{2}}h=K_1h$$

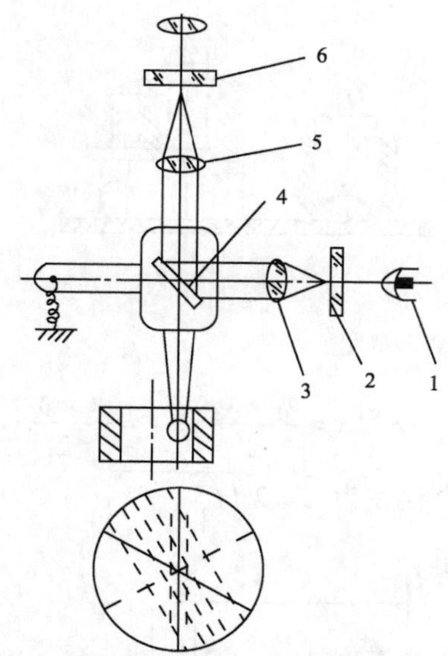

1—光源；2—带双刻线分划板；3—透镜；4—反转镜；
5—放大物镜；6—主显微镜米字线分划板

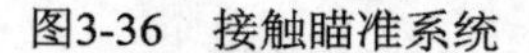

图3-36　接触瞄准系统

图3-37　阿基米德螺旋线显微镜的读数

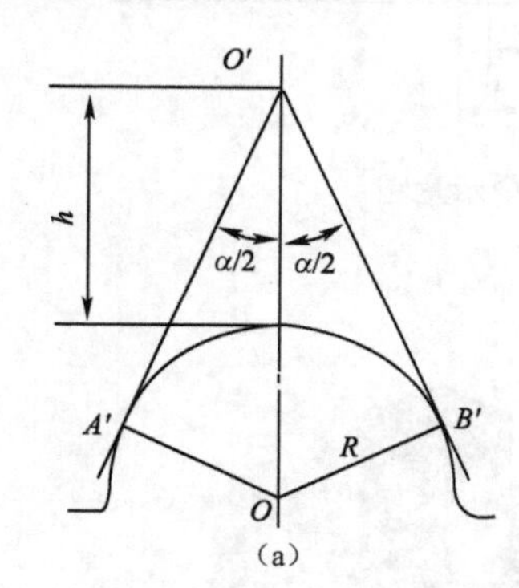

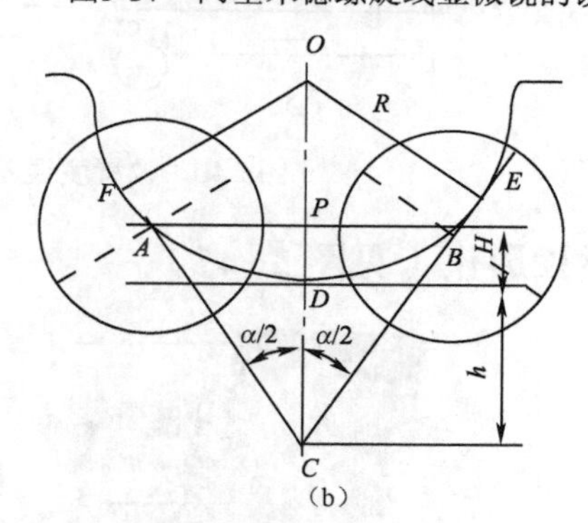

图3-38　圆弧的检测示意图

式中，α 为目镜米字线交角，其值为 60° 或 120° 。K_1 为计算系数。当 α=60° 时，K_1=1；α=120° 时，K_1=6.463。h 为测量读数差值。

注意：当被测圆弧较大，视场中只能看到其中一部分时，如图 3-38（b）所示，这时圆弧的计算公式为 $R=K_2AB-K_1H$。其中 α=60° 时，K_2=0.866；α=120° 时，K_2=1.897。

② 锥角的测量（见图 3-39）。用万能工具显微镜测量锥角，一般可以利用仪器附件如分度台、分度头、测角目镜等进行直接测量。

在图 3-39（a）中，圆锥角的计算公式为 $\alpha = 2\arctan\dfrac{D-d}{2L}$；在图 3-39（b）中，圆锥角的计算公式为 $\alpha = 2\arctan\dfrac{L_1-L_2}{2H}$。

③ 多孔凹模位置度误差的测量（见图 3-40）。采用工具显微镜测量该多孔凹模时可用直角坐标测量法，首先按基准 A、B 面找正凹模，使其与工具显微镜的纵、横坐标方向一致。

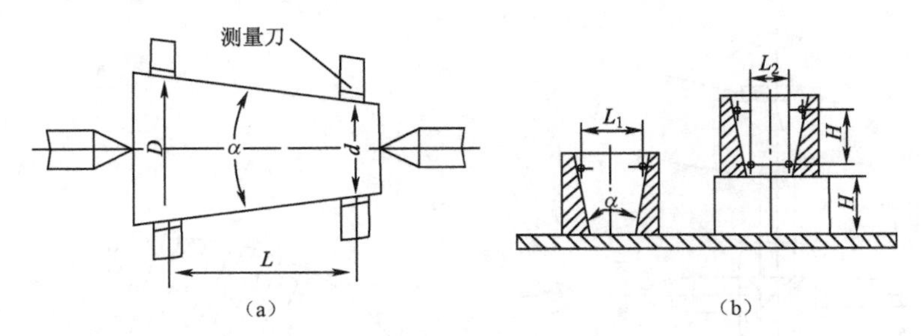

图3-39　锥角测量示意图

然后测出 x_1、x_2 和 y_1、y_2，则孔的圆心坐标 x、y 为 $x=\frac{x_1+x_2}{2}$，$y=\frac{y_1+y_2}{2}$，将 x、y 与设计给定的尺寸比较，得到偏差值 f_x 和 f_y，则综合误差为 $f=2\sqrt{f_x^2+f_y^2}$。

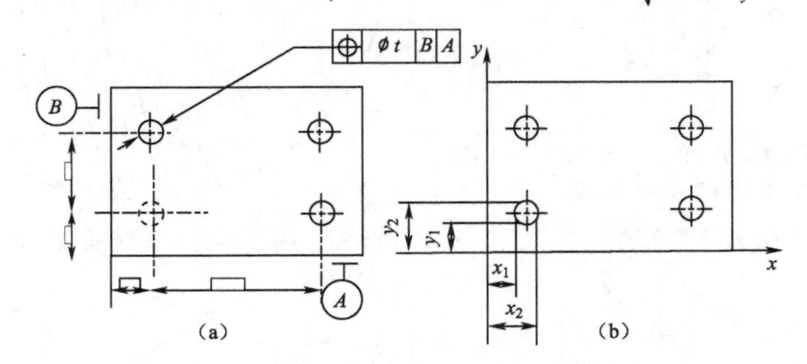

图3-40　位置度误差测量示意图

三、光学投影仪（见图3-41）

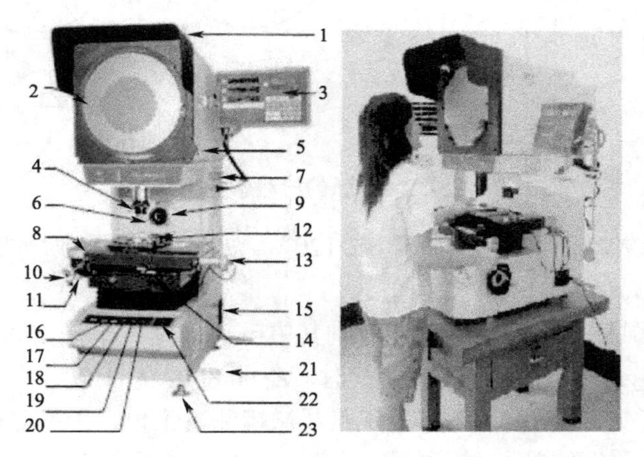

1—遮光罩；2—投影屏；3—数据处理器；4—物镜；5—投影屏微调；6—反射聚光镜调节螺钉；7—数据处理器接口；8—工作台；9—反射聚光镜；10—Y轴微调；11—Y轴粗调；12—圆转工作台；13—X轴微调；14—X轴粗调；15—电源接口；16—电源开关；17—投影灯开关；18—投影灯高亮开关；19—反射灯开关；20—变色片开关；21—搬动仪器铁棒；22—升降开关；23—仪器平衡调节螺栓

图3-41　光学投影仪

光学投影仪在生产中使用比较普遍，是一种比较精密的测量仪器，主要用来测量较小零件（一般在 200mm 以内）尤其是微型零件轮廓尺寸的测量，以及易变形、较薄零件的测量。测量时没有测量力，零件直接摆放于工作台面上，不需要任何固定装置，操作简单、方便。但使用时应注意以下几点。

（1）为了保证测量精度，开机时，机器应预热 15～30min。

（2）被测尺寸所在平面应与工作台平面平行且光线必须能通过尺寸。

（3）不要频繁开机，否则会影响灯泡的使用寿命。

（4）关闭投影仪时，要先等到散热风扇停止运行后再关电源。投影仪散热不及时易引发灯泡爆炸。

四、三坐标测量仪（见图 3-42）

三坐标测量仪（简称 CMM）主要有三大功能：一是可以方便地实现空间点的尺寸公差和形位偏差的测量；二是由于计算机的引入，可实现自动化和再学习功能；三是在逆向工程技术上的应用。

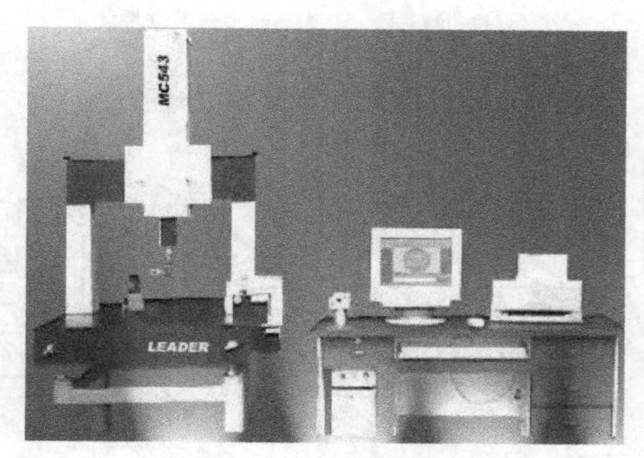

图3-42　三坐标测量仪

1．三坐标测量仪的分类及构成

（1）三坐标测量仪的分类。

① 按工作方式可分为单点测量式三坐标测量仪和连续扫描测量式三坐标测量仪。

② 按结构形式可分为桥式测量仪、龙门式测量仪、水平臂（单臂或悬臂）式测量仪、坐标镗床式测量仪和便携式测量仪。

③ 按测量范围可分为大型、中型和小型三种。

④ 按测量精度可分为精密型（计量型）和生产型两种。

（2）三坐标测量仪的构成。三坐标测量仪的结构形式如图 3-43 所示，它有三个正交的直线运动轴（x 轴、y 轴和 z 轴），主要由测量机主体、测量系统、控制系统和数据处理系统组成。

2．三坐标测量仪的主体结构（见图 3-44）

三坐标测量仪上使用的导轨有滑动导轨、滚动导轨和气浮导轨等几种形式，其工作台多采用花岗岩、大理石材质。它的各种结构形式的应用特点如下。

（1）移动桥式结构：目前应用最广泛的一种结构形式，其结构简单，敞开性好，工作台负载能力小。桥式结构主要用于高精度的中小机型。

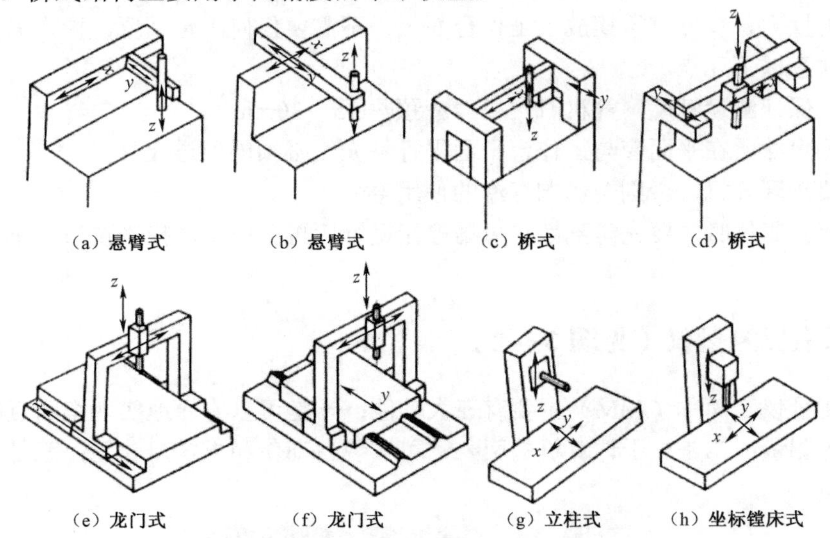

（a）悬臂式　（b）悬臂式　（c）桥式　（d）桥式

（e）龙门式　（f）龙门式　（g）立柱式　（h）坐标镗床式

图3-43　三坐标测量仪的结构形式

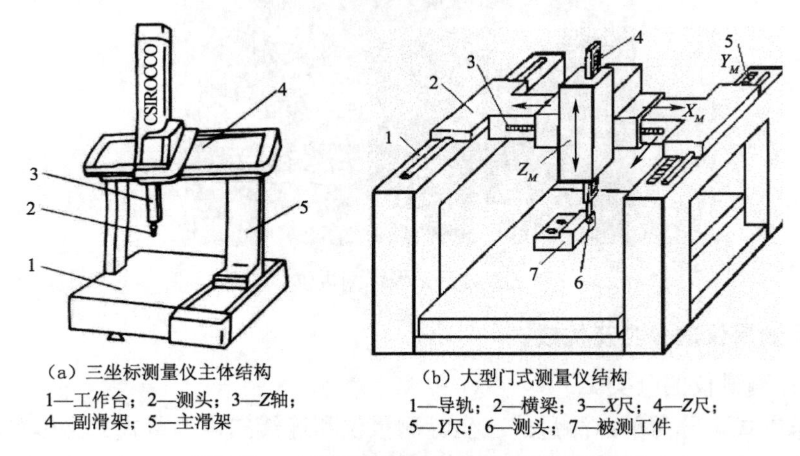

（a）三坐标测量仪主体结构
1—工作台；2—测头；3—Z轴；
4—副滑架；5—主滑架

（b）大型门式测量仪结构
1—导轨；2—横梁；3—X尺；4—Z尺；
5—Y尺；6—测头；7—被测工件

图3-44　三坐标测量仪的主体结构示意图

（2）龙门式结构：整个结构刚性好，三个坐标测量范围较大时也可保证测量精度，适用于大机型。

（3）悬臂式结构：结构简单，具有很好的敞开性，但悬臂易变形发生变化，一般用于测量精度要求不太高的小型测量仪。

（4）单柱移动式结构：也称仪器台式结构，操作方便、测量精度高，但结构复杂、测量范围小，适用于高精度的小型数控机型。

（5）坐标镗床式结构（单柱固定式结构）：其结构牢靠、敞开性较好，用于测量精度中等的中小型测量仪。

3．三坐标测量仪的测量系统

（1）标尺系统是用来度量各轴的坐标数值的。有光栅尺、同步感应器、激光干涉仪等。

（2）测头（见图 3-45）。测头的类型按测量方法可分接触式和非接触式两类。在接触式测量头中又分机械式测头和电气式测头。机械接触式测头为具有各种形状（如锥形、球形）的刚性测头、带千分表的测头及划针式工具；电气接触式测头的触端与被测件接触后可作偏移，传感器输出模拟位移量信号，这种测头既可以用于瞄准，也可以用于测微。为了提高测量效率及探测各种零件的不同部位，常需为测头配置一些附件，如测端、探针、连接器、测头回转附件等。

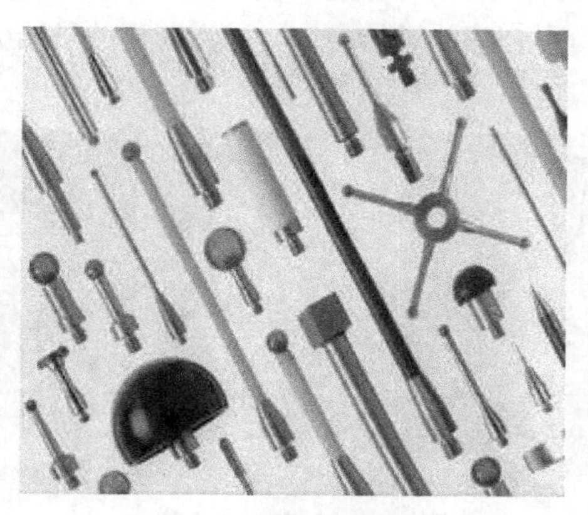

图3-45　各种测量接触头

4．三坐标测量仪控制系统和数据处理系统

（1）控制系统。其主要功能是读取空间坐标值，控制测量瞄准系统对测头信号进行实时响应与处理，控制机械系统实现测量所必需的运动，实时监控坐标测量机的状态以保障整个系统的安全性与可靠性等。

（2）数据处理系统。用于控制全部测量操作、数据处理和输入输出。

5．三坐标测量仪的测量应用

（1）可用于加工的轻型三坐标测量仪。三坐标测量仪除用于零件的测量外，还可用于如划线、打样冲眼、钻孔、微量铣削及末道工序精加工等轻型加工，在模具制造中可用于模具的装配。图 3-46 所示为立式三坐标测量仪，根据加工的需求不同，可更换测头，可用于测量和划线，但不能用于数据采集，由于精度较低，一般也不宜进行最终加工的检验。

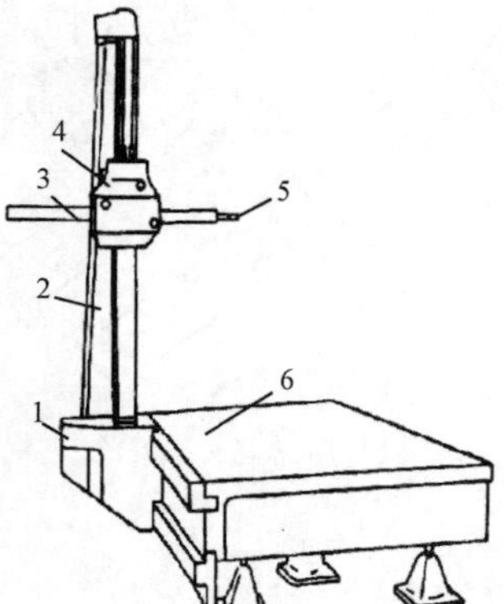

1—基座；2—立柱；3—水平臂；4—支承箱；5—测头；6—工作台

图3-46　立式三坐标测量仪

（2）可用于计量的三坐标测量仪。主要用于高精度的零件检测和设备检定，对环境（如温度、湿度、震动、噪声、粉尘等）的要求较高。

（3）用三坐标测量仪测量几何量的使用步骤。

① 测头校验消除更换测头或系统初始化时对同一点测量时带来的偏差。该偏差与加长杆、探针长度、接触头的大小都有关系。

② 工件找正。目的将机床坐标系预设到工件坐标系上。

③ 确定初始参考坐标系。

④ 测量并存储结果。

（4）测量时的注意事项。

① 应根据测量工件的材质、测量零件的形状、测量部位的不同选择相应的测量触头，如图 3-47 所示。

② 测头运动方式应平稳，触头在与测量面接触前，触头的运动方向应与被测量面垂直。如图 3-48（a）中所示，P 为不合理的进给方向，q 为合理的进给方向；图 3-48（b）所示为测头进给方向正确的实例。

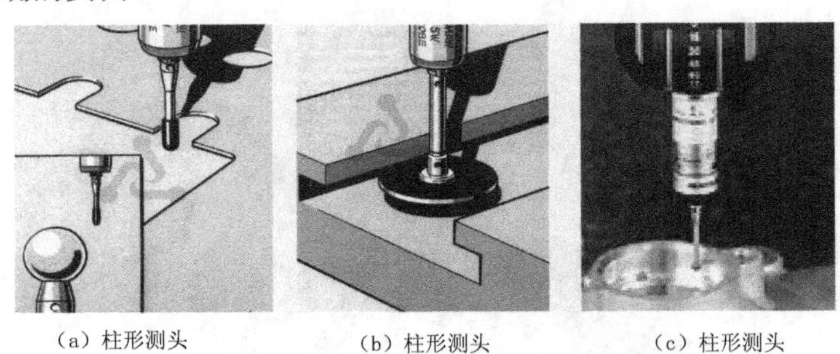

（a）柱形测头　（b）柱形测头　（c）柱形测头

图3-47　测头选用实例

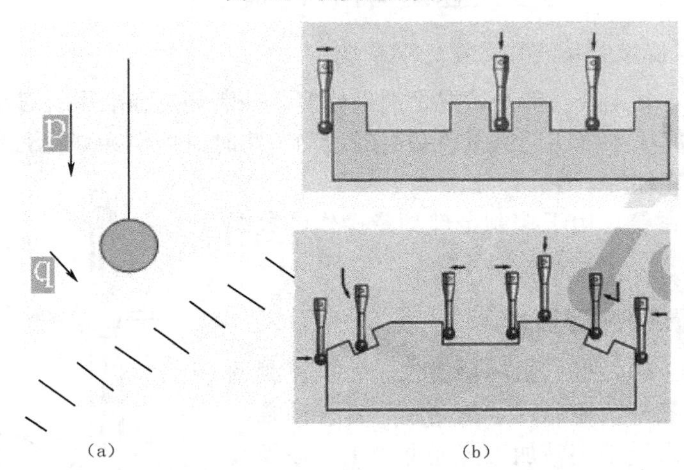

（a）　（b）

图3-48　测头进给方向示意图

习　题

一、选择题

1．用游标卡尺、外径千分尺测量轴径是（　　）。

A．直接测量　B．间接测量　C．绝对测量　D．相对测量

2．用内径百分表测量孔径是（　　）。

A．直接测量　B．间接测量　C．绝对测量　D．相对测量

3．通过测量一圆弧相应的弓高和弦长而计算得到圆弧半径的实际值，这是（　　）。

A. 直接测量　　B. 间接测量　　C. 绝对测量　　D. 相对测量

4．用光切法显微镜测量零件表面粗糙度是（　　）。

A. 接触测量　　B. 间接测量　　C. 非接触测量　　D. 相对测量

5．测量器具设计中存在的原理误差是（　　）。

A. 系统误差　　B. 随机误差　　C. 粗大误差　　D. 理论误差

二、判断题

1．从测量器具的读数装置上直接得到被测量的数值的测量方法是直接测量。（　　）

2．将被测量与一个标准量值进行比较得到两者差值的测量方法是相对测量。（　　）

3．测量器具的测头与被测件表面接触并有机械作用的测量力存在的测量方法是接触测量。（　　）

4．用测量器具分别测出螺纹的中径、半角及螺距的测量方法是单项测量。（　　）

5．用螺纹量规的通端检测螺纹的方法属于单项测量。（　　）

6．测量误差是指被测量的测得值与其真值之差。（　　）

7．游标卡尺是工业上常用的测量长度的仪器。（　　）

8．高度尺主要用于工件的高度测量和钳工精密划线。（　　）

9．量规的测量值是不可调的。（　　）

10．水平仪是属于形位误差的测量工具。（　　）

三、问答题

1．模具的验收包括哪些内容？

2．模具静检包括哪些要素？

3．模具动检包括哪些要素？

附录

操作考核评分项目与标准（见表 3-8）

表 3-8　操作考核评分项目及标准

序号	考核项目	考核要求	配分	评分标准
1	检验目的与内容	检验的目的，检验的内容，检验的注意事项	10	要求熟悉考核要求的内容
2	检验的基本概念	测量方法的分类，测量误差的来源	10	要求熟悉考核要求的内容
3	模具零件检验用的常规量具	掌握各种测量工具的功能和使用方法，正确选择测量工具	25	能熟练操作常用的各种测量工具，检测位置准确，能保证测量精度
4	模具验收的主要内容	熟悉验收前的准备和验收流程，掌握静检要素和动检要素及最终验收流程	25	要求熟悉考核要求的内容
5	模具性能检查	模具各系统紧固可靠，活动部分灵活、平稳，动作互相协调，定位准确。能保证稳定正常工作，能满足正常批量生产的需要	20	操作熟练，目的明确，保证安全
6	制品质量检查	制品尺寸、表面粗糙度符合图样要求，成批生产时，质量稳定，性能良好	10	操作熟练，目的明确，保证安全

模块四　塑料模装配

应知：　1．各类型芯与固定板的装配方法
　　　　2．型腔凹模与动、定模板的装配方法
　　　　3．过盈配合零件的装配方法
　　　　4．滑块抽芯机构的装配方法

应会：　1．掌握塑料模零件的修磨技能
　　　　2．掌握推出装置孔的配作加工技能
　　　　3．掌握滑块抽芯机构的碰合技能
　　　　4．掌握塑料模型芯、型腔的装配技能

本模块的学习方法和适用学生层次

本模块是本书的一个重点，要求熟练掌握塑料模具装配的操作方法和操作技能，因此最好的学习方法是多动手，亲自去动手操作才能掌握装配的真谛。

任务一、任务二：中专、中技

知识链接：高技、技师

本模块的结构内容

热固性塑料注射模的装配｛型芯与固定板的装配，型腔凹模与动、定模板的装配，过盈配合零件的装配，装配中的修磨，热固性塑料注射模的装配工艺过程｝

热塑性塑料注射模的装配｛导柱、导套的组装，推杆的装配，卸料板的装配，滑块抽芯机构的装配，楔紧块的装配，斜导柱的装配，滑块的复位定位，热塑性塑料注射模的装配工艺过程｝

术语解释

什么是塑料模具装配？什么是塑料模具装配工艺过程？

将完成全部加工，经检验符合图纸和有关技术要求的塑料模具成型件、结构件及配购的标准件（标准模架等）、通用件，按总装配图的技术要求和装配工艺顺序逐件进行配合、修整、安装和定位，经检验和调整合格后，加以连接和紧固，使之成为整体模具的过程称为塑料模具装配。装好的模具，进行初次试模，经检验合格后可进行小批量试生产，以进一步检验模具质量的稳定性和性能的可靠性。若试模中发现问题，或样品检验发现问题，则须进行进一步的调整和修配，直至完全符合要求，交付合格的商品模具为止的全过程称为塑料模具装配工艺过程。塑料模具装配工艺过程包括准备阶段、组装阶段、总装阶段、检验调试阶段这四个子过程。

任务一　热固性塑料注射模的装配

任务描述

图 4-1 所示为热固性塑料注射模，本任务是介绍该模具的装配工艺过程。

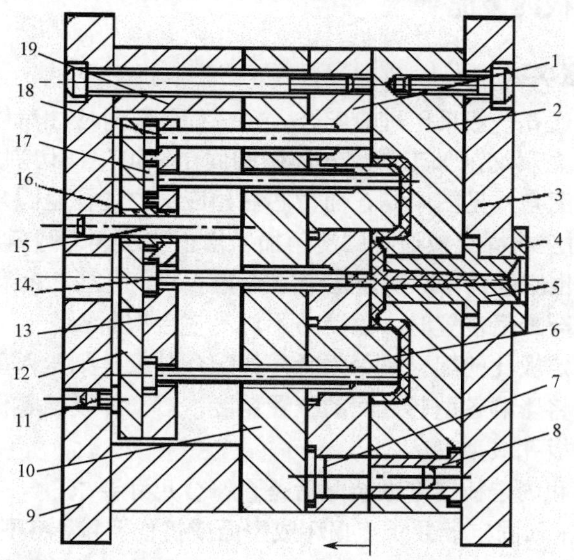

1—动模板；2—定模板；3—定模座板；4—定位圈；5—浇口套；6—型芯；7—导柱；8—导套；9—动模座板；10—支承板；11—限位螺钉；12—推板；13—通过固定板；14—拉料杆；15—推板导柱；16—推板导套；17—推杆；18—复位杆；19—垫板

图4-1　热固性塑料注射模

学习目标

通过本任务的学习，要求重点掌握注射模的装配工艺过程、方法及其工作零件的装配、固定和修磨方法。

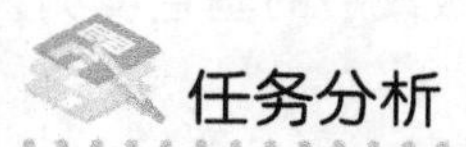

任务分析

塑料模的装配顺序没有严格的要求，但有一个突出的特点：零件的加工和装配常常是同步进行的，即经常边加工边装配，这是与冷冲模装配所不同的。

塑料模的装配基准有两种：一种是当动、定模在合模后有正确配合要求，互相间易于对中时，以其主要工作零件如型芯、型腔和镶件等作为装配基准，在动、定模之间对中后才加工导柱、导套，另一种是当塑料件结构形状使型芯、型腔在合模后很难找正相对位置，或者是模具设有斜滑块机构时，通常是先装好导柱、导套作为模具的装配基准。根据任务图分析，该模具是一副比较简单的塑料注射模，没有侧型芯，没有滑块抽芯机构，相对来说装配比较简单。

任务完成

基本知识

一、型芯与固定板的装配

1．型芯装配的注意事项

型芯和固定板上的通孔一般采用过渡配合，在进行装配时应注意以下事项。

（1）固定板一般由金属切削加工得到（淬硬的固定板可用线切割加工），因此，通孔与沉孔平面拐角处一般呈清角（见图 4-2），而型芯在相应部位往往呈圆角（有些是由磨削时砂轮的损耗形成）。装配前应将固定板通孔的清角加以修正使之成为圆角，否则将影响装配。同样，型芯台肩上部边缘也应倒角，特别是在缝隙 C 很小时，若型芯台肩上平面 A 与型芯轴线不垂直，则压入固定板至最后位置时，因受力不均易使台肩断裂。

（2）检查型芯与固定板孔的配合是否太紧，如配合过紧，则压入型芯时将使固定板产生弯曲，对于多型腔模还将影响各型芯之间的位置精度，对于淬硬的零件则容易产生淬裂，配合过紧时，可修正固定板孔或型芯。

（3）检查型芯高度和固定板厚度在装配后是否符合尺寸要求。

（4）为便于将型芯压入固定板并防止损坏成型面或挤伤孔壁，将型芯端部四周修出斜度，斜度部分高度一般在 5mm 以内，斜度取 10′～20′，若成型面有脱模斜度（30′～2°），则不需修理。对于在型芯上不允许修出斜度的情况，可以将固定板装配孔下端入口处 3～5mm 高度内修出约 1°的斜度，如图 4-3 所示。这样压入时，成型面就不会被擦伤。

（5）对于型芯与固定板孔配合的尖角部分（如正方形或矩形型芯的固定孔四角），可以将型芯角部修成 R0.3mm 左右的圆角，当不允许型芯修成圆角时，应将固定板孔的角部用锯条修出清角或窄槽，如图 4-4 所示。

（6）型芯压入固定板时应保持平稳，压入时用液压机为好。固定模板一定要放置水平，压入前在型芯表面涂上润滑油，型芯导入部分放入固定板孔以后，应测量并校正其垂直度，然后缓慢地压入，当压入 1/3 后，应再次校正垂直度，全部压入后，做最后的垂直度测量，以保证其位置精度。

2．型芯与固定板的装配方法

根据塑料模具的结构特点，以及型芯与固定板的不同紧固形式，其装配方法有下述几种。

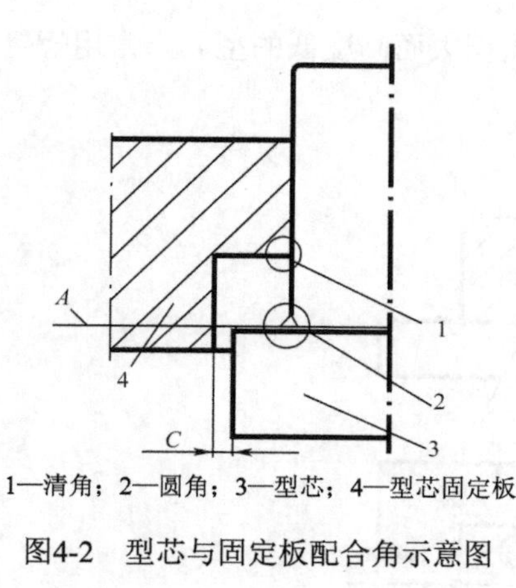

1—清角；2—圆角；3—型芯；4—型芯固定板

图4-2　型芯与固定板配合角示意图

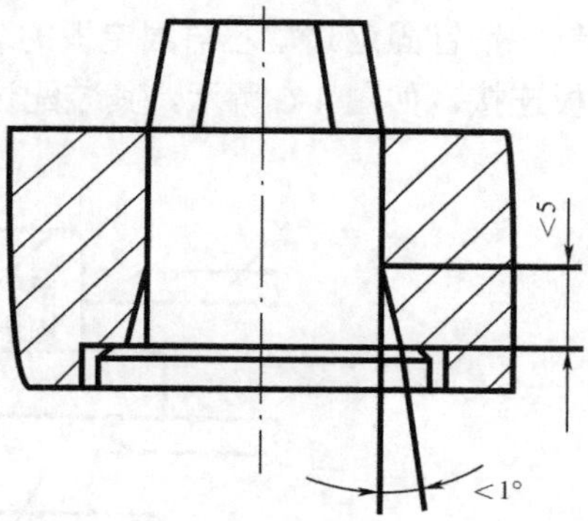

图4-3　固定板孔的导入斜度

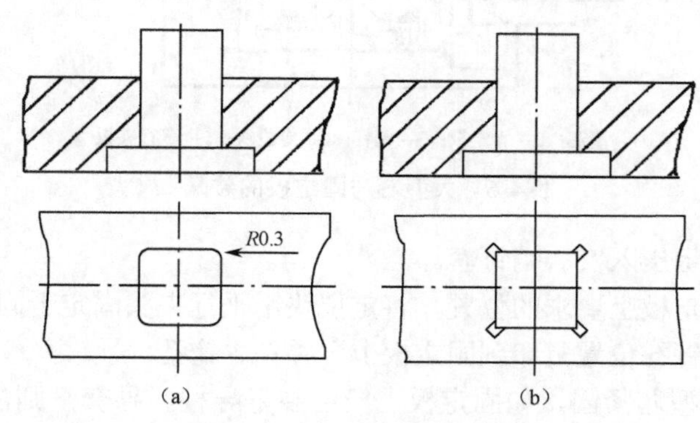

图4-4　尖角配合处的修正示意图

（1）埋入式型芯与固定板的装配。埋入式型芯的装配如图 4-5 所示。固定板沉孔与型芯尾部为过渡配合。由于沉孔的形状与型芯尾部的形状和尺寸在机械加工后往往不能达到配合要求，因此在装配前应检查两者的尺寸，如有偏差应予以修正，一般修正型芯较方便。修正配合部分时，应特别注意动、定模的相对位置，修正不当将使装配后的型芯与动模配合发生偏差。

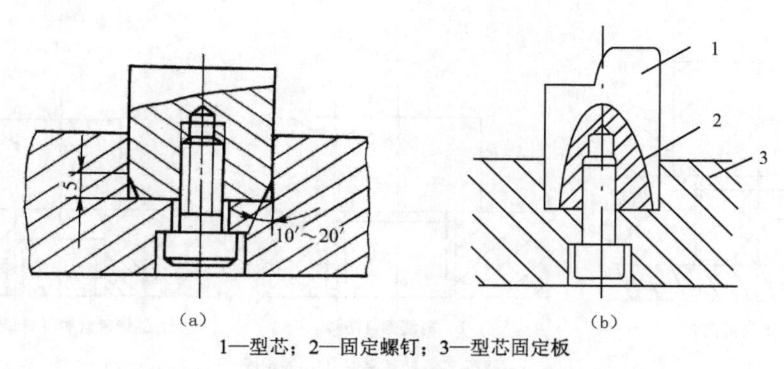

1—型芯；2—固定螺钉；3—型芯固定板

图4-5　埋入式型芯的装配示意图

如果型芯埋入较深时，可将型芯尾部四周稍修斜度，埋入深度小于 5mm 时，则不能修斜度，否则会影响固定强度。

（2）螺钉、销钉固定式型芯与固定板的装配。面积大而高度低的型芯，常用螺钉、销钉直接与固定板连接，如图 4-6 所示。其装配过程如下。

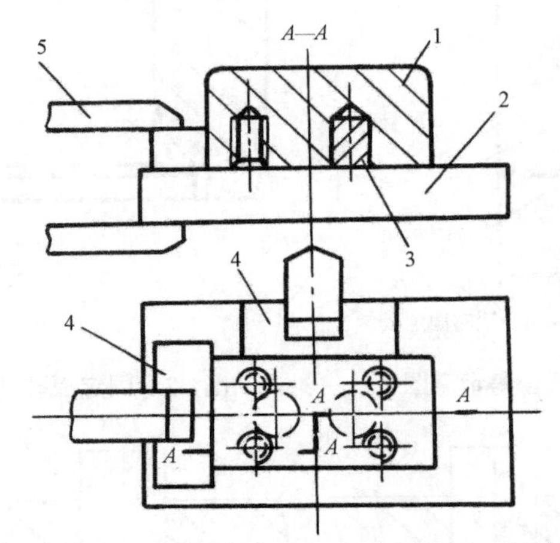

1—型芯；2—固定板；3—销钉；4—定位块；5—平行夹板

图4-6　大型芯与固定板的装配

① 在淬硬的型芯上压入实心销钉套。

② 根据型芯在固定板上要求的位置，将定位块用平行夹头固定于固定板上。

③ 将型芯上的螺钉孔位置复印到固定板上，并钻、锪孔。

④ 初步用螺钉将型芯紧固，如固定板上已经装好导柱、导套，则需调整型芯，以保证型芯与型腔的相对位置。

⑤ 在固定板反面划出销钉位置，并与型芯一起钻、铰销钉孔。

⑥ 敲入销钉。为便于敲入，可将销钉端部稍微修出锥度，销钉与销钉套的配合部分长度只需 3～5mm 便可，这样可便于拆卸型芯。

（3）螺纹连接式型芯与固定板的装配。热固性塑料压模中，型芯与固定板常用螺纹连接的方式，如图 4-7 所示。

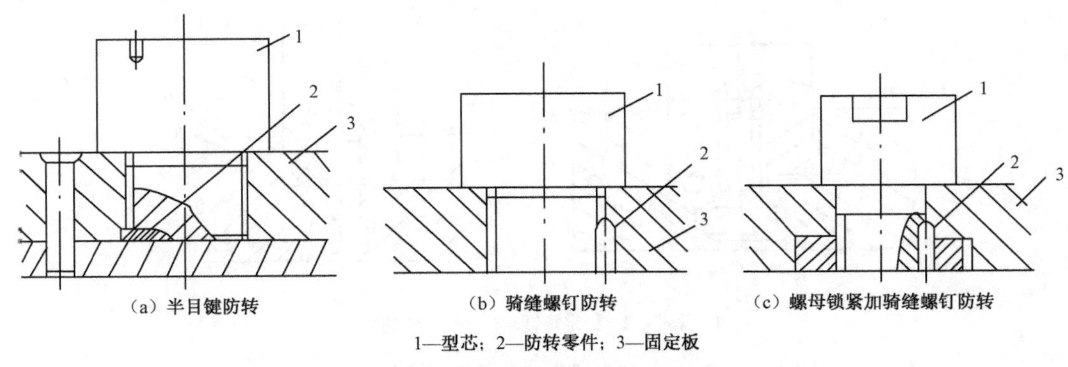

1—型芯；2—防转零件；3—固定板

图4-7　螺纹连接式型芯的固定形式

型芯与固定板往往须保持一定的相对位置，如型芯形状不对称而固定板为非圆形或固定板上需固定几个不对称的型芯等。安装螺纹连接式型芯时，当螺纹旋到终点位置时，型芯与固定板的相对位置往往与要求的位置存在角度偏差，因此，必须进行调整。调整方法如下。

固定板上仅装一个型芯时，可采用修磨固定板平面或型芯底平面的方法，如图 4-8 所示。型芯装上固定板后，先测量型芯与固定板在装配后的偏差值 α，然后进行固定板 A 面或型芯 B 面的修磨，因 B 面的修磨加工很困难，在实际工作中一般采用修磨 A 面的修磨加工方法进行修磨加工，修磨量 δ 由下式计算：

$$\delta = \alpha \cdot \rho / 360^\circ$$

式中，α 为偏差角，（°）；ρ 为连接螺纹的螺距，（mm）。

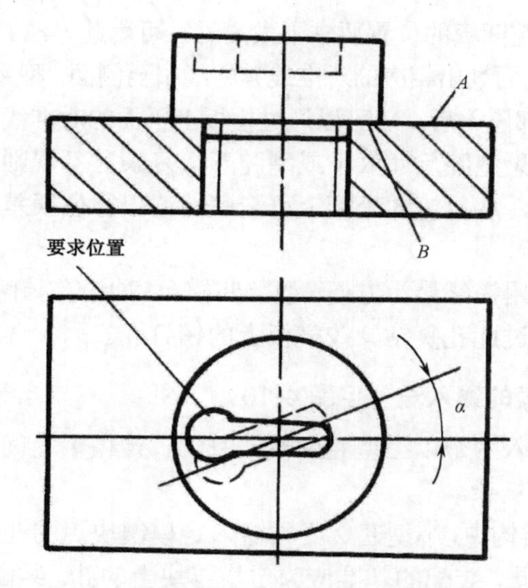

图4-8　型芯与固定板位置偏差示意图

采用如图 4-7（c）所示结构形式时，只需转动型芯进行调整，然后用螺母紧固、螺钉定位。这种形式适用于外形为任何形状的型芯及固定板上固定多个型芯的场合。

对于圆型芯，也可采取另一种方法，即型芯的不对称型面先不加工，将型芯旋入固定板后，按固定板基准加工型面，然后取下型芯，经热处理后再固定到固定板上。

型芯与固定板的定位常用螺钉、销钉或键。图 4-7（b）、图 4-7（c）采用螺钉定位，定位螺钉孔在型芯位置调整正确后攻制，然后取下型芯进行热处理。图 4-7（a）采用键定位，型芯可在热处理后装配、调整，然后用磨削或电加工方法加工键槽。

二、型腔凹模与动、定模板的装配

除了简易的压塑模以外，一般注射模、压塑模、压铸模的型腔部分均使用镶嵌或拼块形式。由于镶拼形式很多，现举例说明其装配方法。

型腔凹模和动、定模板镶合后，型面上要求紧密无缝，因此，型腔凹模的压入端一般均不允许修出斜度，而将导入斜度设在模板上。

1．单件圆形整体型腔凹模的镶入法（见图 4-9）

对于单件圆形整体型腔凹模的镶入，关键是型腔形状和模板相对位置的调整及其最终定位，调整的方法有下列几种。

（1）部分压入后调整。型腔凹模压入模板极小一部分后，即进行位置调整。可用百分表校正其直线部分，如有位置偏差，可用管钳等工具将型腔凹模旋动到正确位置，然后将其全部压入模板。

（2）全部压入后调整。将型腔凹模全部压入模板以后再调整其位置。采用这种方法时不能采用过盈配合，一般保持有 0.01～0.02mm 的间隙。位置调整正确后，应用定位件定位，防止其转动。

（3）划线对准法。型腔凹模的位置要求不太高时，可用此方法。在模板的上、下平面上划出对准线，在型腔凹模上端面划出相应的对准线并将线引至侧面，型腔凹模放入固定板时以该线为基准确定其位置，待全部压入后，还可以通过模板上平面的对准线检查型腔凹模的位置。

（4）光学测量法。如果型腔尺寸太小或型腔形状复杂且不规则，且难以用表测量时可在装配后用光学显微镜测量，从目镜的坐标上可清楚地读出行位误差。调整方法是退出重压或使之转动。

型腔凹模的定位以采用销钉最为方便。型腔凹模台肩上的销钉孔在热处理前完成钻、铰，在装配及位置调整后，通过此孔复钻、铰模板上的销钉孔。

2．多件整体型腔凹模的镶入法（见图 4-10）

在同一块模板上需镶入两个以上型腔凹模，且动、定模板之间要求有精确的相对位置的情况下，其装配工艺比较复杂。

在如图 4-10 所示的结构中，小型芯 2 必须穿入定模镶块 1 的孔中。定模镶块在热处理后，小孔孔距将有所变化，因此，装配的基准应为定模镶块上的孔。装配时，首先将工艺销钉（代替小型芯）穿入推块 4 和定模镶块 1 的孔中进行定位，再将型腔凹模套到推块上，用量具测得型腔凹模外形的位置尺寸，这便是动模板固定孔修正后应有的实际尺寸。至于小型芯固定板 5 上的孔，待型腔凹模压入模板后，放入推块，从推块的孔中复钻得到。

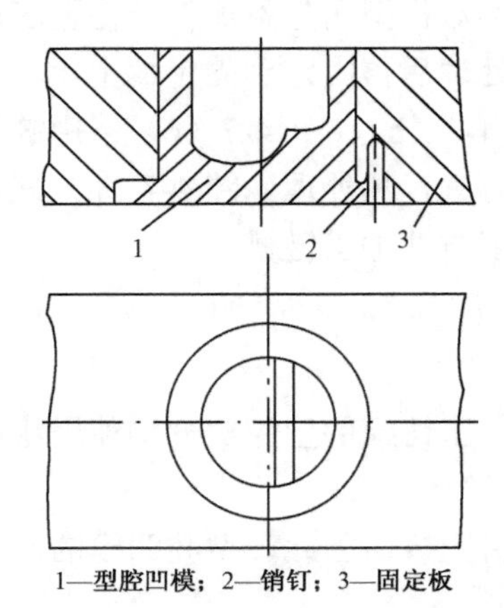

1—型腔凹模；2—销钉；3—固定板

图4-9　单件圆形整体型腔凹模的镶入法

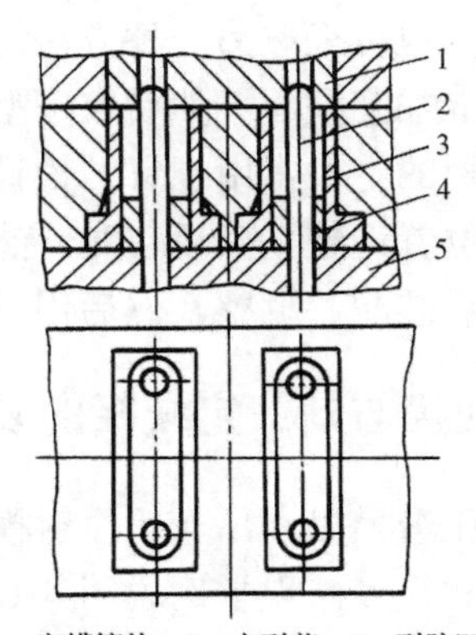

1—定模镶块；2—小型芯；3—型腔凹模；
4—推块；5—小型芯固定板

图4-10　多件整体型腔凹模的镶入法

3．单型腔型腔拼块的镶入法

压入模板的型腔拼块与模板孔的配合不能太松，压入时应注意平稳，为使拼块同时进入固定板，压入时应在拼块上放一个平垫块。最关键的问题是拼块的某些部位必须在装配以后加工，如图 4-11 所示，拼块上的矩形型腔由于配合面在热处理后须修磨，因此，矩形型腔不能在热处理前加工至最终尺寸，只能在装配后用电火花加工进行精修。如果拼块型腔经调质热处理至刀具能加工的硬度，则型腔可在装配后用切削刀具加工至要求尺寸。

4．多型腔型腔拼块的镶入法

为了减小模具的外形尺寸，将几个型腔设在同一个镶块上。也为了防止镶块热处理变形，或为了便于型腔的冷挤压或电火花加工，而将每个型腔做成一个镶块，如图 4-12 所示。这两种形式的镶块，其外形可根据型腔及模板孔的实际尺寸进行修正，以保证型腔在模板上的位置。但模板上的孔在装配前应留有修正余量，以备修正之用。

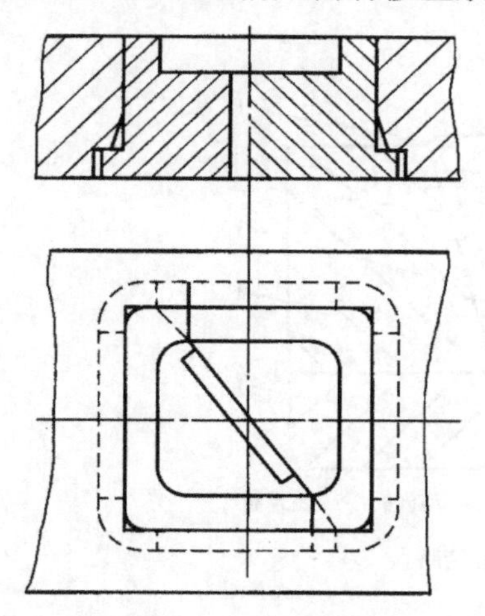

图4-11　单型腔的型腔拼块

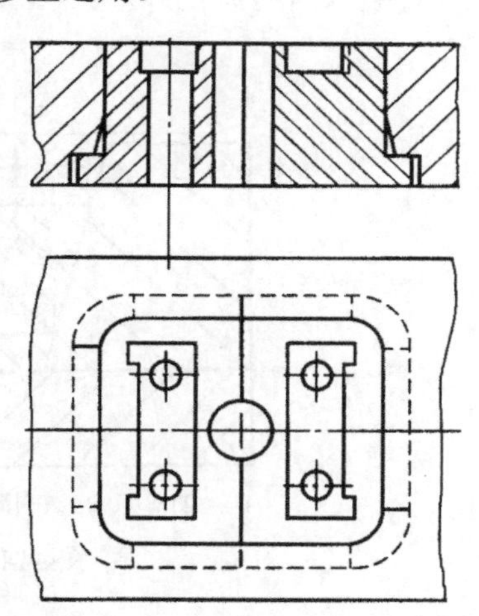

图4-12　多型腔的型腔拼块

三、其他过盈配合零件的装配

塑料模具中还有许多以过盈配合装配的零件，要求装配后不用螺钉紧固，但不允许松动脱出。过盈配合装配时，必须检查配合件的过盈量，并保证配合部分有较小的表面粗糙度，压入端的导入斜度应均匀，并且在零件加工时一并做出，以保证同轴度。

1．销钉套的压入（见图 4-13）

销钉套压入淬硬件后，与配合件一起钻、铰销钉孔。销钉套与淬硬件之间的过盈量较大，所以对淬硬件孔和销钉套外圆的表面粗糙度、垂直度的要求不高。淬硬件应在热处理前将孔口部位倒角并修出导入斜度，也可将斜度设在销钉套上。

当淬硬件上为不通孔时，则应采用实心的销钉套。此时的销钉孔钻、铰是从配合件向实心的销钉套钻、铰。

销钉套的压入一般用液压机，小件也可以利用台虎钳的夹紧作用压入。

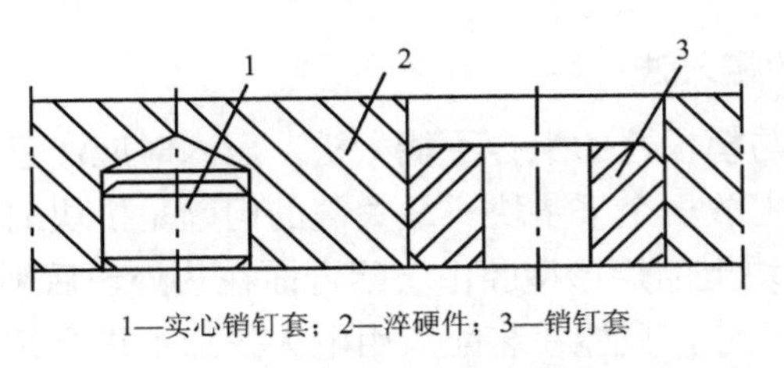

1—实心销钉套；2—淬硬件；3—销钉套

图4-13　淬硬件与压入的销钉套示意图

2. 导钉（或定位销）的压入（见图 4-14）

对拼的模块常用两个导钉定位。由于拼块在热处理后导钉孔的孔形和孔距均有所变化，因此，在压入导钉前应将两个拼块合拢，用研磨棒研正导钉孔。当两拼块都很厚时，只能分别研磨导钉孔，但应事先考虑在对准导钉孔后外形所产生的偏移，因此，拼块外形须留有加工余量，在导钉装入后再磨正外形。

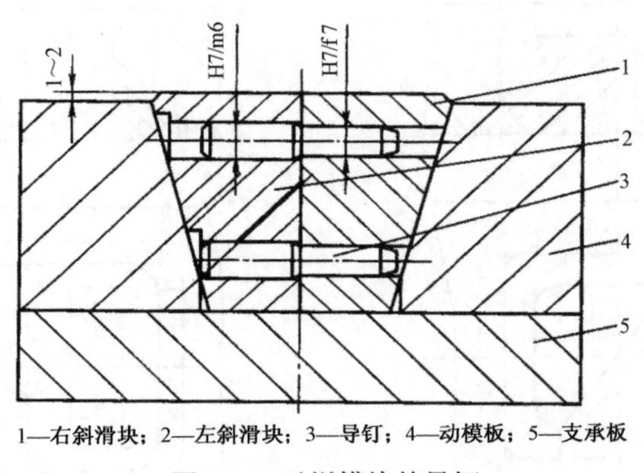

1—右斜滑块；2—左斜滑块；3—导钉；4—动模板；5—支承板

图4-14　对拼模块的导钉

拼块厚度不大时，导钉可从有斜度的导向端压入，这样操作方便，质量也好。拼块较厚而导钉要从压入端压入时，则应将压入端修出导入锥度。

3. 精密件（如导套、镶套）的压入

如导套或镶套压入模板以后，内孔尚需与精密的偶件配合，压入时应注意以下几点。

（1）严格控制过盈量以防止内孔缩小。当压入件壁部较薄而无法避免其内孔缩小时，可在压入后再进行精密加工，采用铸铁研磨棒进行研磨。

（2）压入需有较高的导入部分，以保证压入后的垂直度。如果因为增大了导入部分的高度而影响固定强度，则应从设计结构上改正。

（3）直径大而高度小的压入件，在压入时可用百分表测量压入件端面与模板平面之间的平行度来检查其垂直度，在零件加工时，必须保证模板平面、压入件端面与孔有良好的垂直度。

（4）压入时可以利用导向芯棒（见图 4-15）。由于芯棒帮助导向，所以装配后的垂直度得到了保证。压入件在压入后有微量收缩，因此，芯棒直径应比压入件的孔径小 0.02～0.03mm。

（5）在如图 4-16 所示的浇口套中，除压合部分为过盈配合外，还需保证台肩外圆与模板沉孔间不能留有缝隙，否则，在注塑时可能引起渗料。

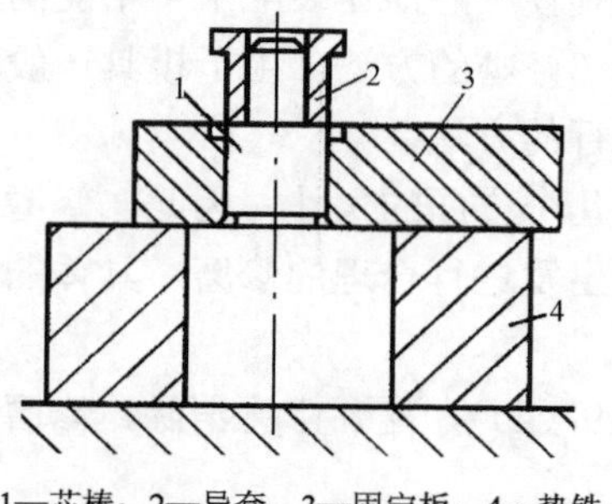

1—芯棒；2—导套；3—固定板；4—垫铁

图 4-15　利用芯棒导向压入导套

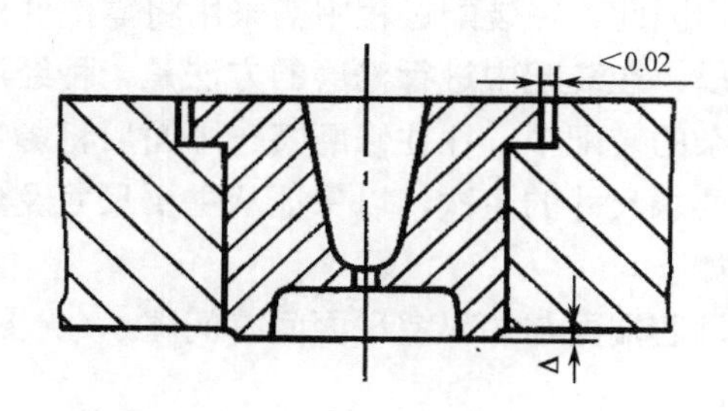

图 4-16　浇口套压入模板

（6）过盈配合部分的压入工艺如前所述，模板孔压入口需有倒角和导入斜度，压入件的压入端不允许有斜度但需有倒圆角，以避免压入时切坏孔壁。此外，在压入件加工时，若有圆角修正量Δ，装配后，凸出于模板的修正量应磨去。

（7）台肩外圆与模板沉孔之间的缝隙不能大于 0.02mm。因此，模板孔与沉孔、压入件外圆的同轴度均应不大于 0.01mm。压入件台肩应倒角，使压入后台肩面与模板沉孔面紧贴。

4．多拼块压入件

在一个模板孔中同时压入几件拼块，在压入的最初阶段，拼块尾端拼合处容易产生离缝。因此，事先应采用平行夹板将拼块夹紧，压入时以采用液压机为好，在压入件上端应垫平垫块，使各拼块同时进入模孔。在拼块压入前应控制好配合过盈量，如果拼块的配合过盈量小而未能达到要求，则压入后预应力不足，就会导致模具在使用过程中因受压而使拼块发生松动。

5．锥面配合的压入件（见图 4-18）

压入件与模板孔以锥面配合，在装配中可以得到任意的预应力，压入的操作也较简单，但两者的配合面锥度应一致，可用红粉检查锥面的贴合情况。压入件与模板的相对位置可以在未压紧前进行测量与调整。压入件两端面均应留有余量，待装配完毕后，将两端面与模板一起磨平。

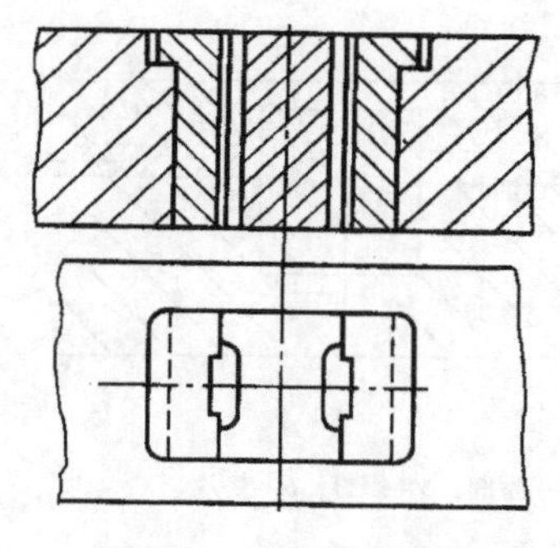

图4-17　多拼块压入件

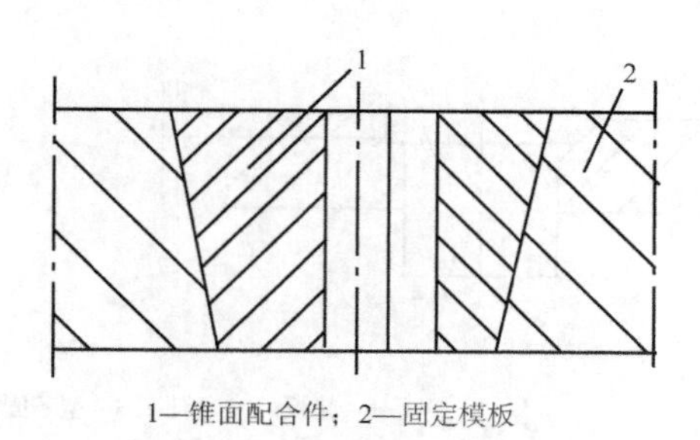

1—锥面配合件；2—固定模板

图4-18　锥在配合的压入件

四、装配中的修磨

模具由许多零件组成，尽管各零件的制造公差限制较严，但在装配中仍不能满足装配的技术要求，因此，在装配过程中需采用将零部件作局部修磨的方法。由于模具一般为非批量生产，所以，在装配中进行修磨的方法是一种经济可行的方法。

在复杂的装配中，往往修磨某一平面后将影响到几个方面的尺寸，因此，修磨时，首先应弄清所要求尺寸的主次，以保证从主要尺寸及角度出发进行合理的修磨。具体的修磨方法举例说明如下。

（1）型芯端面与加料室平面间有间隙Δ（见图 4-19（a）），需要修磨消除，修磨的方法有以下三种。

方法 1（见图 4-19（a））：拆下型芯，对固定板平面 *A* 进行修磨，修磨量为Δ厚度。因多型腔模具具有几个型芯且各型芯尺寸不完全相同，所以，这种方法只适用于单型腔模具，对于多型腔模具不适用。

方法 2（见图 4-19（a））：修磨型腔上平面 *B*，修磨量为Δ厚度。这种方法操作方便，修磨时不需拆卸零件。但同方法 1 一样，对于多型腔模具不适用。

方法 3（见图 4-19（a））：拆下型芯，修磨型芯台肩面 *C*，修磨量为Δ厚度，磨好装入模板后再把 *D* 面磨平。这种方法操作麻烦，但对单型腔、多型腔都适用。

（2）型腔与型芯固定板间有间隙Δ（见图 4-19（b）），需要修磨消除，修磨的方法有以下三种。

方法 1（见图 4-19（b））：对型芯工作面 *A* 进行修磨，修磨量为Δ厚度。这种方法只适用于型芯工作面为平面的情况。

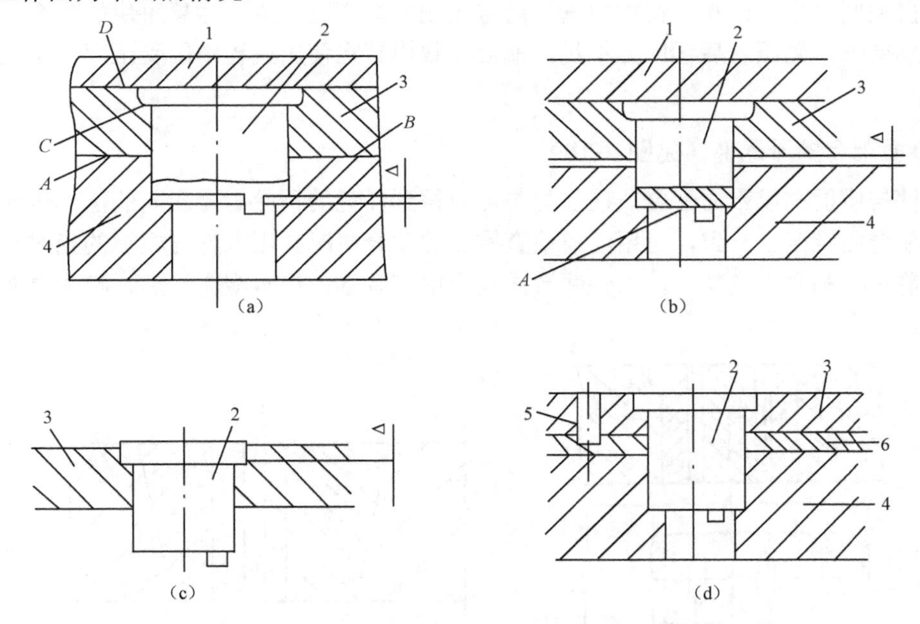

1—垫板；2—型芯；3—型芯固定板；4—型腔；5—螺钉；6—垫片

图4-19　修磨位置示意图

方法 2（见图 4-19（c））：在型芯台肩面下（固定板台肩孔内）加入垫片，垫片厚度为Δ。这种方法适用于小模具。

方法 3（见图 4-19（d））：在固定板上设垫片，垫片厚度不小于 2mm，然后根据间隙的大小Δ进行修磨。这种方法需在型芯固定板上铣凹坑，大型模具在设计时都应考虑加设垫块，以供装配时修磨。

（3）浇口套装配修磨合格以后，要求浇口套的 A、B 面高出固定板平面 0.02mm，如图 4-20（a）所示。修磨的方法如下。

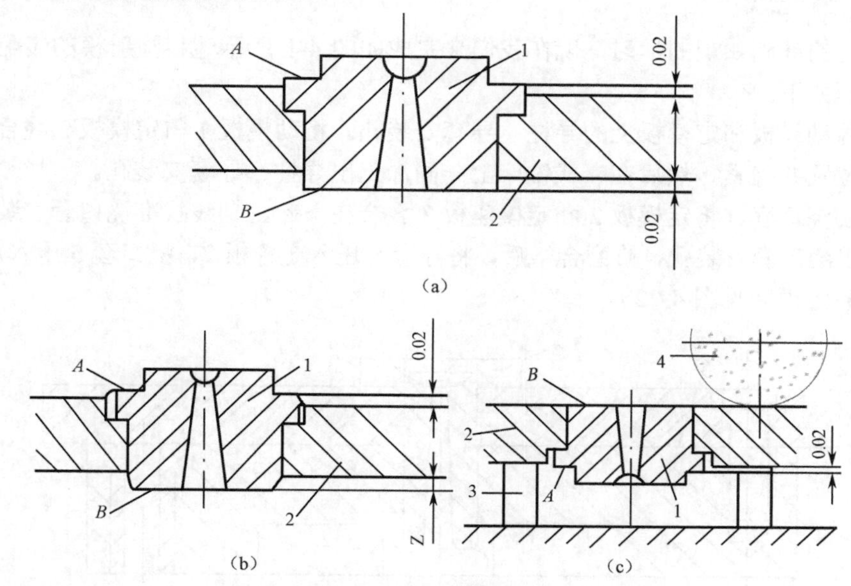

1—浇口套；2—固定板；3—等高垫块；4—砂轮

图4-20　浇口套的修磨

对于 A 面高出固定板平面 0.02mm，一般都是由加工精度来保证的（见图 4-20（b））。B 面高出固定板平面的修磨方法是先将浇口套压入固定板后磨至与固定板一样平（见图 4-20（c）），然后拆去浇口套，再将固定板磨去 0.02mm，再装好即可满足装配要求。

（4）埋入式型芯高度尺寸的修磨。如图 4-21 所示，为保证型芯高度尺寸 a，需要对型芯进行修磨，修磨的方法如下。

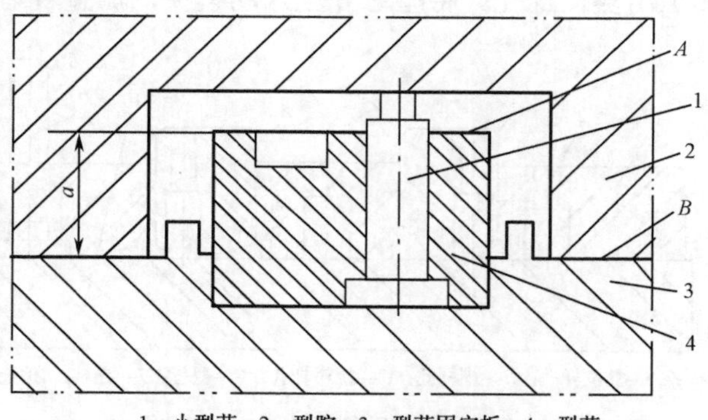

1—小型芯；2—型腔；3—型芯固定板；4—型芯

图4-21　埋入式型芯的修磨

当 A、B 面无凹、凸形状时，可根据高度尺寸要求，直接修磨 A 面或 B 面。

当 A、B 面有凹、凸形状时，拆出型芯，修磨埋入端的端面，可以使尺寸 a 减小，在埋入坑中垫薄片可以使尺寸 a 增大。

对于这种模具结构，在型芯加工时可在高度方向加以修正。固定板凹坑加工时，深度尺寸应加工至偏向下限尺寸，以利于装配时增加垫片。

任务完成

通过以上的基础知识的学习，现在我们来完成如图 4-1 所示塑料注射模的装配任务，其装配工艺过程如下。

（1）同镗动模板和定模板上的导柱、导套安装孔。将动模板 1 与定模板 2 叠合后，划线找准安装孔位置并夹紧，然后在立式铣床上一同加工出导柱、导套安装孔。

（2）安装浇口套。将定模板 2 和定模座板 3 叠合在一起，划线找准浇口套安装孔位置并夹紧，加工出浇口套安装孔，修磨合格后，将导套 8 压入定模板 2，浇口套 5 压入定模座板。

（3）组装定模（见图 4-22）。

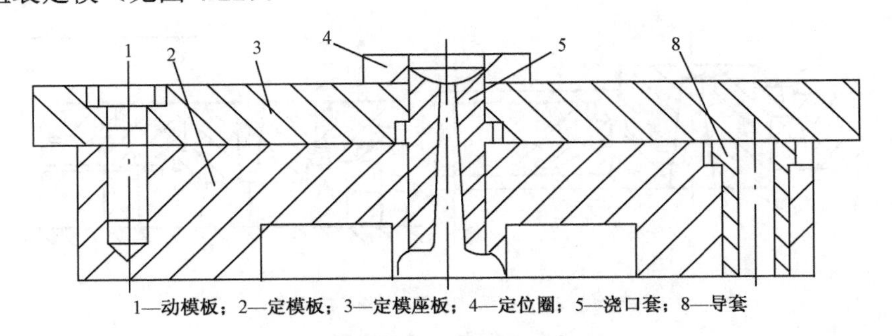

1—动模板；2—定模板；3—定模座板；4—定位圈；5—浇口套；8—导套

图4-22　定模组件

将定模板和定模座板按照浇口套的要求组装好后，夹紧，加工出螺钉孔和销钉孔，用螺钉、销钉将定模板与定模座板紧固，再配装上定位圈 4，定模组件便装配好。

（4）安装型芯（见图 4-23）。将导柱压入动模板，在定模板上涂上红粉，将动、定模板以导柱、导套定位叠合，将型腔及浇口位置复印到动模板上，然后在动模板上加工出型芯安装孔和拉料杆孔，再加工出复位杆孔。将型芯 6 压入动模板，调整合适后固定。

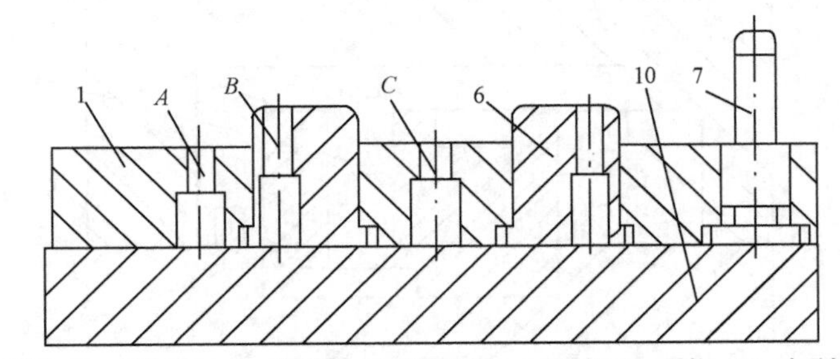

1—动模板；A—复位杆孔；B—推杆孔；C—拉料杆孔；6—型芯；7—导柱；10—支承板

图4-23　型芯与动模板及支承板组件

（5）将支承板与动模板叠合后夹紧，将型芯上的推杆孔、动模板上的复位杆孔、拉杆孔引钻到支承板上，用红粉将型芯上的销钉孔复印到支承板上。

（6）支承板上的拉杆孔、推杆孔、复位杆孔及销钉孔加工好以后，将推板、推杆固定板与支承板叠合，调整好位置后夹紧，一同加工出支承板上的推板导柱 15 安装孔和推板、推杆固定板上的推板导套 16 安装孔。将推板导套 16 压入推杆固定板，将推板导柱 15 压入支承板。

（7）以推板导柱 15、推板导套 16 定位，将支承板与推杆固定板叠合，将支承板上的推杆孔、复位杆孔复印到推杆固定板上，并按照要求把推杆固定板上的推杆固定孔和复位杆固定孔加工出来。

（8）将支承板与动模板用螺钉、销钉固定。将复位杆 18、推杆 17 装入推杆固定板，然后装上推板，再一并装入支承板。

（9）将限位螺钉 11 装入动模座板 9，将动模座板 9、垫板 19 与支承板叠合，调整好位置，保证推板滑动正常后夹紧，一同加工出动模座板、垫板 19、支承板与动模上的螺钉固定孔，然后用螺钉紧固。

（10）合模，修正推杆、复位杆的长度，使之达到装配要求。动模组件装配完毕，如图 4-24 所示。

（11）总装，检验合格后试模。

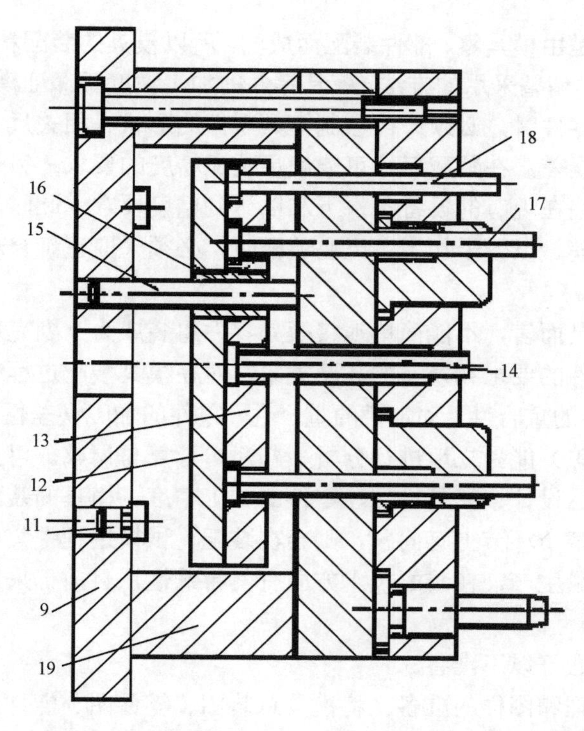

9—动模座板；11—限位螺钉；12—推板；13—通过固定板；14—拉料杆；
15—推板导柱；16—推板导套；17—推杆；18—复位杆；19—垫板

图4-24　动模组件

工艺技巧

（1）装配前，装配者应熟知模具结构、特点和各部功能并吃透产品及其技术要求；确定装配顺序和装配定位基准及检验标准和方法。

（2）所有成型件、结构件都无一例外地应当是经检验确认的合格品。检验中如有个别零件的个别不合格尺寸或部位，必须经模具设计者或技术负责人确认不影响模具使用性能和使用寿命及不影响装配。否则，有问题的零件不能进行装配。配购的标准件和通用件也必须是经过进厂入库检验合格的成品。同样，不合格的不能进行装配。

（3）装配的所有零、部件，均应经过清洗、擦干。有配合要求的，装配时涂以适量的润滑油。装配所需的所有工具，应清洁、无垢无尘。

（4）模具的组装、总装应在平整、洁净的平台上进行，尤其是精密部件的组装，更应在平台上进行。

（5）过盈配合（H7/m6、H7/n6）和过渡配合（H7/k6）的零件装配，应在压力机上进行，一次装配到位。无压力机需进行手工装配时，不允许用铁锤直接敲击模具零件，应垫以洁净的木方或木板，使用木质或铜质的铁锤敲击。

知识链接　塑料成型模具装配前的准备

由于塑料成型模具是由模具零、部件装配而成的，所以模具的装配精度将取决于有关零、部件的加工精度和装配、调整采用的方法。模具零件的加工精度是保证模具装配精度的基础。所以在设计和加工模具零件时，必须严格控制模具零件的形状、相关尺寸公差、相互位置的误差、相关零件的累积误差，在装配后才可能满足装配精度的要求；另外，对一些装配精度要求高的塑料模具，往往在现有的设备条件下难以达到精度要求，此时，可根据经济加工精度来确定零件的制造公差，以便于加工，但在装配时，必须采取正确合理的装配、调整方法来确保模具的装配精度。

对于装配模具的人员而言，不能简单地将模具零件组装成为一副完整的模具，重要的是要求装配人员能根据塑件的要求和模具的装配关系，对在模具装配过程中出现的一系列问题（如设计基准与装配基准的重合性、动定模的重合性、零件的加工误差性、零件装配后产生的累积误差、装配尺寸链等）能独立地进行分析、判断、计算与调整。可见，要合理确保模具的装配精度，必须从制品设计、模具设计、零件的加工精度、模具的装配方法等整个过程来综合考虑、分析。如果某个环节上有问题，则会在装配、试模过程中集中反映出来。塑料模的制造属于单件、小批量生产，在装配技术方面有其特殊性，目前仍采用以模具钳工修配和调整为主的装配方法。

塑料模具装配前要做好以下准备。

（1）装配现场的清理和图样的准备。将模具总装图、零件图、塑件产品图套上塑料袋，将其整齐有序地摆放在装配现场，便于装配过程中随时对照、确认。

（2）工具、量具的准备。模具装配之前，需考虑装配过程中可能会使用哪些工具、量具，在实施装配工作之前都应一一准备妥当，按规定摆放整齐，避免在装配时因缺少某一样工具或量具而影响装配工作效率。

（3）理解模具的总装图、零件图及产品图。在进行注射模装配前应根据塑料模具动、定模和内、外抽芯机构等组件的装配特点，充分理解模具的总装图、零件图及产品图，明白模具零件的装配关系和各个零件的使用目的及零件是否已具备了装配的条件等。

（4）模具零件的对照确认。根据产品图、装配图把握模具构造，确认各主要零件的形状、尺寸；确认各模具零件的重要形状位置精度和尺寸精度；与产品图对照，确认客户的要求。

（5）选择正确合理的装配方法和装配基准。装配前必须考虑装配中模板座和成型件的设计基准与装配基准的重合性，动、定模板的基准统一性，模具单个零件的加工误差和各零件装配后产生的累积误差（包括形位精度和尺寸精度），模具装配尺寸链和零件之间的配合状况，以及装配间隙等一系列装配和调整的问题。在装配时应选择一个正确合理的装配方法，千万不可盲目地拿起零件就进行装配。塑料模通常采用两种装配基准：一种是以导柱、导套等导向件作为装配基准；另一种是以型芯、型腔或镶件等主要成型零件作为装配基准。

（6）装配时时做好装配记录。记录装配原始数据，记录零件是否缺少，零件形状、尺寸公差等是否超差，记录零件装配后的装配基准误差数据、累积误差数据和实际装配修正数据等，以便于和相关部门联络，也有利于试模后做进一步的装配、修正、调整和总结。

附录

操作考核评分项目与标准（见表 4-1）

表 4-1 操作考核评分项目及标准

序号	考核项目	考核要求	配分	评分标准
1	装配前的准备	模具结构图的识图，选择合理的装配方法和装配顺序，准备好必要的标准件，如螺钉、销钉及装配用的辅助工具等	5	具备模具结构知识及识图能力
2	同镗定模座板和动模的导柱、导套孔	将动模板与定模板叠合后，划线找准安装孔位置并夹紧，然后在立式铣床上一同加工出导柱、导套安装孔	5	操作熟练，目的明确，保证精度，保证安全
3	浇口套、导柱和定模座板的装配	浇口套表面处理后压入定模座板，然后将导柱压入定模座板内	15	操作熟练，目的明确，保证精度，保证安全
4	型芯、导套与动模的装配	型芯、导套与动模的装配并修磨，拧入螺钉，敲入销钉	15	修磨型芯的端面，使凸出型面的尺寸达到要求
5	在定模座板上镗制限位导柱孔	将 *A* 面放在等高垫块上，用压板将模具压紧于机床台面。用百分表校正，使导柱孔中心与机床主轴中心重合	15	镗定模座板上导柱孔。反面锪台肩，保证深度一致
6	在推杆固定板上复钻推杆、复位杆孔	通过型芯和动模向推杆固定板复钻推杆、拉杆和复位杆的固定孔，推杆固定板上的螺钉孔通过推板复钻并攻螺纹	15	操作熟练，目的明确，保证精度，保主安全
7	模脚与动模装配	装入模脚，敲入销钉，紧固螺钉	15	操作熟练，目的明确，保证精度，保证安全
8	修正推杆、复位杆的长度	测量之后，将推杆和复位杆拆下并修磨顶端面，使其达到装配要求	15	推杆应高出分型面 0.1mm 左右，复位杆应低于分型面 0.1mm 左右

一、填空题

1．塑料模具装配工艺过程包括准备阶段、组装阶段、总装阶段、（ ）阶段这四个子过程。

2．螺纹连接式型芯与固定板的定位常采用（ ）、销钉或键。

3．型腔凹模的压入端一般均不允许修出斜度，而将导入斜度设在（ ）上。

4．采用将型腔凹模全部压入模板以后再调整其位置的装配方法时不能采用过盈配合，一般保持有（ ）mm 的间隙。位置调整正确后，应采用（ ），防止其转动。

5．为使各个拼块同时进入固定板，压入时应在拼块上放一个（ ）。

6．模具装配中，对拼的模块常用两个（ ）定位。

7．在导钉或定位销的压入中，如果拼块较厚而导钉要从压入端压入时，则应将压入端修出（ ）。

8．装配前，装配者应熟知模具结构、特点和各部功能并吃透产品及其（ ）要求；确定装配顺序和（ ）基准以及检验标准和方法。

二、判断题

1．销钉与销钉套的配合部分长度越长越好。（ ）

2．埋入式型芯与固定板装配时都要将型芯尾部四周稍修斜度。（ ）

3．面积大而高度低的型芯，常用螺钉、销钉直接与固定板连接。（ ）

4．热固性塑料压模中，型芯与固定板常用螺纹连接的方式。（ ）

5．型腔凹模的压入端一般均不允许修出斜度，而将导入斜度设在模板上。（ ）

6．采用将型腔凹模全部压入模板以后再调整其位置的装配方法时应采用过盈配合。（ ）

7．过盈配合零件装配时，必须检查配合件的过盈量，并保证配合部分有较小的表面粗糙度，压入端的导入斜度应均匀。（ ）

8．销钉套与淬硬件之间的过盈量较大，所以对淬硬件孔和销钉套外圆的表面粗糙度、垂直度的要求也较高。（ ）

9．压入件与模板孔以锥面配合，在装配中可以得到任意的预应力。（ ）

10．在装配过程中常需采用将零部件作局部修磨的方法来保证装配的技术要求。（ ）

11．装配中使用的标准件不需要经过检验，但通用件必须是经过进厂入库检验合格的成品。（ ）

三、问答题

型芯装配时应注意哪些问题？

任务二　热塑性塑料注射模的装配

任务描述

本任务主要介绍如图 4-25 所示热塑性塑料注射模的装配。在装配时，必须保证模具上、下平面的平行度误差不大于 0.05mm，分型曲面处必须密合，推件时推杆和卸料板的动作必须保持同步，上、下模型芯必须紧密接触。塑件图如图 4-26 所示。

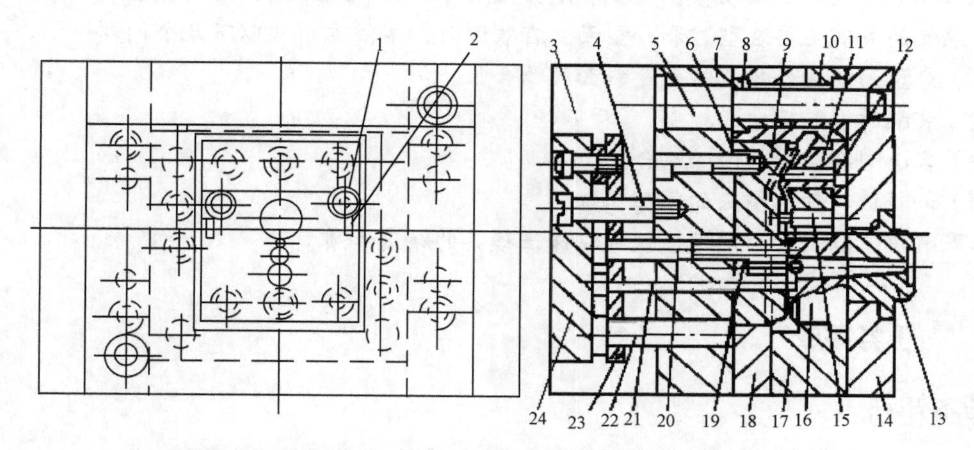

1—嵌件螺杆；2—矩形推杆；3—模脚；4—限位螺钉；5—导柱；6—支承板；7—销套；8、10—导套；9、12、15—型芯；11、16—镶块；13—浇口套；14—定模座；17—定模；18—卸料板；19—拉杆；20、21—推杆；22—复位杆；23—推杆固定板；24—推板

图4-25　热塑性塑料注射模

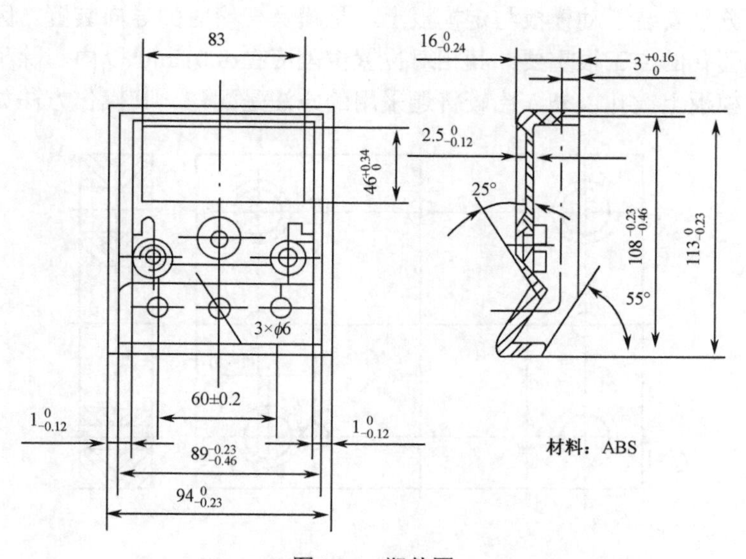

图4-26　塑件图

学习目标

通过本任务的学习，在巩固注射模装配工艺过程的同时，要求重点掌握导柱、导套孔的加工、装配及滑块抽芯机构的装配方法。

任务分析

根据任务描述，从图 4-25 可知，该模具可以确定为阶梯分型注射模，定模 17 与卸料板 18 形成模具的分型面。由动模型芯 9 和定模型芯 12、15 及镶块 11、16 构成型腔。根据分析，该模具装配的关键主要在型腔和分型面。在装配时，要注意解决以下几个问题。

（1）分型面的吻合性，特别是斜面的吻合性。

（2）装配时型腔尺寸的控制。

（3）各小型芯与动模面的吻合。

（4）卸料板与动模型芯的间隙保证。

如果解决了以上几个问题，就可以保证模具的精度和质量。

任务完成

基本知识

一、导柱、导套的组装

1．导柱、导套孔的加工

导柱、导套分别安装于动模板与定模板上，是模具合模时的导向装置。因此，动、定模板上的导柱、导套孔的加工很重要，其相对位置偏差应在 0.01mm 以内。除了可以用坐标镗床分别在动、定模板上镗孔以外，比较普遍采用的方法是配作。其操作方法如图 4-27 所示。

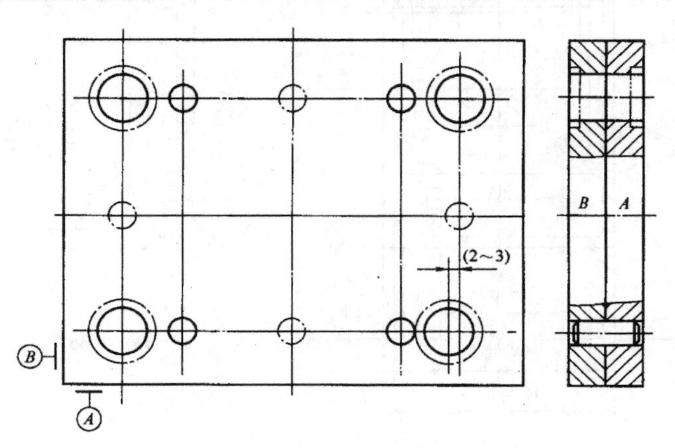

图4-27　导柱、导套孔配镗示意图

（1）*A*、*B* 板分别完成其六个平面的加工并达到所要求的位置精度后，以 *A*、*B* 面作为镗削加工的定位基准。镗孔前先加工工艺销钉定位孔（以*A*、*B*面作基准，配钻、铰后装入定位销）。180mm×180mm以内的小模具，用2个ϕ8销钉定位；600mm×600mm以内的中等模具用4个ϕ8或ϕ10的定位销定位；600mm以上的大模具则需要6～8个ϕ2～ϕ16的销钉定位。

（2）以*A*、*B*面作基准，配镗*A*、*B*板中的导柱导套孔。先钻预孔再镗孔，镗后再扩台阶固定孔。

（3）为保证模具使用安全，四孔中之一孔的中心应错开2～3mm。

（4）镗好后清除毛刺、铁屑，擦净*A*、*B*板。

对于淬硬的模板，导柱、导套孔如在热处理前加工至尺寸，则在热处理后会引起孔形与位置变化而不能满足导向要求。因此，在热处理前进行模板加工时应留有磨削余量，热处理后用坐标磨床磨孔，或将模板叠合在一起用内圆磨床磨孔（由于这种已淬硬的模板已制成型腔，因此，应以型腔为基准叠合模板）。另一种方法是在淬硬的模板孔内压入软套或软芯，在软芯上镗导柱、导套孔。

2．导柱、导套孔的加工次序

由于模具的结构及采用的装配方法不同，因此，在整套模具的装配过程中，应该合理确定导柱、导套孔的加工时机。基本上有下列两种情况。

（1）在模板的型腔凹模固定孔未修正之前加工导柱、导套孔。适用的场合有以下几种。

① 各模板上的固定孔形状与尺寸均一致，而加工固定孔时一般采用将各模板叠合后一起加工，此时可借助导柱、导套作各模板间的定位。

② 不规则立体形状的型腔，装配合模时很难找正相对位置，此时导柱、导套可作为定位，以正确确定固定孔的位置（型腔镶块加工时，应保证型腔外形的相对尺寸）。

③ 动、定模板上的型芯、型腔镶件之间无正确配合的场合。

④ 模具具有斜销滑块机构的场合。由于这类模具需修配的面较多，特别是多方向的多滑块结构，如不先装好导柱与导套，则合模时难以找到基准，使部件修正困难。

（2）在动、定模修正与装配完成后加工导柱、导套孔。其适用的场合为小型芯需穿入定模镶块孔中（见图4-28（a））或者卸料板与型腔有配合要求（见图4-28（b））的情况。

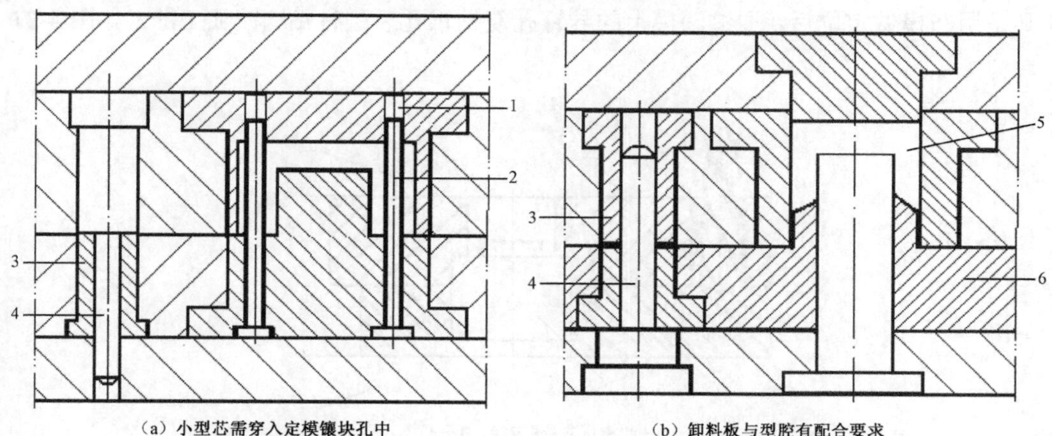

（a）小型芯需穿入定模镶块孔中　　（b）卸料板与型腔有配合要求

1—定模镶块上的孔；2—小型芯；3—导套；4—导柱；5—型腔；6—卸料板

图4-28　动、定模间有正确配合要求的结构

3．导柱、导套的压入

导柱、导套压入动、定模板以后，启模和合模时导柱、导套间应滑动灵活，因此，压入时应注意以下几点。

（1）对导柱、导套进行选配。

（2）导套压入时，应校正垂直度，随时注意防止偏斜。

（3）导柱压入时，根据导柱长短采取不同方法。短导柱压入时采用如图 4-29 所示的方法。长导柱压入时需要借助定模板上的导套作导向，如图 4-30 所示。

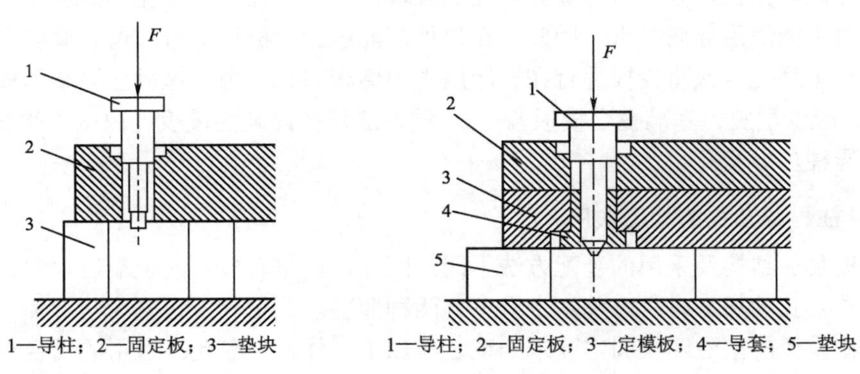

1—导柱；2—固定板；3—垫块

图4-29　短导柱的装配

1—导柱；2—固定板；3—定模板；4—导套；5—垫块

图4-30　长导柱的装配

（4）导柱压入时，应先压入距离最远的两个导柱，压入后需试验一下启模和合模是否灵活，如发现有卡住现象，用红粉涂于导柱表面后在导套内往复拉动，观察卡住部位，然后将导柱退出并转动一定角度，或退出纠正垂直度后再行压入。在两个导柱装配合格的基础上再压入第三、第四根导柱。每装一根导柱都要做上述试验。

4．导钉孔的加工

导钉是简化了的导柱，适用于中小型压模。导钉与凹模上的导钉孔配合，使上、下模对准。

通常情况下，凹模需淬硬，因此，导钉孔需在热处理前加工至尺寸。固定板上的导钉固定孔则是用凸模做定位后，通过凹模上的导钉孔复钻锥孔后进行钻、铰加工的，如图 4-31 所示。

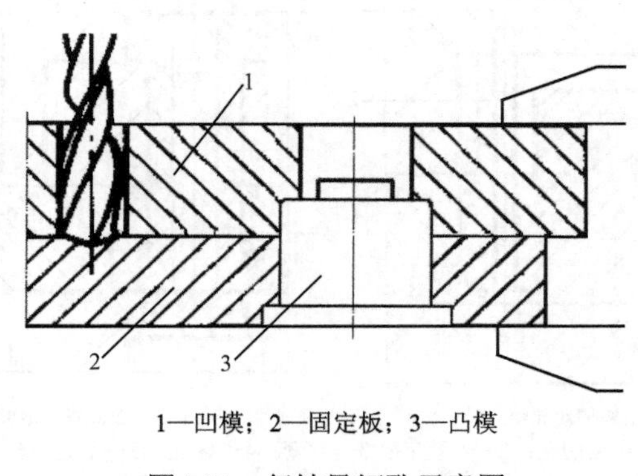

1—凹模；2—固定板；3—凸模

图4-31　复钻导钉孔示意图

二、推杆的装配

1．推杆固定板的加工与装配

推杆为推出制件所用，在模具的工作过程中，推杆应保持动作灵活，尽量避免磨损。推杆在推杆固定板孔内，每边有 0.5mm 以上的间隙。推杆固定板的加工与装配方法如下。

（1）推板用导柱作导向的结构（见图 4-32）。推杆固定板孔是通过型腔镶件上的推杆孔复钻得到的，复钻由两步完成。

① 从型腔镶件 1 上的推杆孔复钻到支承板 3 上（见图 4-32（a）），复钻时用动模板 2 和支承板 3 上原有的螺钉与销钉做定位与紧固。

② 通过支承板 3 上的孔复钻到推杆固定板 4 上（见图 4-32（b）），两者之间用导柱 6、导套 5 定位（复钻前先将导柱、导套装配完成），用平行夹头夹紧。

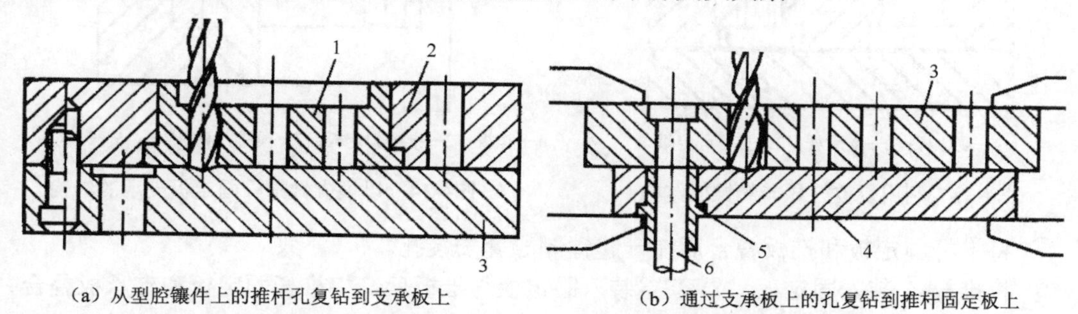

（a）从型腔镶件上的推杆孔复钻到支承板上　　（b）通过支承板上的孔复钻到推杆固定板上

1—型腔镶件；2—动模板；3—支承板；4—推杆固定板；5—导套；6—导柱

图4-32　推杆固定板孔的复钻方法

（2）利用复位杆作导向的推板结构（见图 4-33）。产量较小或推杆推出距离不大的模具，采用此种简化结构。复位杆 1 与支承板 2、推杆固定板 3 呈间隙配合，使具有较长的支承与导向。

推杆固定板孔的复钻与上述方法相同，只是在从支承板向推杆固定板复钻时所利用的定位零件不同，这里是用复位杆来定位的。

（3）利用模脚做推杆固定板支承的结构（见图 4-34）。在模具装配后，推杆固定板应能在模脚的内表面灵活滑动，同时使推杆在镶件的孔中往复平稳。复钻推杆孔的方法和上述方法相同。在装配模脚时，不可先钻攻、钻铰模脚上的螺钉孔和销钉孔，而必须在推杆固定板装好以后，通过支承板的孔对模脚复钻螺钉孔，然后将模脚用螺钉初步紧固，将推杆固定板进行滑动试验并调整模脚到理想位置以后再加以紧固，最后对动模板、支承板和模脚一起钻、铰销钉孔。

2．推板上的导柱、导套孔加工

加工方法按导柱形式不同而异。

（1）直通式导柱（见图 4-35（a））。导柱与导套的安装孔直径不一致。当推杆为非圆形时，加工方法如下。

① 将镶入型腔镶件 5 后的动模板 1、支承板 6、推杆固定板 7 叠合后（件 6、7 间用销

钉 2 定位），根据型腔镶件 5 的型孔修正支承板 6 和推杆固定板 7 上的成型推杆孔，使之与推杆呈间隙配合。

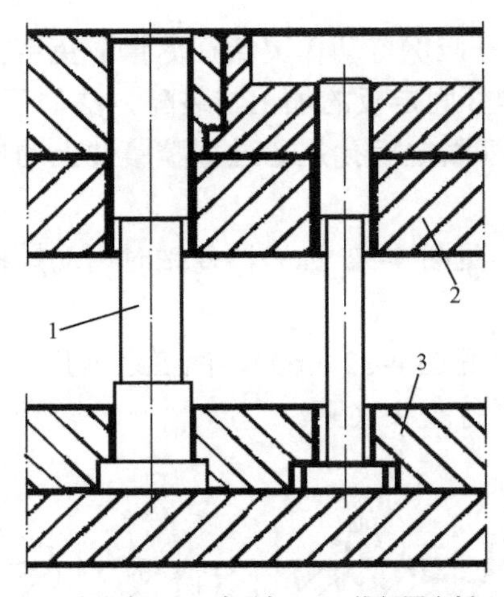

1—复位杆；2—支承杆；3—推杆固定板

图4-33　利用复位杆导向的推板结构

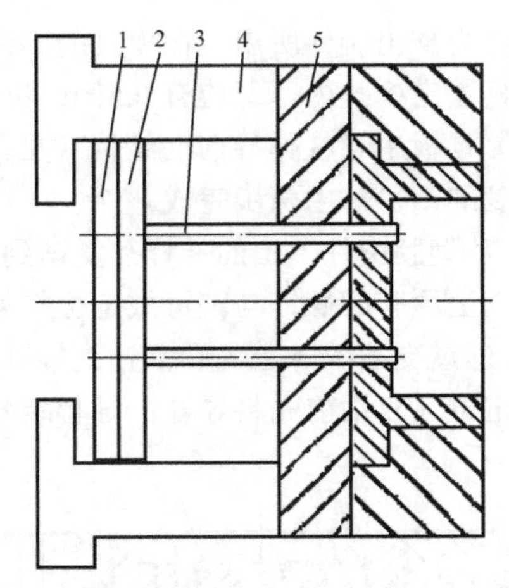

1—推板；2—推杆固定板；3—模脚；4—推杆；5—动模板

图4-34　以模脚做推杆固定板支承的结构

② 将推杆固定板和推板叠合后在一起镗制导套安装孔。

③ 将推杆 4 装入固定板，导套 9 装入固定板与推板后，将推杆固定板和支承板叠合并用销钉 2 定位，加工导柱安装孔。导柱直径在 12mm 以下者，可通过导套孔复钻后铰导柱孔。导柱直径较大者，在机床上按导套孔校正中心，然后卸下推杆固定板镗孔，每镗一孔需装卸一次。如用坐标镗床加工，则各板上的导柱与导套安装孔可分别按外形基准加工。

（2）台阶式导柱（见图 4-35（b））。导柱与导套的安装孔直径相同。当推杆为圆形时，其加工方法如下。

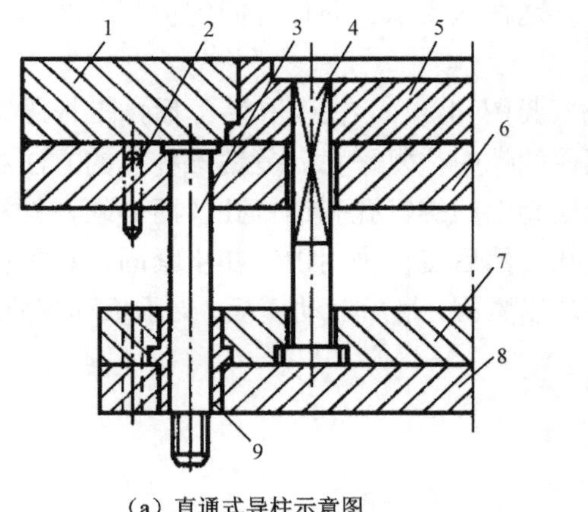

（a）直通式导柱示意图

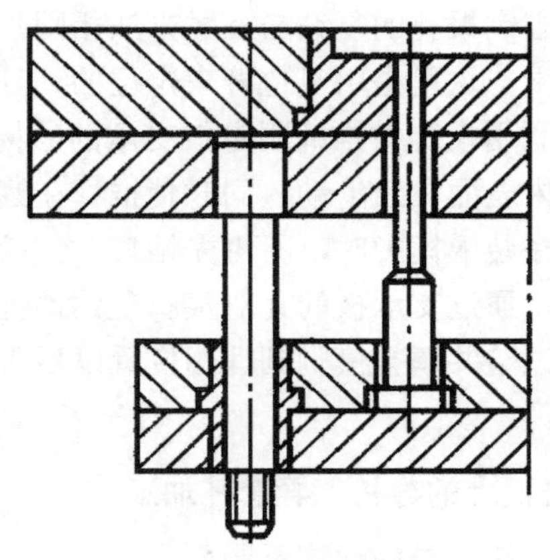
（b）台阶式导柱示意图

1—动模板；2—销钉；3—导柱；4—推杆；5—型腔镶件；6—支承板；7—推杆固定板；8—推板；9—导套

图4-35　推板的导向装置示意图

① 不采用坐标镗床时，可将推板、推杆固定板与支承板叠合在一起并用压板压紧，同时镗出导柱、导套安装孔。

② 导柱、导套装配后，从型腔镶件的推杆孔内复钻其他各板上的孔。

3. 推杆的装配与修整（见图 4-36）

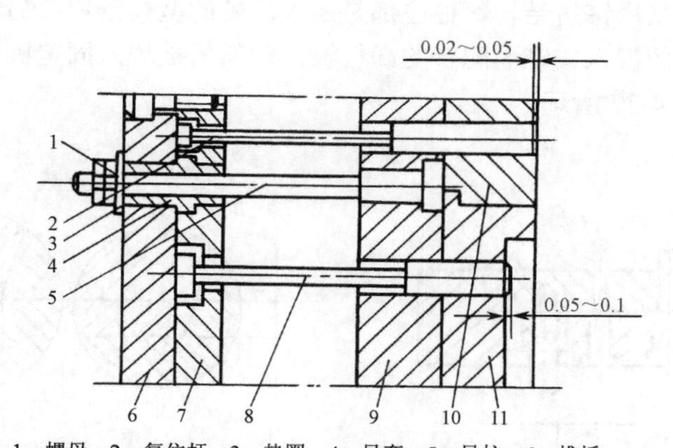

1—螺母；2—复位杆；3—垫圈；4—导套；5—导柱；6—推板；
7—推杆固定板；8—推杆；9—支承板；10—动模板；11—型腔镶件

图4-36　推杆的装配与修整

具体操作方法如下。

（1）将推杆孔入口处和推杆顶端倒出小圆角或斜度，推杆顶端也可倒角并留有修正量，在装配后修正顶端时可将倒角部分修整掉。

（2）推杆数量较多时，与推杆孔作选择配合。

（3）检查推杆尾部台肩厚度及推板固定板的沉孔深度，保证装配后有 0.05mm 的间隙。推杆尾部台肩太厚时，应修磨推杆尾部台肩厚度，使台阶厚度比推杆固定板沉孔深度小 0.05mm 左右。

（4）将装有导套 4 的推杆固定板 7 套在导柱 5 上，然后将推杆 8 和复位杆 2 穿入推杆固定板 7、支承板 9 和型腔镶件 11 的推杆孔，而后盖上推板 6，并用螺钉紧固。

（5）模具闭合后，推杆和复位杆的极限位置决定于导柱或模脚的台阶尺寸。因此，修磨推杆及复位杆顶端面之前，必须先将模脚的台阶尺寸修磨正确。推板复位至与垫圈 3 或模脚的下台阶接触时，若推杆顶端面低于型面，则应修磨导柱台阶或模脚的上平面；若推杆顶端面高于型面，则应修磨推板 6 的底面。

（6）修磨推杆和复位杆的顶端面。模具合模后，应使复位杆端面低于分型面 0.02～0.05mm。在推板复位至终点位置后，测量其中一根复位杆高出分型面的尺寸，确定其修磨量，其他几根复位杆修磨至统一尺寸。推杆端面应高出型面 0.05～0.1mm，修磨方法同上。各推杆端面不在同一平面上时，应分别确定修磨量。

（7）推杆、复位杆端面可以在平面磨床上进行修磨，工件可由三爪自定心卡盘装夹，也可以用专用工具夹持。

三、卸料板的装配

卸料板一般有两种：一种是产品相对较大的或是多型腔的整体卸料板，其大小与动模型腔板和支承板相同。这类卸料板的特点是推出制品时，其定位系四导柱定位即在推出制品的全过程中，始终不脱离导柱。因板件较大，加工较难，为了提高卸料板的使用寿命，与制品接触的成型面部分多采用镶拼结构，往往都是镶入淬硬的型孔镶块。另一种是产品较小，多用于小模具、单型腔的镶入式锥面配合的卸料板，卸料板被埋入固定板的沉坑中，所以称为埋入式卸料板，如图 4-37 所示。

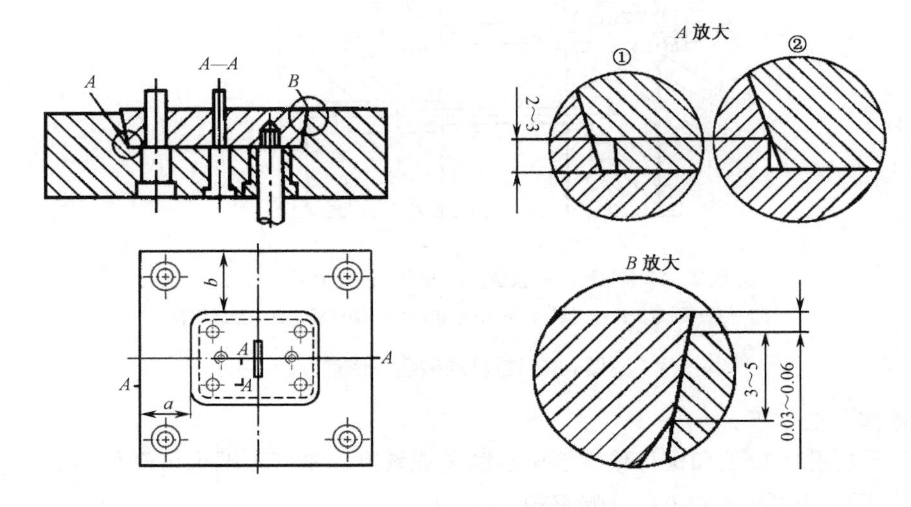

图4-37　埋入式卸料板的装配示意图

1．型孔镶块的装配

型孔镶块的镶入方式如下：对于圆形镶块，镶块与卸料板之间采用过盈配合的方式，装配时把镶块压入卸料板即可。对于非圆形镶块，将镶块和卸料板用铆钉或螺钉连接。装配过程中应注意以下几个方面。

（1）除了可以在热处理后进行精磨内外孔的圆环形镶块以外，其他形状的镶块在装配之前必须先修正型孔（与型芯的配合间隙），包括修正热处理后的变形量。

（2）镶块内孔表面应有较小的表面粗糙度值。与型芯间隙配合工作部分高度仅需保持 5～10mm，其余部分应制成 1°～3°斜度。由线切割或电火花加工的型孔，其斜度部分可直接在加工过程中得到，但如果间隙配合工作部分表面粗糙度值不够小时，应加以研磨。

（3）采用铆钉连接方式的卸料板装配，是将镶块装入卸料板型孔，再套到型芯上，然后从镶块上已钻的铆钉孔中对卸料板复钻。铆合后铆钉头在型面上不应留有痕迹，以防止使用时粘塑料。

（4）采用螺钉固定镶块时，调整镶块孔与型芯之间的间隙比较方便，只需将镶块装入卸料板，套上型芯并调整后用螺钉紧固即可。但也需注意镶块外形和卸料板之间的间隙不能修得过大，否则，也将产生粘料。

2. 埋入式卸料板的装配

（1）卸料板与固定板沉坑的加工与修整。埋入式卸料板是将卸料板埋入固定的沉坑，卸料板四周为斜面，与固定板沉坑的斜面接触高度保持在3～5mm即可，如图4-35所示，若全部接触，配合过于紧密反而使卸料板推出时困难。卸料板的底面应与沉坑底面保证接触，四周的斜面可存在0.01～0.03mm的间隙，卸料板的上平面应高出固定板0.03～0.06mm。

卸料板为圆形时，卸料板四周和固定板沉坑斜度均可由车床加工。卸料板为矩形时，四周斜度可由铣床或磨床加工，而固定板沉坑的斜度大多用锥度立铣刀加工。由于加工精度受到限制，因此，往往将卸料板外形加一定余量，在装配时予以修整以配合沉坑。

（2）卸料板的型孔加工。

① 对于小型模具，在卸料板外形与端面依据固定板沉坑修配完成后，根据卸料板的实际位置尺寸 *A*、*B* 对卸料板作型孔的划线与加工。固定板上的型芯固定孔则通过卸料板的型孔压印加工。因此，除了狭槽、复杂形式的型孔以外，固定板上的孔最好与卸料板型孔尺寸及形状一致，以便采用压印方法。当固定板上的孔与卸料板型孔的尺寸、形状不一致时，则应根据卸料板型孔与选定的基准 *M* 之间的实际尺寸，以及型芯的实际尺寸，计算固定板孔与基准的对应尺寸进行加工，如图4-38所示。

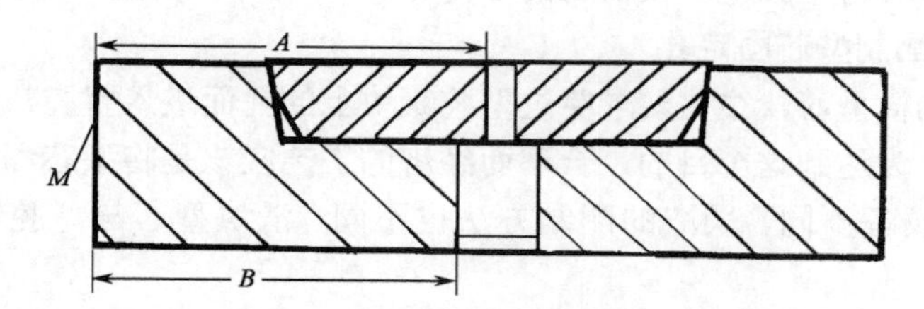

图4-38　固定板上的孔与卸料板型孔的尺寸、形状不一致

② 大型模具常采用将卸料板与固定板一同加工的方法。首先将修配好的卸料板用螺钉紧固于固定板沉坑内，然后以固定板外形为基准，直接镗出各孔。孔为非圆形时，则先镗出基准孔，然后在立式铣床上加工成型。

四、滑块抽芯机构的装配

滑块抽芯机构的装配步骤如下。

1）将型腔镶块压入动模板，并磨两平面至要求尺寸

滑块的安装是以型腔镶块的型面为基准的。而型腔镶块和动模板在零件加工时，各装配面均留有修配余量。因此，要确定滑块的位置，必须先将动模镶块装入动模板，并将上、下平面修磨正确。修磨时应保证型腔尺寸。如图4-39所示，修磨 *M* 面应保证尺寸 *A*。

2）将型腔镶块压出模板，精加工滑块槽

动模板上的滑块槽底面 *N* 决定于修磨后的 *M* 面（见图4-39）。在进行动模板零件加工时，滑块槽的底面与两侧面均留有修磨余量（滑块槽实际为T形槽，在零件加工时，T形槽未加工出来）。因此，在 *M* 面修磨正确后，将型腔镶块压出，根据滑块的实际尺寸配磨或精铣滑块槽。

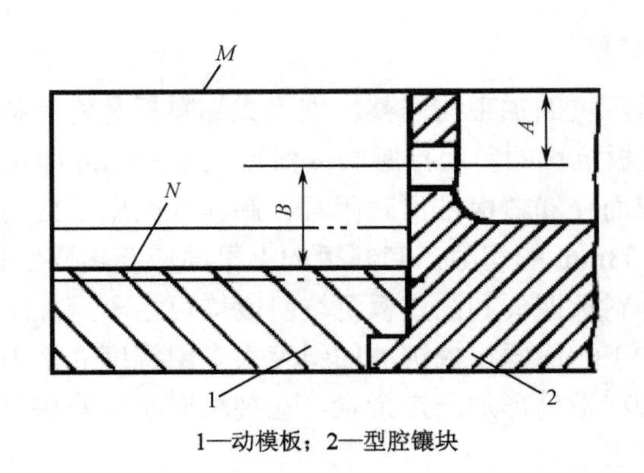

1—动模板；2—型腔镶块

图4-39 以型腔镶块为基准确定滑块槽位置示意图

3）铣 T 形槽

① 按滑块台肩的实际尺寸，精铣动模板上的 T 形槽。基本上铣到要求尺寸，最后由钳工修正。

② 如果在型腔镶块上也带有 T 形槽时，可将型腔镶块镶入后一起铣槽。也可将已铣好 T 形槽的型腔镶块镶入后再单独铣动模板上的 T 形槽。

4）型孔位置及配制型芯固定孔

固定于滑块上的横型芯，往往要求穿过型腔镶块上的孔而进入型腔，并要求型芯与孔配合正确且滑动灵活。为达到这个目的，合理而经济的工艺应该是将型芯和型孔相互配制。由于型芯形状与加工设备不同，采取的配制方法也不同，滑块型芯与型腔镶块孔的配制，见表 4-2。

表 4-2 滑块型芯与型腔镶块孔的配制

结构形式	结构简图	加工示意图	说明
圆形的滑块型芯穿过型腔镶块		a b (a) (b)	方法一（见图（a））： ① 测量出 a 与 b 的尺寸。 ② 在滑块的相应位置，按测量的实际尺寸，镗型芯安装孔。如孔尺寸较大，可先用镗刀镗 ϕ(6～10)mm 的孔，然后在车床上校正孔后车制。 方法二（见图（b））： 利用压印工具压印，在滑块上压出中心孔与一个圆形印，用车床加工型芯孔时可按照此圆校正
非圆形滑块型芯穿过型腔镶块			型腔镶块的型孔周围加修正余量。滑块与滑块槽正确配合以后，以滑块型芯对动模镶块的型孔进行压印，逐渐将型孔进行修正
滑块局部伸入型腔镶块	A向 A	a	先将滑块和型芯镶块的镶合部分修正到正确的配合，然后测量得出滑块槽在动模板上的位置尺寸，按此尺寸加工滑块槽

5）滑块型芯的装配

（1）型芯端面的修正方法。图 4-40 所示为滑块型芯与定模型芯接触的结构。由于零件加工中的积累误差，装配时往往需要修正滑块型芯端面。修磨的具体步骤如下。

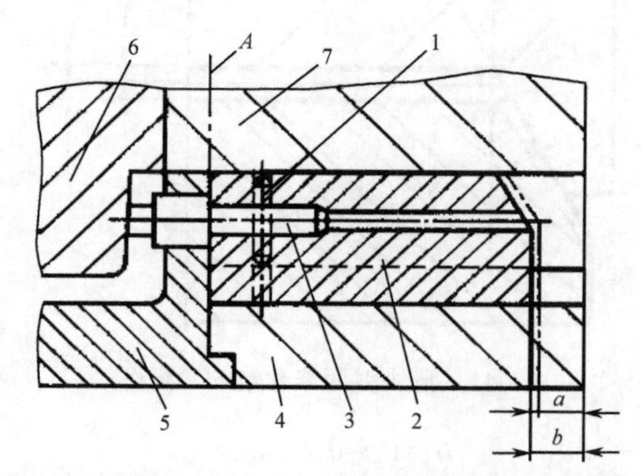

1—销钉；2—滑块；3—滑块型芯；4—动模板；5—型腔镶块；6—定模型芯；7—定模板

图4-40　滑块型芯与定模型芯接触的结构示意图

① 将滑块型芯顶端面磨成与定模型芯相应部位形状一致。

② 将未装型芯的滑块推入滑块槽，使滑块的前端面与型腔镶块的 A 面相接触，然后测量出尺寸 b。

③ 将型芯装到滑块上并推入滑块槽，使滑块型芯的顶端面与定模型芯相接触，然后测量出尺寸 a。

④ 由测得的尺寸 a、b，可得出滑块型芯顶端面的修磨量。但从装配要求来讲，滑块前端面与型腔镶块 A 面之间应留有 0.05～0.10mm 的间隙，因此，实际修磨量Δ应为

$$\Delta = b - a - (0.05\sim0.10)\text{mm}$$

（2）滑块型芯修磨正确后用销钉定位。

五、楔紧块的装配

滑块型芯和定模型芯修配密合后，便可确定楔紧块的位置。楔紧块装配的技术要求如下。

（1）楔紧块斜面和滑块斜面必须均匀接触。由于在零件加工和装配中有误差存在，因此，在装配时需加以修正。一般以修正滑块斜面较为方便，修正后用红粉检查接触面是否均匀接触。检查标准是要求 80%的斜面印有红粉，且分布均匀。

（2）模具闭合后，保证楔紧块和滑块之间具有锁紧力。其方法就是在装配过程中使楔紧块和滑块的斜面接触后，分型面之间留有 0.2mm 的间隙。此间隙可用塞尺检查。

（3）在模具使用过程中，楔紧块应保证在受力状态下不向闭模方向松动，也就是需要使楔紧块的后端面与定模在同一平面上。

根据上述装配要求和楔紧块的形式，楔紧块的装配方法见表 4-3。

如图 4-41 所示，滑块斜面修磨量的计算方法为：

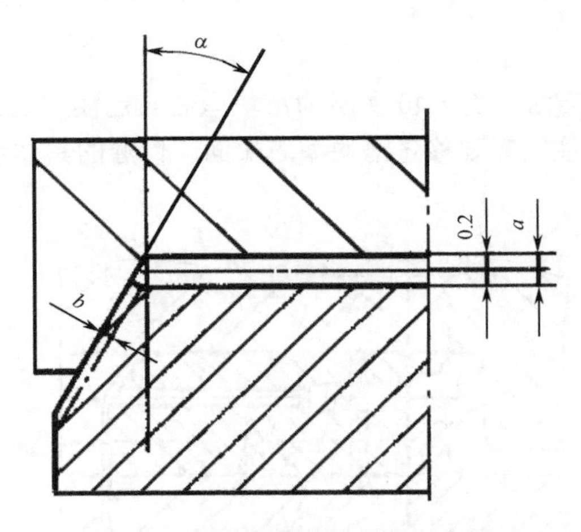

图4-41　滑块斜面修磨量的示意图

$$b = (a - 0.2)\sin\alpha$$

式中，b 为滑块斜面修磨量；a 为闭模后测得的实际间隙；α 为楔紧块斜度。

表 4-3　楔紧块的装配方法

楔紧块形式	简图	装配方法
螺钉、销钉固定式		① 用螺钉紧固楔紧块。 ② 修磨滑块斜面，使其与楔紧块斜面密合。 ③ 通过楔紧块，对定模板复钻、铰销钉孔，然后装入销钉。 ④ 将楔紧块后端面与定模板一起磨平
镶入式		① 钳工修配定模板上的楔紧块固定孔，并装入楔紧块。 ② 修磨滑块斜面。 ③ 紧楔块后端面与定模板一起磨平
整体式		① 修磨滑块斜面（带镶片式的可先装好镶片，然后修磨滑块斜面）。 ② 修磨滑块，使滑块与定模板之间留有 0.2mm 间隙。两侧均有滑块时，可分别逐个予以修正
整体镶片式		

六、镗斜导柱孔

斜导柱抽芯机构如图 4-42 所示。

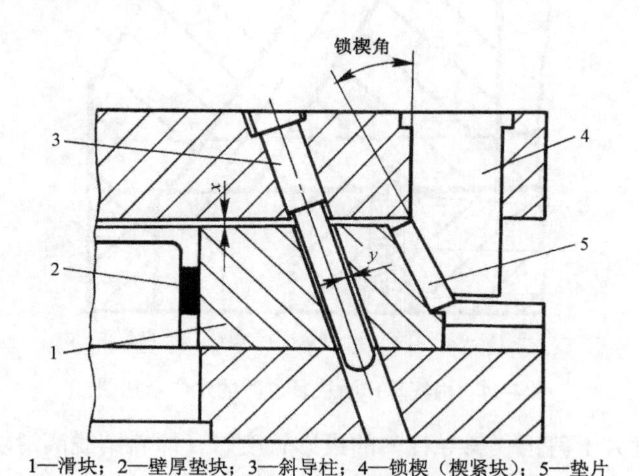

1—滑块；2—壁厚垫块；3—斜导柱；4—锁楔（楔紧块）；5—垫片

图4-42　斜导柱抽芯机构

镗斜导柱孔是在将定模板、滑块和动模板组合的情况下进行的。此时，楔紧块对滑块具有锁紧作用，分型面之间留有 x=0.2mm 的间隙（用 0.2mm 厚的金属片垫实）。在卧式镗床或立式铣床上镗斜导柱孔。

松开模具，安装斜导柱，安装前应把滑块上的导柱孔口修正为圆环状。

七、滑块的复位定位

要保证开模后滑块复位至正确位置，在装配时，必须对滑块的复位定位进行正确的安装与调整。常用的滑块复位定位方式有两种：用定位板作滑块复位定位和用滚珠作滑块复位定位。

（1）用定位板作滑块复位时的定位（见图 4-43）。滑块复位的正确位置可由修正定位板平面得到。复位后滑块后端面一般设计成与动模板外形在同一平面内，由于加工中的误差而形成高低不平时，则可将定位板修磨成台肩形。

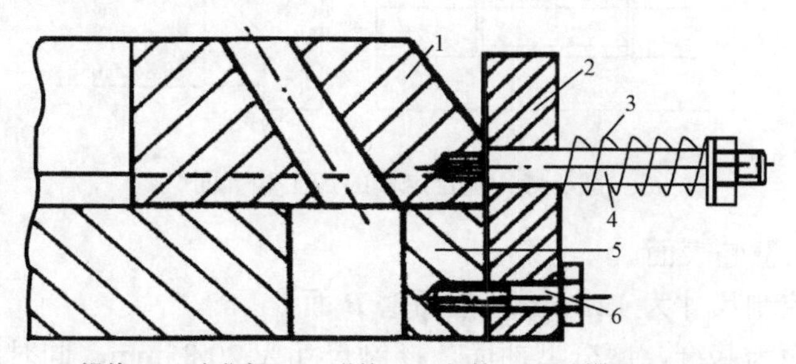

1—滑块；2—定位板；3—弹簧；4—螺栓；5—动模板；6—螺钉

图4-43　用定位板作滑块复位定位时的示意图

（2）用滚珠作滑块复位时的定位（见图 4-44）。滑块复位用滚珠定位时，在装配时需要在滑块上正确钻锥坑。

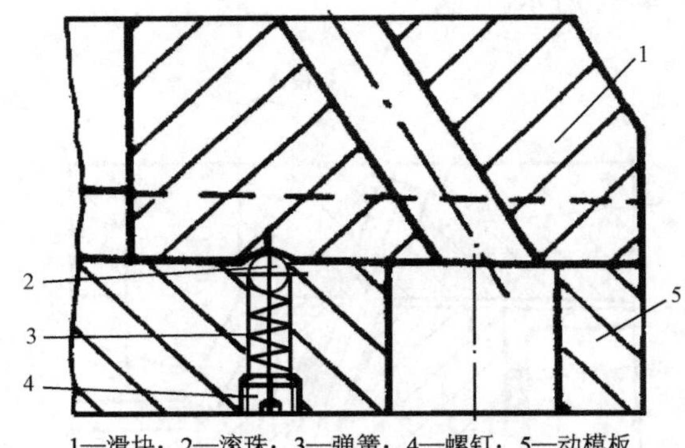

1—滑块；2—滚珠；3—弹簧；4—螺钉；5—动模板

图4-44　用滚珠作滑块复位时的定位示意图

当模具导柱长度大于斜销（斜导柱）的投影长度时（即斜销脱离滑块时，模具导柱、导套尚未脱离），只需在开模至斜销脱出滑块时在动模板上划线，以划出滑块在滑块槽内的位置，然后用平行夹头将滑块和动模板夹紧，从动模板上已加工的弹簧孔中复钻滑块锥坑。

当模具导柱较短时，在斜销脱离滑块前，模具导柱与导套已经脱离，则不能用上面方法确定滑块位置。此时，必须将模具安装在注射机上进行开模以确定滑块位置，或将模具安装在特制的校模机上进行开模以确定滑块位置。

任务完成

通过上面的学习，现在我们来完成图 4-25 所示热塑性塑料注射模的装配任务。

1．确定定模 17 的加工基准面（见图 4-45）

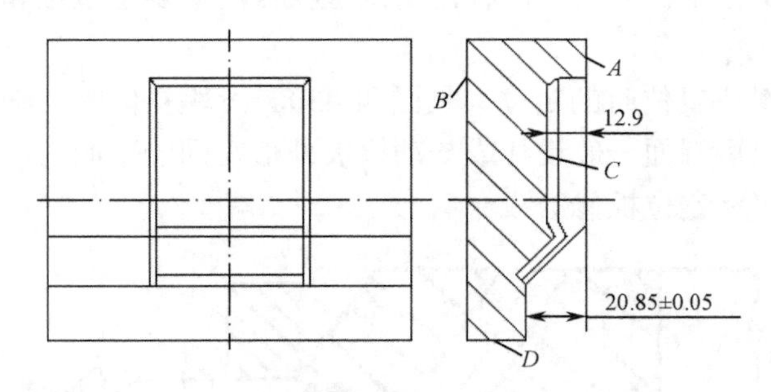

图4-45　确定定模的加工基准面

（1）用油石修光型腔表面。

（2）磨 *A* 面，控制尺寸为 12.9mm，然后磨 *B* 面。

（3）以型腔 *C* 面为基准，磨分型曲面，控制尺寸为 20.85mm，同时磨出外形基准面 *D*。

2．修正卸料板 18 的分型面

（1）检查定模与卸料板之间的密合情况（用红粉检查）。

（2）圆角和尖角相碰处，用油石修配密合。型面不妥贴处，研磨修整。

3．同镗导柱、导套孔

（1）将定模 17、卸料板 18 和支承板 6 套合在一起，使分型曲面紧密接触，然后压紧，镗制两孔ϕ26mm。

（2）锪导柱、导套孔的台肩。

4．加工定模与卸料板外形（见图 4-46）

（1）将定模 17 与卸料板 18 叠合在一起，压入工艺定位销。

（2）以 D 面为基准，用插床精加工四周（保持垂直度）。

5．镗线切割用穿线孔及型芯孔（见图 4-47）

（1）按精插后的外形求得型腔实际中心尺寸 L 与 L_1。

（2）按 l_1 划线，铣平台尺寸为ϕ12mm（镗孔用）；按 l_1 与 l_2 划线，铣矩形孔的台肩尺寸为 57.5mm 和 30mm。

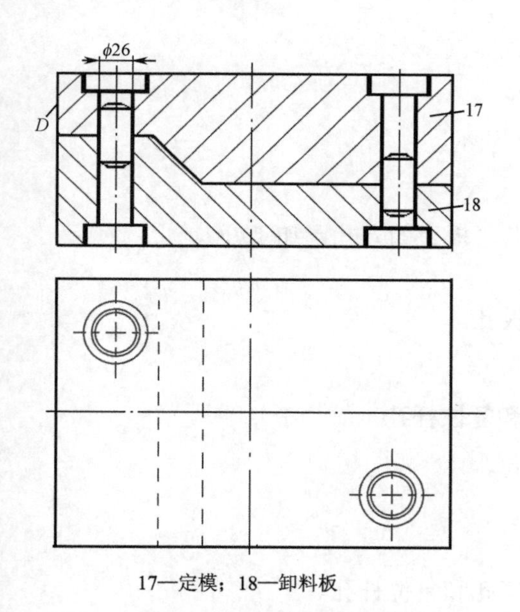

17—定模；18—卸料板

图4-46　定模与卸料板叠合加工示意图

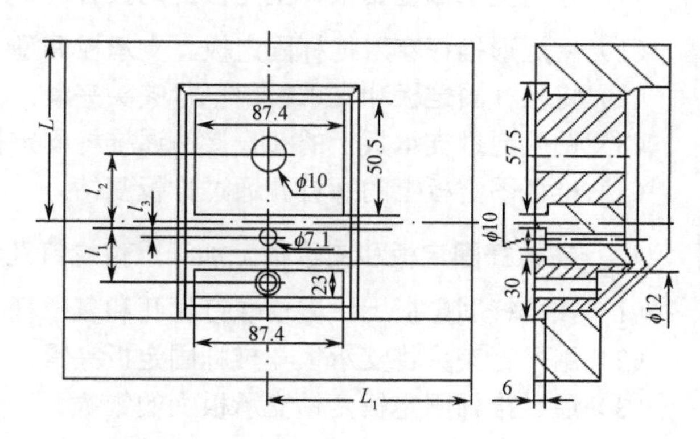

图4-47　镗线切割用穿线孔及型芯孔

（3）按 l_1、l_2、l_3 划线位置，镗两个ϕ10mm 的穿线孔和ϕ7.1mm 的型芯孔。

（4）锪台肩尺寸为ϕ10mm×6mm。

6．以ϕ10mm 的两孔为基准，线切割矩形孔为 50.5mm×84.7mm 和 23mm×84.7mm

7．线切割卸料板型孔

（1）按定模的实际中心 L 与 L_1 尺寸镗线切割用穿线孔ϕ10mm。

（2）以穿线孔和外形为基准，线切割型孔。

8．在定模、卸料板和支承板上分别压入导柱、导套

（1）清除孔和导柱、导套的毛刺。

（2）检查导柱、导套的台肩，其厚度大于沉坑者应修磨。

（3）将导柱、导套分别压入各板。

9．型芯 9 与卸料板 18 及支承板 6 的装配

（1）钳工修光卸料板型孔，并与型芯作配合检查，要求滑动灵活。

（2）支承板和卸料板叠合在一起，将型芯的螺钉孔口部涂抹红粉，然后放入卸料板型孔内，在支承板上复印出螺钉通孔的位置。

（3）移去卸料板与型芯，在支承板上钻螺钉通孔并锪沉坑。

（4）将销套压入型芯，拉杆装入型芯。

（5）将卸料板、型芯和支承板装合在一起，调整到正确位置后，用螺钉紧固。

（6）按划线一同钻、铰支承板与型芯的销钉孔。

（7）压入销钉。

10．通过型芯复钻支承板上的推杆孔

（1）在支承板上复钻出锥坑。

（2）拆下型芯，调换钻头，钻出要求尺寸的孔。

11．通过支承板复钻推杆固定板上的推杆孔

（1）将矩形推杆穿入推杆固定板、支承板和型芯（板上的方孔已加工好）。

（2）将推杆固定板和支承板用平行夹头夹紧。

（3）钻头通过支承板上的孔直接钻通推杆固定板孔。

（4）推杆固定板上的螺钉孔通过推板复钻。

12．在推杆固定板和支承板上加工限位螺钉孔和复位杆孔

（1）在推杆固定板上钻限位螺钉通孔和复位杆孔。

（2）用平行夹头将支承板与推杆固定板夹紧。

（3）通过推杆固定板复钻支承板上的锥坑。

（4）拆下推杆固定板，在支承板上钻攻限位螺钉孔和复位杆孔。

13．模脚与支承板的装配

（1）在模脚上钻螺钉通孔和锪沉坑；钻销钉孔（留铰孔余量）。

（2）使模脚与推板外形接触，然后将模脚与支承板用平行夹头夹紧。

（3）钻头通过模脚孔向支承板复钻锥坑（销钉孔可直接钻出并铰孔）。

（4）拆下模脚，在支承板上钻攻螺钉孔。

14．定模镶块 11、16 与定模 17 的装配

（1）将定模镶块 16、型芯 15 装入定模，测量镶块和型芯凸出型面的实际尺寸。

（2）按型芯 9 的高度和定模深度的实际尺寸，将定模镶块和型芯退出定模，单独进行磨

削。然后再装入定模，并检查与定模和卸料板是否同时接触。

（3）将型芯 12 装入定模镶块 11，用销钉定位。以定模镶块的外形和斜面作基准，预磨型芯的斜面。

（4）将上项的型芯、定模镶块装入定模，然后将定模和卸料板合模，并测量分型面的间隙尺寸。

（5）将定模镶块 11 退出，按上项测量出的间隙尺寸精磨型芯 12 的斜面到要求尺寸。

（6）将定模镶块 11 装入定模，一起磨平装配面。

15．在定模座板 14 上钻、锪螺钉通孔和导柱孔，钻两销钉孔（留铰孔余量）

16．将浇口套压入定模座板（见图 4-48）

（1）清除定模座板浇口套孔中的毛刺。

（2）检查台肩面到两平面的尺寸是否符合装配要求。

（3）用压力机将浇口套压入定模座板并磨平 *A* 面。

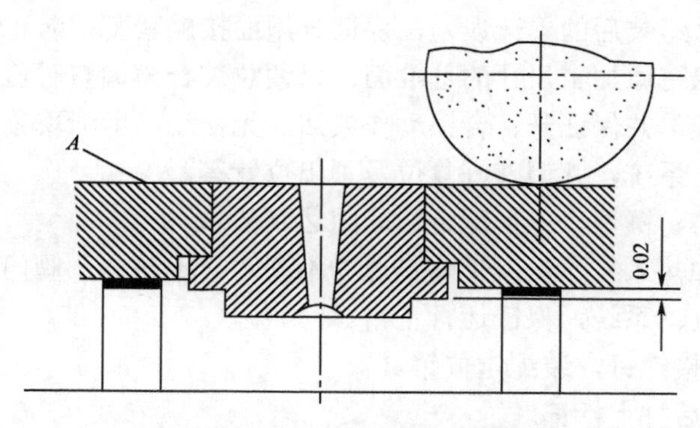

图4-48　浇口套和定模座板的装配

17．定模和定模座板的装配

（1）将定模和定模座板用平行夹头夹紧（浇口套上的浇道孔和镶块上的浇道孔必须调整到同心）。通过定模座板孔复钻定模上的螺钉孔和销钉孔（螺钉孔复钻锥坑，销钉孔可直接钻到要求深度后铰孔）。

（2）将定模和定模座板拆开，在定模上钻攻螺钉孔。

（3）敲入销钉，紧固螺钉。

18．修正推杆和复位杆的长度

（1）将动模部分全部装配，使模脚底面和推板紧贴于平板。自型芯表面和支承板表面测量出推杆和复位杆凸出的尺寸。

（2）将推杆和复位杆拆下，按上项测得的凸出尺寸修磨顶端，要求推杆凸出型芯平面 0.2mm，复位杆与支承板平面齐平。

装配完后进行试模，合格后打标记并交验入库。

工艺技巧

（1）装配后模具安装平面的平行度误差不大于0.05mm。

（2）模具闭合后分型面应均匀密合。

（3）导柱、导套滑动灵活，推件时推杆和卸料极动作必须保持同步。

（4）合模后，动模部分和定模部分的型芯必须紧密接触。

知识链接　塑料模常规装配程序

随着塑料制品在各个领域的广泛使用，塑料模具的应用已相当广泛。塑料模的装配主要是采用修配装配法。当然，随着零件加工技术的进步和零件加工精度的提高，直接装配方法的应用也有所增加。不管采用何种装配方法，装配的工艺过程大致是相同的。塑料模的常规装配程序如下。

（1）确定装配基准。

（2）装配前要对零件检测，零件合格后去磁和清洗。

（3）调整修磨零件组装后的累计误差，保证分型面接触紧密，防止飞边产生。

（4）装配中尽量保持原加工尺寸的基准面，以便总装合模调整时检查。

（5）组装导向系统，并保证开、合模动作灵活，无松动、卡滞现象。

（6）组装修整顶出系统，并调整好复位及顶出位置等。

（7）组装修整型芯、镶件，保证配合面间隙达到要求。

（8）组装冷却和加热系统，保证管路畅通、不漏水、不漏电、阀门动作灵活。

（9）组装液压、气动系统，保证运行正常。

（10）紧固所有连接螺钉，装配定位销。

（11）试模，合格后打上标记。

（12）最后检查模具的各种配件、附件及起重吊环等零件，保证模具装备齐全。

附录

操作考核评分项目与标准（见表4-4）

表4-4　操作考核评分项目及标准

序号	考核项目	考核要求	配分	评分标准
1	装配前的准备	模具结构图的识图，选择合理的装配方法和装配顺序，准备好必要的标准件，如螺钉、销钉及装配用的辅助工具等	5	具备模具结构知识及识图能力
2	确定定模17的加工基准面	磨*A*面控制尺寸为12.9mm，然后磨*B*面，以型腔*C*面为基准，磨分型曲面，控制尺寸为20.85mm，同时磨出外形基准面*D*	10	保证尺寸为12.9mm和20.85mm
3	修正卸料板18的分型面	检查定模与卸料板之间的密合情况（用红粉检查）	5	圆角和尖角相碰处，用油石修配密合，型面不妥贴处，研磨修正

续表

序号	考核项目	考核要求	配分	评分标准
4	同镗导柱、导套孔	镗制两孔 ϕ26mm，锪导柱、导套孔的台肩	5	操作熟练、目的明确、保证精度、保证安全
5	加工定模与卸料板外形	将定模与卸料板叠合在一起，压入工艺定位销，以 D 面为基准，用插床精加工四周（保持垂直度）	5	操作熟练、目的明确、保证精度、保证安全
6	镗线切割用穿线孔及型芯孔	镗两个穿线孔 ϕ10mm 和型芯孔 ϕ7.1mm，锪台肩尺寸为 ϕ10mm×6mm	5	操作熟练、目的明确、保证精度、保证安全
7	线切割距形孔	以两孔 ϕ10mm 为基准，线切割矩形孔为 50.5mm×87.4mm 和 23mm×87.4mm	10	保证位置精度和尺寸精度
8	线切割卸料板型孔	以穿线孔和外形为基准，线切割型孔	5	保证位置精度和尺寸精度
9	在定模、卸料板和支承板上分别压入导柱、导套	去毛刺后，将导柱、导套分别压入各板	5	操作熟练、目的明确、保证精度、保证安全
10	型芯 9 与卸料板 18 及支承板 6 的装配	将卸料板、型芯和支承板装合在一起，调整到正确位置后，用螺钉紧固	5	操作熟练、目的明确、保证精度、保证安全
11	通过型芯复钻支承板上的推杆孔	在支承板上复钻出锥坑。拆下型芯，调换钻头，钻出要求尺寸的孔	5	操作熟练、目的明确、保证精度、保证安全
12	通过支承板复钻推杆固定板上的推杆孔	钻头通过支承板上的孔，直接钻通推杆固定板孔。推杆固定板上的螺钉孔，通过推板复钻	5	操作熟练、目的明确、保证精度、保证安全
13	在推杆固定板和支承板上加工限位螺钉孔和复位杆孔	在推杆固定板上钻限位螺钉通孔和复位杆孔，在支承板上钻攻螺钉孔和钻通复位杆孔	5	操作熟练、目的明确、保证精度、保证安全
14	模脚与支承板的装配	在模脚上钻螺钉通孔和锪沉坑；钻销钉孔（留铰孔余量），在支承板上钻攻螺钉孔	5	操作熟练、目的明确、保证精度、保证安全
15	定模镶块 11、16 与定模 17 的装配	镶块与定模的装配，最后一起磨平装配面	5	操作熟练、目的明确、保证精度、保证安全
16	将浇口套压入定模座板	用压力机将浇口套压入定模座板，将浇口套面和定模座板 A 面一起磨平	5	操作熟练、目的明确、保证精度、保证安全
17	定模和定模座板的装配	在定模上钻攻螺钉孔，敲入销钉，紧固螺钉	5	操作熟练、目的明确、保证精度、保证安全
18	修正推杆和复位杆的长度	修正到推杆凸出型芯平面 0.2mm；复位杆与支承板平面平齐	5	推杆凸出型芯平面 0.2mm 正确

习　题

一、填空题

1．在配作导柱、导套安装孔时，模板的定位一般是这样的，对于 180mm×180mm 以内的小模具，用（　　）销钉定位；600mm×600mm 以内的中等模具用（　　）的定位销定位；600mm 以上的大模具则需要（　　）的销钉定位。

2．在模具装配时，模具合模后，应使复位杆端面低于分型面（　　）mm。推杆端面应高出型面（　　）mm。

3．在卸料板的装配过程中，卸料板的底面应与沉坑底面保证接触，四周的斜面可存在0.01～0.03mm的间隙，卸料板的上平面应高出固定板（　　）mm。

4．常用的滑块复位定位方式有两种：用（　　）作滑块复位定位和用（　　）作滑块复位定位。

5．模具装配后，模具安装平面的平行度误差应不大于（　　）mm。

二、问答题

1．在滑块型芯的装配过程中，滑块型芯端面的修磨量是如何确定的？

2．楔紧块的装配有什么技术要求？

3．在滑块的装配过程中，如何确定滑块斜面的修磨量？

模块五　塑料模的安装、调试与验收

应知：1．注射机的类型、组成及主要参数
2．注射机的选用
3．注射机工艺参数的校核
4．注射模具安装前的准备工作、安装程序及卸模步骤

应会：1．掌握注射机的操作要点、注射模具的安装步骤及初步调整
2．掌握模具调试中出现问题的解决办法
3．掌握模具验收的基本内容
4．掌握卸模步骤和模具维护等技能

本模块的学习方法和适用学生层次

本模块是模具的安装、调试、验收和维护保养方面的知识，学习方法是理论联系实际，应加强实践操作训练，提高操作技能。

任务一、任务二：中专、中技

任务三：高技、大专

知识链接：技师

本模块的结构内容

塑料模的安装｛模具安装前的准备工作、注射机的操作准则、注射机的结构与类型、注射成型机的基本动作原理｝

塑料模的调试｛注射机的基本参数、注射机性能的调整、注射机工艺参数的校核、注射机的选用原则、模具使用时应注意的事项、试模的目的、注射模调试前的检查、试模前的准备工作、注射模的试模与调整过程｝

塑料模的维护、修理与检验｛检修原则和步骤、临时修理、维护与保养、修理、保管、检验与验收｝

术语解释

1）注射成型

注射成型称为注塑，是使热塑性或热固性塑料先在加热机筒中均匀塑化，而后由螺杆或

柱塞推挤到闭合模具中成型的一种方法。

2）注塑机

注塑机又称注射机，是一种专用的塑料成型机械，主要由注射系统、合模系统、液压控制系统和电器控制系统四个部分组成。它是利用塑料的热塑性，把塑料加热融化后，以一定的压力使其快速流入模腔，经一段时间的保压和冷却，使之成为各种形状的塑料制品。

任务一　塑料模的安装

任务描述

本任务主要介绍塑料模在卧式注射机上的安装。塑料模在装配以后，为了保证模具质量，必须把模具安装在注射机上进行调试，所以，调试前塑料模的正确安装是一项重要的工作，它直接关系到产品质量。

学习目标

通过本任务的学习，熟悉模具的安装方法和步骤及模具安装注意事项和操作规程，并了解注射机的常用种类及特征，掌握塑料模安装前的准备工作、安装程序及卸模步骤。

任务分析

塑料模在装配以后，为了保证模具质量，必须把模具安装在注射机上进行调试。塑料模的安装有三个方面的要求：一是对注射机的要求。根据模具的要求选择注射机，包括注射机的注射量、锁模力、顶出行程、锁模行程、塑化能力等各种技术参数是否满足模具的要求。二是对塑料模的要求，包括模具的结构是否复杂，模具各零件是否符合图样要求和技术要求，有无抽芯结构，抽芯方式及所用原料品种等。三是对塑料模的安装和调试要求，包括模具安装前的准备工作，如设备检查、模具检查等。塑料模的安装包括塑料模动、定模的安装定位，一般是通过自身结构与注射机配合。动模的安装定位需要依靠已经固定连接的定模部分，并通过模具动、定模导向装置来进行安装定位，模具动、定模部分的连接紧固一般是通过螺钉、压板、垫块来实现的。模具的吊装方法一般可分为整体吊装和分体吊装，它们的共同点在于吊装过程中总是首先对定模进行安装定位，然后对动模进行初定位，再对动模进行准确定位。同时，在安装过程中还应对锁模机构、推杆顶出距离、喷嘴与浇口套相对位置、冷却水路及加热系统等作相应调整，最终保证空车运转时，各个部位运转正常并保证安全。其中，锁模机构应调整到分型面位置不会出现制件的严重溢边并保证型腔的适当排气。

任务完成

基本知识

一、模具安装前的准备工作

① 熟悉有关工艺文件资料。根据图样，弄清模具的结构、特性及其工作原理，熟悉有关工艺文件及所用注射机的主要技术规格。

② 检查模具。检查模具成型零件、浇注系统的表面粗糙度及有无伤痕和塌陷，检查各运动零件的配合、起止位置是否正确，运动是否灵活。

③ 检查安全条件。检查核对模具的闭合高度是否适合脱模距离，安装槽（或孔）的位置是否合理并与注射机是否相适应。

④ 检查设备。检查设备的油路、水路及电气设备是否能正常工作；将注射机的操作开关调到点动或手动位置上，将液压系统的压力调到低压；把所有行程开关调整到要求的位置，使动模板运行畅通；调整动模板与定模板的距离使其在闭合状态下大于模具的闭合高度 1～2mm。

⑤ 检查吊装设备。检查吊装模具的设备是否安全可靠，工作范围是否满足要求。

二、注射机的操作准则

（1）环境方面。

① 保持注射机及四周环境清洁，地面上无水、无油污。

② 注射机四周道路应保持畅通无阻。

③ 熔胶筒周围无杂物，如胶粒等，以免发生火灾。

（2）操作之前，检查手动、半自动、全自动操作等各个动作是否正常，紧急按钮是否有效。

（3）机器运转操作期间，当进行各个动作操作时，不能用手触摸机械运动部分，以免伤手。试机注射时，尽量离开机台一定的距离，以免被注射时的飞逸物伤及身体。

（4）操作时要关好安全门，不要乱按各行程开关和安全开关。

（5）生产完毕后，要把锁模部分、射台部位调整到相应的位置。清理机台上的杂物，进行保养。

三、注射机的结构与分类

1．注射机的结构（见图 5-1）

一台通用型注射机主要包括注射系统、合模系统、液压控制系统和电气控制系统四个部分。

1）注射系统

注射系统包括料斗、料筒、加热器、计量装置、螺杆（注塞式注射机为柱塞和分流梭）及其驱动装置、喷嘴等。作用是加热熔融塑料，使其达到黏流状态；施加高压，使其射入模具型腔。

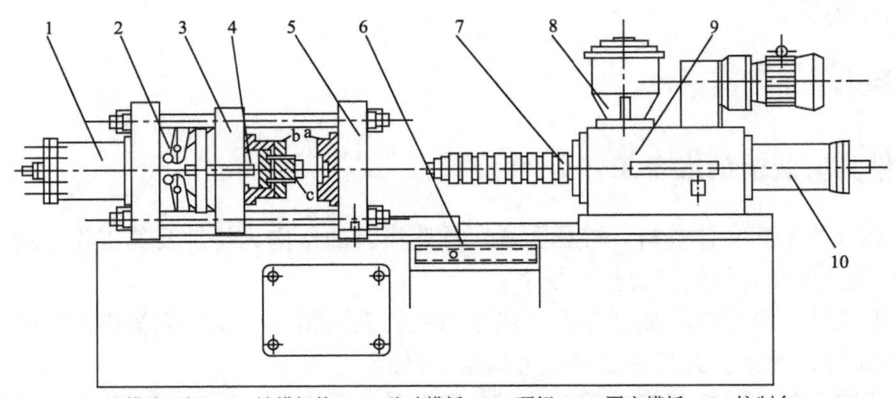

1—合模液压缸；2—锁模机构；3—移动模板；4—顶杆；5—固定模板；6—控制台；
7—料筒及加热器；8—料斗；9—定量供料装置；10—注射缸

图5-1　卧式注射机的结构示意图

2）合模系统

合模系统主要由前后固定模板、移动模板、拉杆、合模油缸、连杆机构、调模机构及制品推出机构等组成。作用是实现模具的闭合、锁紧、开启和顶出制品。

3）液压传动和电气控制系统

保证注射成型按照预定的工艺要求（压力、速度、时间、温度）和程序准确运行。液压传动系统是注射机的动力系统，电气控制系统则是控制系统。

2．注射机的分类

（1）注射机按外形结构特征分为卧式注射机、立式注射机、直角式注射机及多模转盘式注射机等几大类。

① 卧式注射机（见图 5-2）。其注射装置与合模装置轴线呈一线，与水平方向平行，模具是沿水平方向打开的。这是最常见的类型。

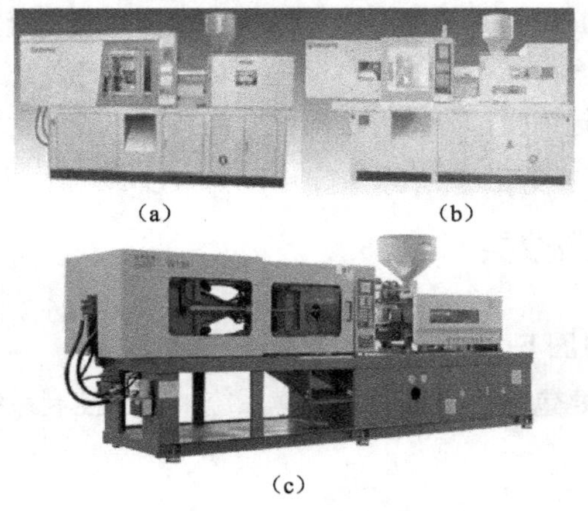

图5-2　卧式注射机

卧式注塑机的特点：机身矮，易于操作和维修；机器重心低，安装较平稳；制品顶出后可利用重力作用自动落下，易于实现全自动操作。目前，市场上的注塑机多采用此种形式。

② 立式注射机（见图 5-3）。其注射装置与合模装置的轴线呈一线且与水平方向垂直排列，模具是沿垂直方向打开的。

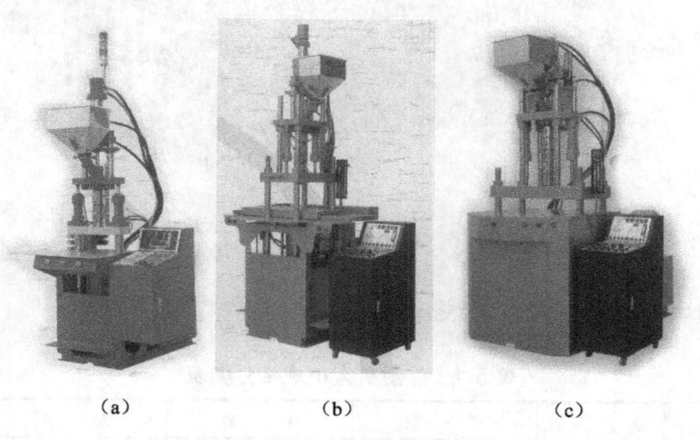

（a）　（b）　（c）

图5-3　立式注射机

其占地面积较小，容易安放嵌件，装卸模具较方便，自料斗落入的物料能较均匀地进行塑化。但制品顶出后不易自动落下，必须用手取下，不易实现自动操作。立式注塑机宜用于小型注塑机，一般是在 60g 以下的注塑机采用较多，大、中型机不宜采用。

③ 直角式注射机也称角式注射机（见图 5-4）。其注射装置与合模装置的轴线相互垂直排列，它的特性介于立式注射机和卧式注射机之间。

（a）　（b）

图5-4　直角式注射机

由于直角式注射机注射时，熔料是从模具侧面进入模腔的，因而特别适用于中心不允许留有浇口痕迹的塑料制件。直角式注射机占地面积比卧式注塑机小，但放入模具内的嵌件容易倾斜落下。这种形式的注塑机宜用于小型机。

④ 多模转盘式注射机（见图 5-5）。它是一种多工位操作的特殊注塑机，其特点是合模装置采用了转盘式结构，模具围绕转轴转动。这种型式的注塑机充分发挥了注射装置的塑化能力，可以缩短生产周期，提高机器的生产能力，因而特别适合冷却定型时间长或因安放嵌件而需要较多辅助时间的大批量塑制品的生产，但因合模系统庞大、复杂，合模装置的合模

力往往较小，故这种注塑机在塑胶鞋底等制品生产中应用较多。

图5-5 多模转盘式注射机

（2）按注射机大小规格分类（见表 5-1）。

表 5-1 注射机大小规格分类表

类　型	微　型	小　型	中　型	大　型	超 大 型
锁模力（kN）	<160	160～2000	2000～4000	5000～12500	>16000
理论注射量（cm³）	<16	16～630	800～3150	4000～10000	>16000

（3）按注射装置的结构形式可分为柱塞式注射机（见图 5-6）、螺杆式注射机（见图 5-7）和螺杆塑化柱塞式注射机（见图 5-8）。

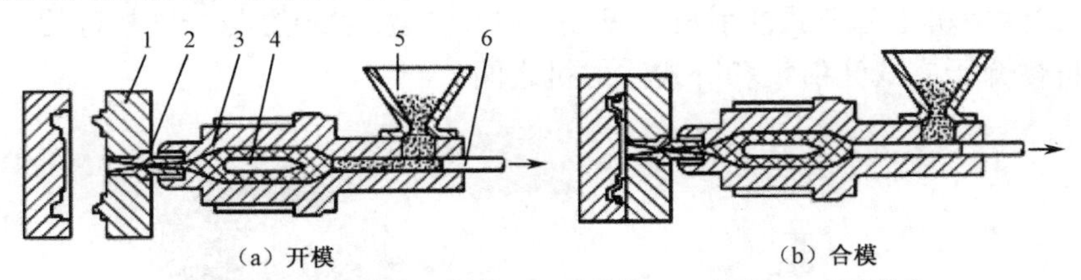

（a）开模　　（b）合模

1—注射模；2—喷嘴；3—料筒；4—分流梭；5—料斗；6—注射柱塞

图5-6 柱塞式注射机的成型原理图

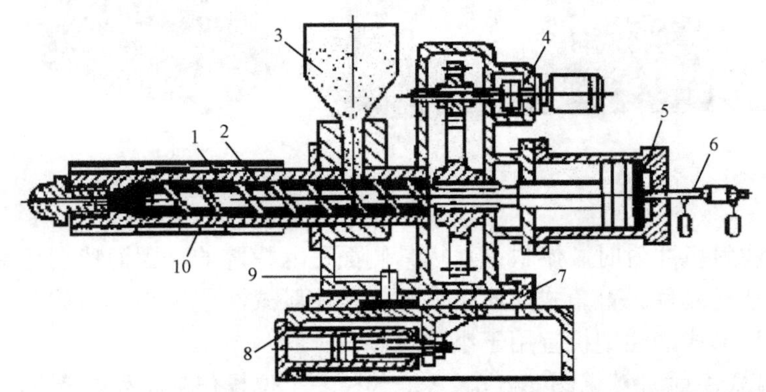

1—料筒；2—螺杆；3—料斗；4—螺杆传动装置；5—注射液压缸；6—计量装置；
7—注射座；8—注射座移动液压缸；9—转轴；10—加热器

图5-7 螺杆式注射机的原理图

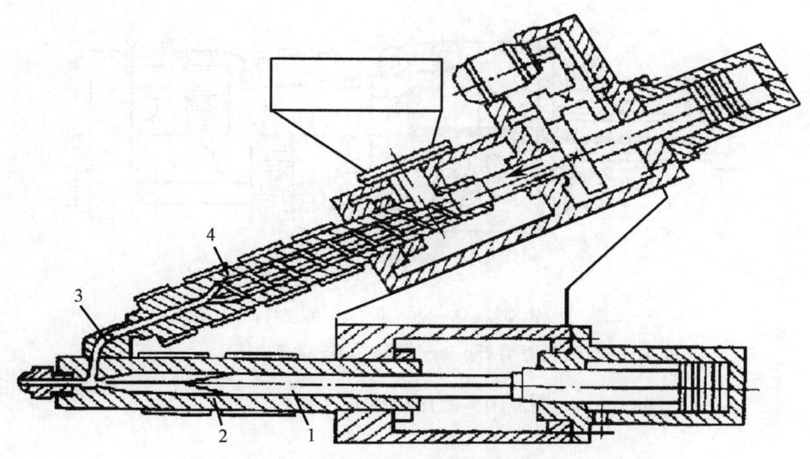

1—注射柱塞；2—注射料筒；3—单向阀；4—预塑化料筒

图5-8　螺杆塑化柱塞式注射机的原理图

螺杆式注射机的优点如下。

① 塑化效果好。

② 注射量大。

③ 生产周期短、效率高。

④ 容易实现自动化生产。

⑤ 设备价格较高。

（4）按注射机的用途可分为通用注射机和专用注射机（如热固性塑料注射机、发泡塑料注射机、多色注射机等）。

（5）按锁模机构驱动方式分为液压式注射机（见图 5-9）和液压机械式注射机（见图 5-10）。

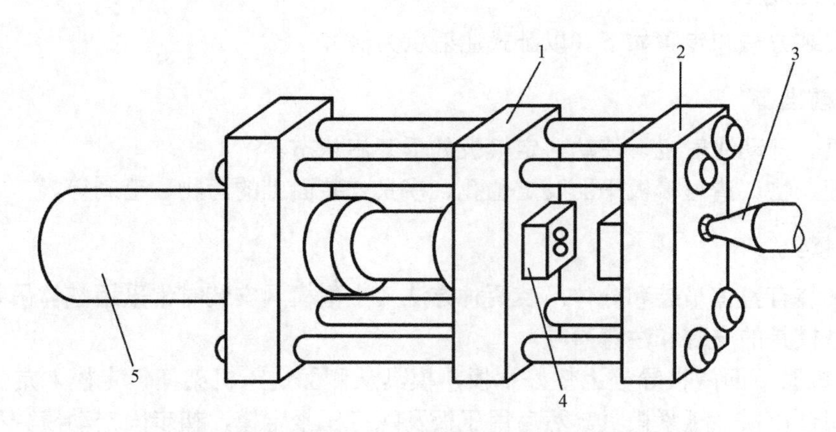

1—动模座；2—定模座；3—喷嘴；4—模具；5—锁模缸

图5-9　液压式注射机

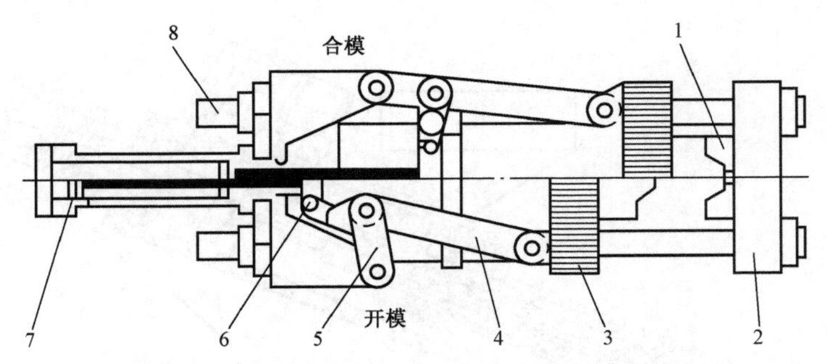

1—模具；2—定模座；3—动模座；4—前连杆；5—后连杆；
6—十字连杆；7—锁模缸；8—调模拉杆

图5-10　液压机械式注射机

四、注射成型机的基本动作原理

注射成型机的基本动作原理如图 5-11 所示。

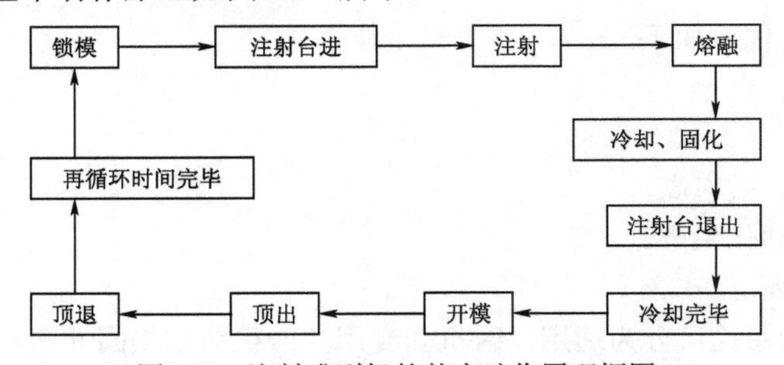

图5-11　注射成型机的基本动作原理框图

任务完成

塑料模安装方法和步骤如下（以卧式注射机为例）。

1．安装前准备

（1）开机。开动注射机，使动、定模板处于开启状态。

（2）清理杂物。清理模板平面及定位孔、模具安装面上的污物、毛刺等。

2．吊装模具

模具的吊装有整体吊装和分体吊装两种方法（小型模具安装时常采用整体吊装）。

（1）小型模具的安装和注意事项。

① 先在机器下面两根导柱上垫好木板，模具从侧面进入机架间，定模入定位孔并摆正位置，慢速闭合模板、压紧模具。然后用压板及螺钉压紧定模，初步固定动模。再慢速开启模具，找准动模位置。在保证开闭模具平稳、灵活、无卡滞现象时再固定动模。

② 利用小型吊车或自制的小型龙门吊车进行模具的吊装，其方法是先将模具吊起，从上面进入机架内，定模的定位圈装入定模板的定位孔，再慢速闭合模板，压紧模具。初步固

定动、定模。再慢速开启模具，找准动模位置。在保证开闭模具平稳、灵活、无卡滞现象时再固定动、定模。

注意事项：模具压紧应平稳可靠，压紧面积要大，压板不得倾斜，要对角压紧，压板尽量靠近模脚。注意合模时，动、定模压板不能相撞。

（2）大中型模具的安装和注意事项。

吊装大中型模具时，一般有整体吊装和分体吊装两种。要根据现场的具体吊装条件确定吊装的方法。

① 整体吊装。整体吊装与小型模具的安装方法相同。要注意的是，有侧型芯的滑块要使其处于水平方向滑动，有侧抽芯的模具不能倒装。

② 分体吊装。大型模具安装常用分体吊装法。先把定模从机器上方吊入机架间，调整位置后，将定位圈装入定位孔并放正，压紧定模。再将动模部分吊入，找正动、定模的导向和定位机构位置后，与定模相合，点动合模，并初步固定动模。然后慢速开合模具数次，确认定模和动模的相对位置已找正无误后，再紧固动模。对设有侧型芯滑块的模具，应使滑块在水平方向滑动为宜。

注意事项：吊装模具时应注意安全，两人以上操作时，必须互相呼应，统一行动。模具紧固应平稳可靠，压板要放平，不得倾斜，否则就压不紧模具，安装模具时模具就会落下。要注意防止合模时动模压板、定模压板及推板等与动模板相碰。

3．模具调整与试模

（1）调整模具松紧度。按模具闭合高度、脱模距离调节锁模机构，保证有足够的开模行程和锁模力，使模具闭合后松紧适当。一般情况下，使模具闭合后分型面之间的间隙保持在0.02～0.04mm之间，以防止制件严重溢边，又保证型腔能适当排气。对加热模具，应在模具达到预定温度后再调整一次。最终调定应在试模时进行。

注意事项：要注意曲肘伸直时，应先快后慢，既不轻松又不勉强。

（2）调整推杆顶出距离。模具紧固后，慢速开模，直到动模板到位停止后退，这时把推杆位置调到模具上的推板与模体之间还留有 5～10mm 的间隙，以防止顶坏模具，而又能顶出制件，保证顶出距离。并开合模具观察推出机构动作是否平稳、灵活，复位机构动作是否协调、正确。

注意事项：顶板不得直接与模体相碰，应留有 5～10mm 的间隙。开合模具时，顶出机构应动作平稳、灵活，复位机构应协调可靠。

（3）校正喷嘴与浇口套的相对位置及弧面的接触情况。可用一层纸放在喷嘴及浇口套之间，观察两者接触情况。校正后拧紧注射座定位螺钉，紧固定位。

（4）接通回路。接通冷却水路及加热系统。水路应通畅，电加热器应按额定电流接通。

注意事项：安装调温、控温装置以控制温度；电路系统要严防漏电。

（5）试机。先开空车运转，观察模具各部位运行是否正常，确认可靠后，才可注射试模。

注意事项：注意安全，试机前一定要将工作场地清理干净。

4．塑料模安装主要工艺步骤

（1）检查设备各个动作是否正常。
（2）检查模具并测量模具高度。
（3）测量注射机的装模高度。
（4）调整注射机的装模厚度（机床动、定模板在闭合状态时的距离）。
（5）检查并调整顶出距离。
（6）将模具吊入注射机动、定模板之间。
（7）模具定位圈与机板定位孔相配合。
（8）用低压低速压紧模具。
（9）安装好马模夹并检查是否牢固。
（10）调好锁模压力使曲肘伸直。
（11）开模检查动模部分和定模部分。
（12）连接冷却水管。
（13）设定成型参数。
（14）调试注射成型。
（15）开模顶出试件。
（16）试模和生产后机器清扫和保养。

工艺技巧

（1）吊装模具时应注意安全，两人以上操作时，必须互相呼应，统一行动。

（2）模具紧固应平稳可靠，压板要放平，不得倾斜。要注意防止合模时动模压板、定模压板及推板等与动模板相碰。

（3）在调整三级锁模压力时，要注意曲肘伸直时应先快后慢，既不轻松又不勉强。

（4）顶板不得直接与模体相碰，应留有 5～10mm 的间隙。开合模具时，顶出机构应动作平稳、灵活，复位机构应协调可靠。

（5）安装调温、控温装置以控制温度；电路系统要严防漏电。

（6）试机前一定要将工作场地清理干净。

附录

操作考核评分项目与标准（见表 5-2）

表 5-2　操作考核评分项目及标准

序号	考核项目	考核要求	配分	评分标准
1	图样分析	模具结构图的识图	5	具备模具结构知识及识图能力
2	检查注射模、注射机的技术状态	检查注射模安装条件、模具质量、注射机技术状态	10	明确注射各项安装条件、模具质量要求、注射机技术状态
3	开机、清理安装面	开动注射机，使动、定模板处于开启状态，清理模板平面及定位孔、模具安装面上的污物、毛刺等	5	操作熟练，目的明确，保证安全

续表

序号	考核项目	考核要求	配分	评分标准
4	吊装	整体吊装和分体吊装两种方法	15	操作步骤正确且过程熟练
5	调整模具松紧度	调节锁模机构，保证有足够的开模行程和锁模力，使模具闭合后松紧适当	10	分型面之间的间隙保持在 0.02～0.04mm
6	调整推杆顶出距离	模具紧固后，慢速开模，直到动模板到位后停止后退，这时把推杆位置调到模具上的推板与模体之间尚留 5～10mm 的间隙，并开合模具观察推出机构动作是否平稳、灵活，复位机构动作是否协调、正确	10	顶板不得直接与模体相碰，应留有 5～10mm 的间隙，开合模具后，顶出机构应动作平稳、灵活，复位机构应协调可靠
7	校正喷嘴与浇口套的相对位置及弧面接触情况	可用一层纸放在喷嘴及浇口套之间，观察两者接触情况。校正后拧紧注射座定位螺钉，紧固定位	20	操作步骤正确且过程熟练
8	接通回路	接通冷却水路及加热系统	20	水路应通畅，电加热器应按额定电流接通，电路系统要严防漏电
9	试机	先开空车运转，观察模具各部位运行是否正常，确认可靠后，才可注射试模	5	操作步骤正确且过程熟练，注意安全

习　题

一、填空题

1．一台通用型注射机主要包括（　　）系统、（　　）系统、液压控制系统和电气控制系统四个部分。

2．合模系统主要由（　　）、（　　）、（　　）、合模油缸、连杆机构、调模机构及制品推出机构等组成。

3．注射机按外形结构特征分为（　　）注射机、（　　）注射机、（　　）注射机及多模转盘式注射机等几大类。

4．注射机按锁模机构驱动方式分为（　　）注射机和（　　）注射机。

5．模具的吊装有（　　）吊装和（　　）吊装两种方法。

二、判断题

1．合模系统的主要作用是实现模具的闭合、锁紧、开启和顶出制品。（　　）

2．在卧式注射机上，模具是沿水平方向打开的。（　　）

3．立式注射机的注射装置与合模装置的轴线呈一线且与水平方向垂直排列。（　　）

4．直角式注射机特别适应于中心不允许留有浇口痕迹的塑料制件。（　　）

5．模具紧固应平稳可靠，压板要放平，不得倾斜。要注意防止合模时动模压板、定模压板及推板等与动模板相碰。（　　）

6．在调整三级锁模压力时，要注意曲肘伸直时应先快后慢。（　　）

任务二 塑料模的调试

任务描述

本任务主要介绍塑料注射模在注射机上的调试。塑料注射模具在装配完成之后，为了保证模具质量，必须将模具安装在注射机上进行调整与调试，直到模具工作情况正常，得到合格的制件时才能交付使用。

学习目标

通过本任务的学习，主要了解试模的目的及试模前、试模中应做的各项工作，掌握注射机有关工艺参数的校核，掌握注射成型工艺过程及工艺参数的调整，并具有对试模中产生的问题进行分析、解决的能力。

任务分析

塑料注射模具在装配完成之后，为了保证模具质量，必须将模具安装在注射机上，在正常的生产条件下进行试模，以了解该模具的实际使用性能是否满足生产需要，有无不完整的地方需要改进或调整。调试过程中，应首先根据缺陷分析产生的原因，并作出相应的调整。塑料原材料、机器设备、模具等各个方面的原因都有可能造成制件的缺陷。塑料品种的不同、产地不同，甚至是同一种塑料型号不同，其特点也不相同。所以，试模时应尽量满足模具设计图样中要求的原料。另外，在注射模的调整过程中，还要正确选择螺杆及喷嘴，调节加料量，确定加料方式，调节锁模系统及顶出装置，调节塑化能力、注射压力、成型时间、模具温度等参数。热固性塑料注射模试模前的注塑机调整与热塑性塑料注射模的调整基本相同，但又有所区别。当组装和总装完成的塑料注射模完全满足技术要求后，须根据设计技术要求对其运动部分、活动连接部分进行定量调节，使之被控制在合理、精确的状态下进行分型、侧抽芯、推件脱模运动。

任务完成

基本知识

一、注射机的基本参数

① 注射量：它是指注射机在对空注射的条件下，注射螺杆做一次最大的行程所注射的胶量。注射量在一定程度上反映了注射机的加工能力，标志着能成型的最大塑料制件。因而经常用来当做注射机规格的参数。注射机注射量的一般表示方法：以聚苯乙烯为准，一种是

用注射出熔料的质量（单位是 g）来表示；另一种是用注射出熔料的体积（单位是 cm^3）来表示。我国一般采用后一种表示方法。

例如，常用的卧式注射机型号 XS-ZY-30、XS-ZY-60、XS-ZY-125、XS-ZY-500、XS-ZY-1000 等。其中，XS 表示塑料成型机械；Z 表示注射成型；Y 表示螺杆式（无“Y”代表柱塞 XS-Z-30、XS-Z-60），500、125 等表示注射机的最大注射量（cm^3 或 g）。

② 注射压力：为了克服熔料流经喷嘴、浇道和型腔时的流动阻力，螺杆（或柱塞）对熔料必须施加足够的压力，这种压力称为注射压力。注射压力的大小与流动阻力、制件形状、塑料性能、塑化方式、塑化温度、模具温度及对制件的精度要求等因素有关。

注塑机的注射压力由调压阀进行调节，在调定压力的情况下，通过高压和低压油路的通断，控制前后期注射压力的高低。

普通中型以上的注塑机设置有三种压力选择，即高压、低压和先高压后低压。高压注射是由注射油缸通入高压压力油来实现的。由于压力高，塑料从一开始就在高压、高速状态下进入模腔。高压注射时塑料入模迅速，注射油缸压力表读数上升很快。低压注射是由注射油缸通入低压压力油来实现的，注射过程压力表读数上升缓慢，塑料在低压、低速下进入模腔。先高压后低压是根据塑料种类和模具的实际要求从时间上来控制通入油缸的压力油的压力高低来实现的。

为了满足不同塑料应有不同的注射压力的要求，也可以采用更换不同直径的螺杆或柱塞的方法，这样既满足了注射压力，又充分发挥了机器的生产能力。在大型注塑机中往往具有多段注射压力和多级注射速度控制功能，这样更能保证制品的质量和精度。

③ 注射速度（或注射时间）：注射速度的选定很重要，它直接影响到制件的质量和生产效率。常用注射速度及注射时间的参考数值见表 5-3。

表 5-3　常用注射速度及注射时间的参考数值表

注射量（cm^3）	125	250	500	1000	2000	4000	6000	10000
注射速度（cm^3/s）	125	200	333	570	890	1330	1600	2000
注射时间（s）	1	1.25	1.5	1.75	2.25	3.01	3.75	5

④ 塑化能力：是指单位时间内能塑化的物料量。

⑤ 锁模力：是指注射机的合模机构对模具所能施加的最大夹紧力。为了使注射时模具不被熔融塑料顶开，锁模力（F）应为

$$F \geqslant KPS/1000$$

式中，F 为锁模力（kN）；P 为注射压力（N/cm^2）；S 为制件在模具分型面上的投影面积（cm^2）；K 为压力损失的折算系数，一般在 0.4～0.7 之间选取。对黏度小的塑料（如尼龙）取 0.7，对黏度大的塑料（如聚氯乙烯）取 0.4。模具温度高时取大值，模具温度低时取小值。

⑥ 合模装置的基本尺寸：它包括模板尺寸，拉杆空间的最大距离，模板间最大距离，动模板的行程（模板间最大距离和模具最小厚度之差），允许装模厚度（注射机允许安装模具的最大厚度，即当闭模后达到规定的锁模力时，注射机所允许安装的最小模具厚度）。这些参数规定了机器所适应模具的尺寸范围，也是衡量合模装置好坏的参数。

⑦ 开、合模速度：目前国内、国外都采用先进的液压传动系统，由于采用了先进精密的压力阀和速度阀控制，使开、合模速度大大提高，高速时已达到 25～35m/min，有的甚至达到 60～90m/min。

二、注射机性能的调整

1．手动调模（调整模具厚度注意事项）

（1）装模之前，测量模具厚度，估计模具顶针板最大行程，用手动操作调好模距并使模具刚好受到少许压力，再停机将模具固定好。

（2）固定好模具之后，将锁模、开模压力及速度调至 30%～40%，取消任何特快动作。开模后，检查模具内是否有杂物，打开顶出动作，查看顶针行程是否到位。再调整模厚，调整好三级锁模压力和速度，使模具合紧状态达到最佳位置。一般来说，锁模油缸参数推力与油缸内的工作压力成正比。但由于普通注射机铰的放大，两者之间并不成线性比例。所以，锁模力以达到足够防止射胶时产生溢边即可。不必将锁模力调得太高，以免加重机铰的负荷。

2．射嘴中心调校

射嘴中心要和模具口中心相对应，公差一般在 0.5mm 之内。

3．背压的调整

背压的目的主要是增加熔胶筒内塑胶熔化后的密度，故应依照塑胶原料的特性及制件的需求而作适当调整。背压可消除制件缩水，但若调整不当也会造成多方面的不利，如起模困难、浇口拉断等。

4．电动机过载保护调整

为了防止油泵电动机过载，机器装有电流过载保护器，当油泵电动机过载时就会自动切断电动机电源，防止电动机损坏。

5．冷却水的调节

冷却水的多少要根据注射机的负荷程度而定。模具冷却不当，会影响成品的质量及造成脱模困难。熔胶筒尾部的冷却水圈应保持畅通及低温，以防止胶料在料斗口附近熔化，造成回料困难。

三、注射机有关工艺参数的校核

为了保证模具和注射机相互匹配，在模具的安装调试前，必须先对注射机的有关工艺参数进行校核。现将注射机的主要校核内容简单介绍如下。

1．最大注射量的校核

$$nm + m_j \leqslant km_n$$

式中，n 为型腔个数；m 为单个塑件的体积或质量（cm^3 或 g）；m_j 为浇注系统凝量（cm^3 或 g）；k 为注射机最大注射量利用系数，一般取 0.8；m_n 为注射机最大注射量（cm^3 或 g）。

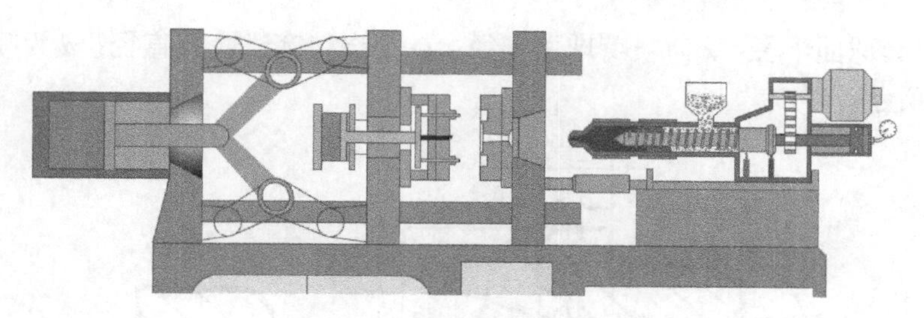

图5-12　注射机成型工作简图

柱塞式注射机的允许最大注射量是以一次注射聚苯乙烯的最大克数（g）为标准的。螺杆式注射机是以体积（cm^3）表示最大注射量的。

2．注射机的额定锁模力（合模力）的校核

校核公式为

$$p(nA+A_j)\leqslant F_n$$

式中，F_n 为注射机的额定锁模力（N）；A 为单个塑件在模具分型面上的投影面积（mm^2）；A_j 为浇注系统在模具分型面上的投影面积（mm^2）；p 为塑料熔体对型腔的成型压力（MPa）（见表 5-4），选用的注射机的额定锁模力（合模力）必须大于型腔的成型压力。

表 5-4　不同塑料熔体对型腔的成型压力参考表

塑件特点	模内平均压力 p/MPa	举　例
容易成型的塑件	24.5	PE、PP、PS 等壁厚均匀的日用品，容器类等塑件
一般塑件	29.4	模温较高时，成型薄壁容器类塑件
中等黏度塑料和有精度要求的塑件	34.3	ABS、PMMA 等有精度要求的工程结构件，如壳件、齿轮等
加工高黏度塑料及高精度、冲模难的塑件	39.2	用于机器零件上高精度的齿轮或凸轮等

3．注射压力的校核

塑料制件成型所需要的注射压力是由塑料品种、注射机类型、喷嘴形式、塑件的结构形状及尺寸和浇注系统的压力损失等因素决定的。对黏度大的塑料，壁薄、流程长的塑件，注射压力需大些。柱塞式注射机的压力损失较螺杆式大，注射压力也需大些。注射机的额定注射压力 P_0 要大于成型时所需要的注射压力 P。

即 $P_0>KP$（K 为安全系数，取 1.3～1.4）

4．安装参数校核

校核模具与注射机安装部分的相关尺寸。设计模具时，注射机安装模具部分应校核的主要项目包括喷嘴尺寸、定位孔尺寸、拉杆间距、最大及最小模厚、模板上安装螺钉孔的尺寸及位置等。

1）浇口套球面尺寸

机床喷嘴孔径和球面直径一定要与模具的进料孔相适应，对于卧式或立式注射机，则

$$R=r+(1\sim2)\text{mm};\quad D=d+(0.5\sim1)\text{mm}$$

式中，R 为浇口套球面半径；r 为喷嘴球面半径；D 为浇口套进胶孔直径；d 为喷嘴注胶孔直径，如图 5-13 所示。

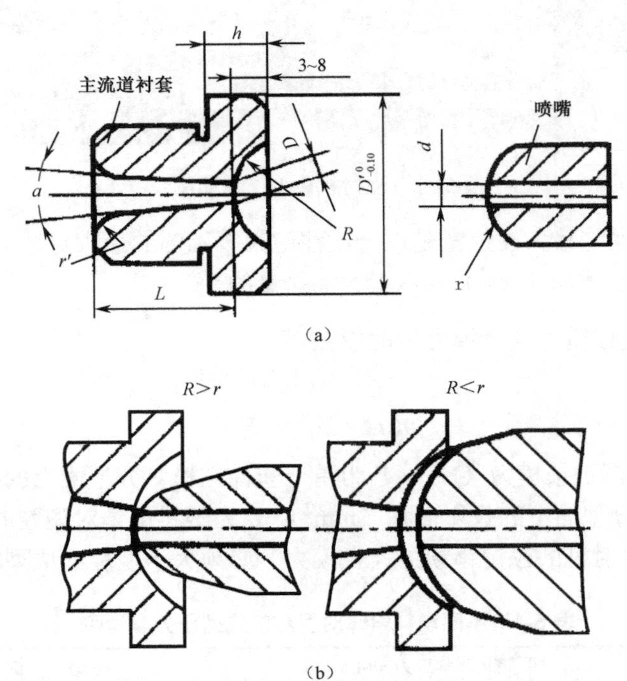

图5-13　模具浇口套与机床喷嘴匹配关系示意图

而直角式注射机一般采用平面接触。

2）定位圈尺寸

注射机固定模板定位孔与模具定位圈（或主流道衬套凸缘）的关系两者按 H9/f9 配合或 0.1mm 间隙，以保证模具主流道的轴线与注射机喷嘴轴线重合，否则将产生溢料并造成流道凝料脱模困难。定位圈的高度 h，小型模具为 8～10mm，大型模具为 10～15mm。

3）模具尺寸与注射机装模空间的关系（见图 5-14）

模具的最大、最小厚度模具的总高度必须位于注射机可安装模具的最大模厚与最小模厚之间，即

$$H_{max}=H_{min}+l$$
$$H_{min}\leqslant H\leqslant H_{max}$$

式中，H 为模具闭合厚度；H_{min} 为注射机允许模具最小厚度；H_{max} 为注射机允许模具最大厚度；l 为注射机在模厚方向长度的调节量。

若 H 小于 H_{min} 时，则可采用垫板来调整，以使模具闭合。若 H 大于 H_{max} 时，则模具无法锁紧或影响开模行程，尤其是以液压肘杆式机构合模的注射机，其肘杆无法撑直，这是不允许的。应校核模具的长、宽尺寸，使模具能从注射机的拉杆之间装入。

4）模具的安装固定

模具在注射机上的安装固定方法有两种：一是用螺钉直接固定，模具动、定座板与注射机模板上的螺孔应完全吻合；二是用压板固定，模具固定板须安放压板的外侧附近有螺孔就

能紧固，因此，压板固定具有较大的灵活性。

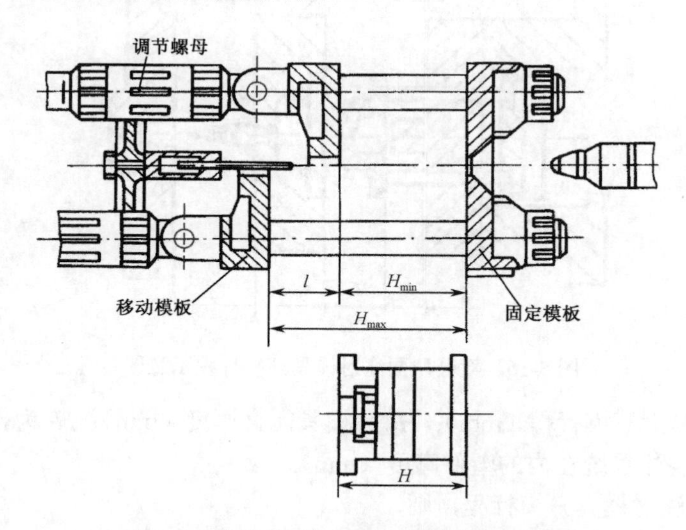

图5-14　模具尺寸与注射机装模空间示意图

5）开模行程与推出机构的校核

（1）开模行程的校核。

① 当注射机的最大开模行程与模具厚度无关时，这主要是指液压机械联合作用的合模机构的注射机。如 XS-Z-30、XS-Z-60、XS-ZY-125、XS-ZY-500、XS-ZY-1000 等，其最大开模行程与模具厚度无关。它的行程大小由连杆机构（或移模缸）的最大冲程决定。这分单分型面注射模具和双分型面注射模具两种情况。

第一，单分型面注射模具开模行程（见图 5-15），即

$$S \geqslant H_1 + H_2 + (5\sim10)$$

式中，S 为注射机最大开模行程（mm）；H_1 为推出距离（脱模距离）（mm）；H_2 为包括浇注系统在内的塑件高度（mm）。

第二，双分型面注射模具开模行程（见图 5-16），即

$$S \geqslant H_1 + H_2 + a + (5\sim10)$$

式中，S 为注射机最大开模行程（mm）；H_1 为推出距离（脱模距离）（mm）；H_2 为包括浇注系统在内的塑件高度（mm）；a 为取出浇注系统凝料所需的距离，即定模板与中间板之间的分开距离（mm）。

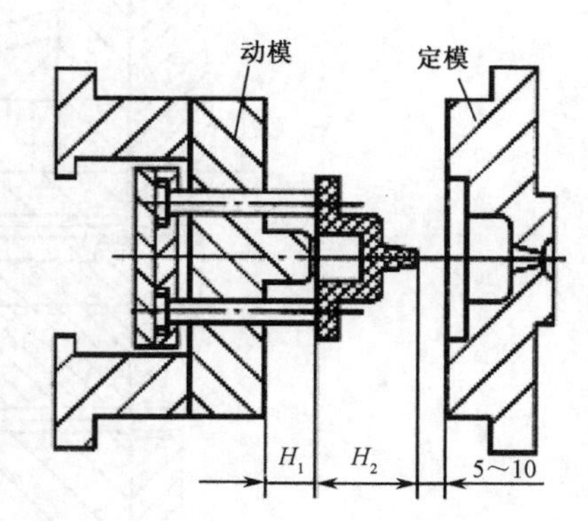

图 5-15　单分型面注射模具开模行程示意图

② 当注射机的最大开模行程与模具厚度有关时，主要是指全液压合模机构的注射机，如 XS-ZY-250 和机械合模的 SYS-20、SYS-45 等角式注射机，其移动模板和固定模板之间的最大开距减去模具闭合厚度 H_m 等于注射机的最大开模行程。

对于单分型面注射模具开模行程，则

$$S \geqslant H_m + H_1 + H_2 + (5\sim10)$$

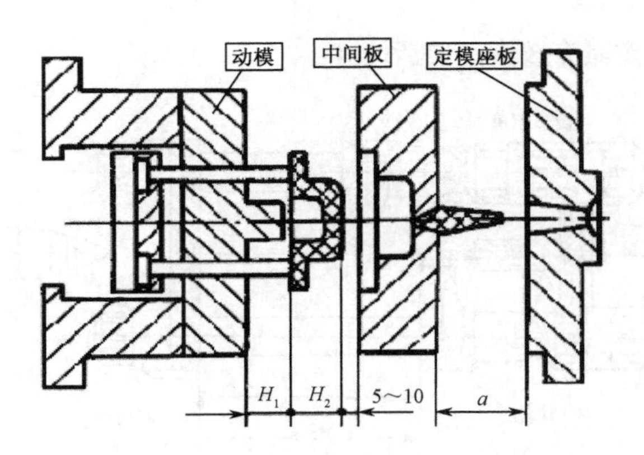

图 5-16　双分型面注射模具开模行程示意图

式中，S 为注射机最大开模行程（mm）；H_m 为模具闭合厚度（mm）；H_1 为推出距离（脱模距离）（mm）；H_2 为浇注系统在内的塑件高度（mm）。

对于双分型面注射模具开模行程，则

$$S \geqslant H_m + H_1 + H_2 + a + (5 \sim 10)$$

式中，S 为注射机最大开模行程（mm）；H_m 为模具闭合厚度（mm）；H_1 为推出距离（脱模距离）（mm）；H_2 为浇注系统在内的塑件高度（mm）；a 为取出浇注系统凝料所需的距离，即定模板与中间板之间的分开距离（mm）。

③ 具有侧向抽芯时开模行程的校核（见图 5-17）。

$$S \geqslant \binom{H_1+H_2}{H_C}_{\max} + (5 \sim 10)$$

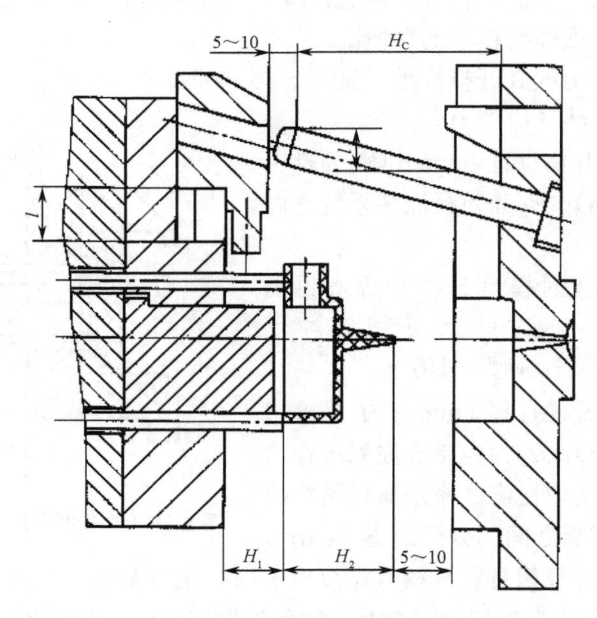

图5-17　具有侧向抽芯时开模行程示意图

（2）推出装置的校核。

注射机的推出装置主要有以下几种工作形式：中心顶杆机械顶出；两侧双顶杆机械顶出；

中心顶杆液压顶出与两侧双顶杆机械联合顶出；中心顶杆液压顶出与其他开模辅助液压缸联合作用。

各种型号注射机的推出装置和最大推出距离不尽相同，设计时，应使模具的推出机构与注射机相适应。通常是根据开合模系统推出装置的推出形式（中心推出还是两侧推出）、注射机的顶杆直径、顶杆间距和顶出距离等校核模具推出机构是否合理、堆杆推出距离能否达到使塑件顺利脱模的目的。

四、注射机的选用原则

为了保证正常生产和获得良好的制件，在模具使用前，应正确选用注射机。其选用原则如下。

（1）计算制件及浇道的总体积应小于注射机额定容积的 0.8 倍，实际注射量应为注射机公称注射量的 25%～70%。即

$$0.8V_{注} \geqslant nV_{件} + V_{浇}$$

式中，$V_{注}$为注射机的额定容量（cm^3）；$V_{件}$为制件体积（cm^3）；$V_{浇}$为主浇道和分流道的总体积（cm^3）；n 为型腔的数量。

（2）成型时需用的注射压力应小于选用注射机的最大注射压力。

注射压力选则的一般原则如下。

① 塑料流动性好，形状简单，壁厚较大，$<$ 70MPa；

② 黏度较低形状、精度要求一般，70～100MPa；

③ 中、高黏度的塑料，塑件形状、精度要求一般，l00～140MPa；

④ 塑件黏度较高，壁薄或不均匀、流程长、精度要求较高，140～180MPa；高精密塑件，230～250MPa。

（3）选用注射机的锁模力必须大于型腔压力产生的开模力，否则，模具分型面会分开而产生溢料。

（4）模具最大外形尺寸安装时应不受拉杆间距的影响。

（5）模具安装用的定位孔的尺寸应与机床定位孔尺寸相对应。

（6）模具的模板各安装孔一定要与注射机模板上的安装孔相对应。

（7）机床喷嘴孔径和球面直径一定要与模具进料孔相对应。

五、模具使用时应注意的事项

① 模具在使用过程中，温度变化要匀缓，切勿过冷过热。

② 卸件时要细心，防止刮伤模具表面。每次压制前，都要检查型腔内是否有漏掉的嵌件或其他杂物，并保持腔内清洁。

③ 制件卸出后，一定要对型腔进行清理，一般用压缩空气吹拂或用木制小刮刀清理残料及杂物，绝不能刮伤型腔表面。

④ 模具用过一段时间后，要定期检查型腔。

⑤ 适当使用脱模剂，不要用得太多。

⑥ 模具的滑动部位如导柱、导套等应定时润滑。

任务完成

一、试模的目的

模具的调整与试模称为调试。试模的目的有两个：一是确定模具的质量；二是取得制件成型工艺基本参数，为正常生产打下基础。

二、注射模调试前的检查

1．模具外观检查

（1）模具闭合高度、安装于机床的各配合尺寸、顶出形式、开模距离、模具工作要求等要符合所选定设备的技术条件。

（2）大中型模具为了便于安装与搬运，应有起重孔或吊环。模具外露部分锐角要倒钝。

（3）各种接头、阀门、附件、备件要齐备。模具要有合模标记。

（4）成型零件、浇注系统表面应光洁，无塌坑及明显伤痕。

（5）各滑动零件配合间隙要适当，无卡住及紧涩现象，活动要灵活、可靠。起止位置的定位要正确，各镶嵌件、紧固件要牢固，无松动现象。

（6）模具要有足够的强度，工作受力要均匀，模具稳定性要良好。

（7）加料室和柱塞高度要适当，凸模（或柱塞）与加料室配合间隙要合适。

（8）工作时互相接触的承压零件（如互相接触的型芯、凸模与挤压环，柱塞与加料室）之间应用适当的间隙和合理的承压面积及承压形式，以防止工作时零件的直接挤压。

2．模具空运转检查

（1）合模后各承压面（分型面）之间不得有间隙，接合要严密。

（2）活动型芯、顶出与导向部位运动及滑动时要平稳，动作要灵活，定位导向要正确。

（3）锁紧零件要安全可靠，紧固件不得松动。

（4）开模时，顶出部分应保证顺利脱模，以方便取出制件及浇注系统废料。

（5）冷却水要通畅，不漏水，阀门控制要正常。

（6）电加热系统无漏电现象，安全可靠。

（7）各气动、液压控制机构动作要正常。

（8）各附件齐全，使用良好。

三、试模前的准备工作

1．试模原料的准备

检查试模原料是否符合图样规定的技术要求；原料应进行预热与烘干。

2．熟悉图样及工艺

熟悉制件产品图；掌握塑料成型特性、制件特点；熟悉模具结构、动作原理及操作方法；

掌握试模工艺要求、成型条件及操作方法；熟悉各项成型条件的作用及相互关系。

3．检查模具结构

按图样对模具进行仔细检查，无误后，才能安装模具并开始试模。

4．熟悉设备使用情况

熟悉设备结构及操作方法、使用保养知识；检查设备成型条件是否符合模具应用条件及能力。

5．工具及辅助工艺配件准备

准备好试模用的工具、量具、夹具；准备一个记录本，以记录在试模过程中出现的异常现象及成型条件变化状况。

四、注射模的试模与调整过程

（1）热塑性塑料注射成型工艺过程如图 5-18 所示。注意：虚线框中的内容根据具体需要而定。

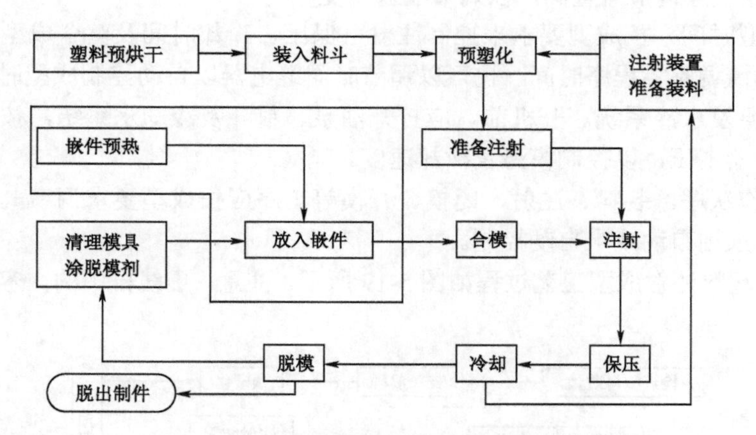

图5-18 热塑性塑料注射成型工艺过程

（2）热塑性塑料注射模试模前注射机调试要点如下。

① 选择螺杆及喷嘴。按设备要求根据不同塑料选用相应螺杆；按成型工艺要求及塑料品种选用相应喷嘴。

② 调节加料量，确定加料方式。

a．按制件质量（包括浇注系统耗用量，但不计嵌件）决定加料量，并调节定量加料装置，最后以试模为准。

b．按成型要求选择加料方式：

- 固定加料法。在整个成型周期中，喷嘴与模具一直保持接触，适应于一般塑料。
- 前加料法。每次注射后，塑化达到要求的注射容量后，注射座后退，直至下一个循环开始再前进，使模具与喷嘴接触进行注射。
- 后加料法。注射后注射座后退，进行预塑化工作，待下一个循环开始，注射座前进复回进行注射，适用于结晶性塑料。

c．注射座要来回移动的注射模，则应调节定位螺钉，以保证正确复位。喷嘴与模具要紧密配合。

③ 调节锁模系统。装上模具，按模具闭合高度、开模距离调节锁模系统及缓冲装置，应保证开模距离要求。锁模力松紧要适当，开闭模具时，要平稳缓慢。

④ 调整顶出装置与抽芯系统。调节顶出距离，以保证正常顶出制件。对设有抽芯装置的设备，应将装置与模具连接，调节控制系统，以保证起止动作协调，定位及行程正确。

⑤ 调整塑化能力。调节好料筒及喷嘴温度，根据成型条件调节塑化能力并按试模时塑化情况酌情增减。

⑥ 调节注射压力和注射速度。

a．按成型要求调节注射压力，即

$$P_1 = P_2 d_1^2 / d_2^2$$

式中，P_1为注射压力（N/cm^2）；P_2为压力表读数（N/cm^2）；d_1为油缸活塞直径（cm）；d_2为螺杆直径（cm）。

b．按制件及壁厚调节流量阀，以调节注射速度。

⑦ 调节成型时间。按成型要求来控制注射、保压、冷却时间及整个成型周期。试模时应手动控制，酌情调整各程序时间，也可以调节时间继电器以自动控制成型时间。

⑧ 调节模温及水冷系统。开机前，应打开油泵、料斗及冷却水系统，按成型条件调节水流量和电加热器电压，以控制模温及冷却速度。

⑨ 确定操作次序。装料、注射、闭模、开模等工序应按成型要求调节，试模时采用人工调节，生产时采用自动或半自动控制。

（3）热固性塑料注射成型工艺过程如图5-19所示。注意：虚线框中的内容根据实际情况而定。

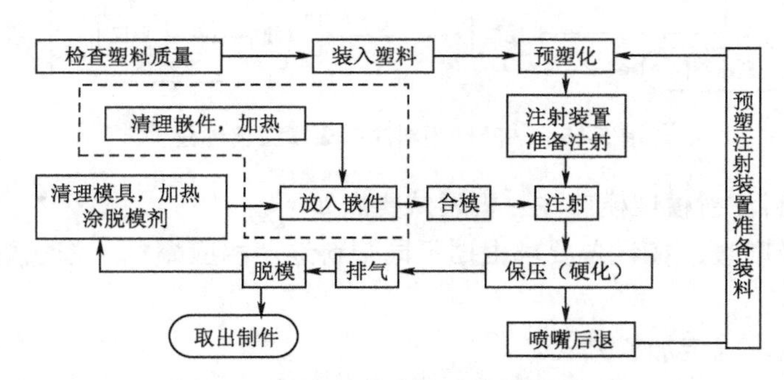

图5-19　热固性塑料注射成型工艺过程

（4）热固性塑料注射模试模前注射机的调整。

热固性塑料注射模试模前的注射机调整与热塑性塑料注射模试模前注射机的调整基本相同，其主要区别在于以下几个方面。

① 料筒由水加热，水温由电加热器自动控制；料温也必须严格控制。

② 螺杆及喷嘴一般采用类似加工硬聚氯乙烯塑料的形式，必须严格控制喷嘴温度，孔径比模具浇口套的孔径略小并做成外大内小的锥孔，以便于拉出喷嘴孔处的硬化料。

③ 模具应加热。在注射时，必须严格控制模温，一般选用电加热器并自动控制。

④ 采用液压式锁模机构。必要时按成型要求可进行排气操作。

⑤ 为了防止喷嘴部分塑料过早硬化，宜采用后加料方式。

操作技巧（操作注意事项）

1．开机之前

（1）检查电器控制箱内是否有水、油进入，若电器受潮，切勿开机。应由维修人员将电器零件吹干后再开机。

（2）检查供电电压是否符合，一般不应超过±15%。

（3）检查急停开关、前后安全门开关是否正常。验证电动机与油泵的转动方向是否一致。

（4）检查各冷却管道是否畅通，并对油冷却器和机筒端部的冷却水套通入冷却水。

（5）检查各活动部位是否有润滑油（脂），并加足润滑油。

（6）打开电热，对机筒各段进行加温。当各段温度达到要求时，再保温一段时间，以使机器温度趋于稳定。保温时间根据不同设备和塑料原料的要求而有所不同。

（7）在料斗内加足足够的塑料。根据注塑不同塑料的要求，有些原料最好先经过干燥。

（8）要盖好机筒上的隔热罩，这样可以节省电能，又可以延长电热圈和电流接触器的寿命。

2．操作过程中

（1）不要为贪图方便，随意取消安全门的作用。

（2）注意观察压力油的温度，油温不要超出规定的范围。液压油的理想工作温度应保持在45～50℃，一般在35～60℃比较合适。

（3）注意调整各行程限位开关，避免机器在动作时产生撞击。

3．工作结束时

（1）停机前，应将机筒内的塑料清理干净，预防剩料氧化或长期受热分解。

（2）应将模具打开，使肘杆机构长时间处于闭锁状态。

（3）车间必须备有起吊设备。装拆模具等笨重部件时应十分小心，以确保生产安全。

知识链接　注塑成型（包括试模）时常见制品缺陷及解决方法

在注射成型加工过程中可能由于原料的处理不好、制品或模具设计不合理、操作工没有掌握合适的工艺操作条件，或者因机械方面的原因，常常使制品产生充填不满、凹陷、飞边、气泡、尺寸变化等缺陷。这些制品缺陷产生的原因主要在于模具设计、制造精度和磨损等方面，而生产过程中成型工艺调节不当也是影响制品质量和产量的因素之一，由于注射周期很短，如果工艺条件掌握不好，废品就会源源不绝。为了使热塑性塑料在注射成型时获得更好的性能，现对注射成型（包括试模）时常见制品缺陷的产生原因进行分析并提出相应的一些解决方法以供参考。

一、制品填充不足

1．原因分析

充填不足的原因主要有以下几个方面。

① 料筒、喷嘴及模具的温度偏低。

② 加料量不足。

③ 料筒内的剩料太多。

④ 注射压力太小。

⑤ 注射速度太慢。

⑥ 流道和浇口尺寸太小，浇口数量不够，切浇口位置不恰当。

⑦ 型腔排气不良。

⑧ 注射时间太短。

⑨ 浇注系统发生堵塞。

⑩ 塑料的流动性太差。

2．解决方法

改善措施主要可以从以下几个方面考虑。

① 加长注射时间，防止由于成型周期过短，造成浇口固化前树脂逆流而难以充满型腔。

② 提高注射速度。

③ 提高模具温度。

④ 提高树脂温度。

⑤ 提高注射压力。

⑥ 扩大浇口尺寸，一般浇口的高度应等于制品壁厚的1/2～1/3。

⑦ 浇口设置在制品壁厚最大处。

⑧ 设置排气槽（平均深度为0.03mm、宽度为3～5mm）或排气杆，对于较小工件更为重要。

⑨ 在螺杆与注射喷嘴之间留有一定的（约5mm）缓冲距离。

⑩ 选用低黏度等级的材料。

⑪ 加入润滑剂。

二、溢料

1．原因分析

溢料又称飞边、溢边、披锋等，大多发生在模具的分合位置上，如模具的分型面、滑块的滑配部位、镶件的缝隙、顶杆的孔隙等处。溢料不及时解决将会进一步扩大化，从而压印模具形成局部陷塌，造成永久性损害。镶件缝隙和顶杆孔隙的溢料还会使制品卡在模上，影响脱模。产生溢边的主要原因如下。

① 料筒，喷嘴及模具温度太高。

② 注射压力太大，锁模力太小。

③ 模具密合不严，有杂物或模板已变形。
④ 型腔排气不良。
⑤ 塑料的流动性太好。
⑥ 加料量过大。

2. 解决方法

对于溢边的处理重点应主要放在模具的改善方面。而在成型条件上，则可在降低流动性方面着手。具体可采用以下几种方法。

① 降低注射压力。
② 降低树脂温度。
③ 选用高黏度等级的材料。
④ 降低模具温度。
⑤ 研磨溢边发生的模具面。
⑥ 采用较硬的模具钢材。
⑦ 提高锁模力。
⑧ 调整准确模具的结合面等部位。
⑨ 增加模具支撑柱，以增加刚性。
⑩ 根据不同材料确定不同排气槽的尺寸。

三、气泡

1. 原因分析

气泡产生的原因如下。

① 塑料干燥不够，含有水分。
② 塑料有分解。
③ 注射速度太快。
④ 注射压力太小。
⑤ 充模温度太低，造成型腔填充不完全。
⑥ 模具排气不良。
⑦ 从加料端带入空气。

2. 解决方法

根据气泡的产生原因，可以从以下几个方面考虑解决措施。

（1）在制品壁厚较大时，其外表面冷却速度比中心部的快，因此，随着冷却的进行，中心部位的树脂边收缩边向表面扩张，使中心部位产生充填不足。这种情况称为真空气泡。解决方法主要有以下几种。

① 根据壁厚，确定合理的浇口、浇道尺寸。一般浇口高度应为制品壁厚的50%～60%。
② 至浇口封合为止，留有一定的补充注射料。
③ 注射时间应较浇口封合时间略长。

④ 降低注射速度，提高注射压力。

⑤ 采用熔融黏度等级高的材料。

（2）由于挥发性气体的产生而造成的气泡，解决的方法主要如下。

① 对材料进行充分地干燥预热。

② 降低树脂温度，避免产生分解气体。

（3）由于流动性差造成的气泡，可通过提高树脂及模具的温度、提高注射速度等方式予以解决。

四、熔接痕

1. 原因分析

熔接痕是由于来自不同方向的熔融树脂前端部分被冷却、在结合处未能完全融合而产生的。一般情况下，主要影响外观，对涂装、电镀产生影响。严重时，对制品强度产生影响（特别是在纤维增强树脂时，尤为严重）。出现熔接痕的原因主要如下。

① 料温太低，塑料的流动性差。

② 注射压力太小。

③ 注射速度太慢。

④ 模温太低。

⑤ 型腔排气不良。

⑥ 塑料受到污染。

2. 解决方法

可参考以下几项措施予以改善：

① 调整成型条件，提高流动性。如提高树脂温度、提高模具温度、提高注射压力及速度等。

② 增设排气槽，在熔接痕的产生处设置推出杆，有利于排气。

③ 尽量减少使用脱模剂。

④ 设置工艺溢料并作为熔接痕的产生处，成型后再予以切断去除。

⑤ 若仅影响外观，则可改变浇口位置，以改变熔接痕的位置。或者将熔接痕产生的部位处理为暗光泽面等，予以修饰。

五、制品的表面有银丝及波纹

1. 原因分析

产生银丝或波纹的原因主要有以下几种。

① 塑料含有水分和挥发物。

② 料温太高或太低。

③ 注射压力太小。

④ 流道和浇口的尺寸太大。

⑤ 嵌件未预热，成型时温度太低。

⑥ 制品内应力太大。

2．解决方法

对于银丝和波纹的出现，可以分别采用不同的工艺方法给予改进。银丝主要是由于材料的吸湿性引起的，因此，一般应在比树脂热变形温度低10～15℃的条件下烘干。对要求较高的PMMA树脂系列，需要在75℃左右的条件下烘干4～6h。特别是在使用自动烘干料斗时，需要根据成型周期（成型量）及干燥时间选用合理的容量，还应在注射开始前数小时先行开机烘料。另外，料筒内材料滞流时间过长也会产生银丝。其次，不同种类的材料混合时也有可能出现银丝，例如，聚苯乙烯和ABS树脂、AS树脂，聚丙烯和聚苯乙烯等都不宜混合。波纹（喷流纹）是从浇口沿着流动方向弯曲如蛇行一样的痕迹。它是由于树脂由浇口开始的注射速度过高所导致的。因此，扩大浇口横截面或调低注射速度都是可选择的措施。另外，提高模具温度，也能减缓与型腔表面接触的树脂的冷却速率，这对防止在充填初期形成表面硬化皮，也具有良好的效果。

六、制品翘曲、变形

1．原因分析

造成制品发生翘曲、变形的因素主要有以下几种。

① 模具温度太高，冷却时间不够。

② 制品厚薄悬殊。

③ 浇口位置不恰当，浇口数量不合适。

④ 推出位置不恰当，且受力不均。

⑤ 塑料分子定向作用太大。

2．解决方法

注射制品的翘曲、变形是很棘手的问题，主要应从模具设计方面着手解决，而成型条件的调整效果则是很有限的。可根据影响因素相应确定翘曲、变形的解决方法。

① 由成型条件引起残余应力造成翘曲、变形时，可通过降低注射压力、提高模具温度并使模具温度均匀、提高树脂温度或采用退火方法予以消除应力。

② 脱模不良引起应力造成翘曲、变形时，可通过增加推杆数量或截面积、设置脱模斜度等方法加以解决。

③ 由于冷却方法不合适，致使冷却不均匀或冷却时间不足造成翘曲、变形时，可通过调整冷却方法及延长冷却时间等方法解决。例如，尽可能地在贴近变形的地方设置冷却回路。

④ 对于成型收缩所引起的翘曲、变形，就必须修正模具的设计了。其中，最重要的是应注意使制品壁厚一致。有时，在不得已的情况下，只好通过测量制品的变形，按相反的方向修整模具，加以校正。故要求技术工人必须清楚地知道材料自身的变形性能。如收缩率较大的树脂，一般是结晶性树脂（如聚甲醛、尼龙、聚丙烯、聚乙烯及PET树脂等）比非结晶性树脂（如PMMA树脂、聚氯乙烯、聚苯乙烯、ABS树脂及AS树脂等）的变形大；另外，

由于玻璃纤维增强树脂具有纤维配向性，变形也变大。

七、制品的尺寸不稳定

1. 原因分析

造成制品尺寸不稳定的因素主要有以下几种。

① 加料量不稳定。

② 塑料的颗粒大小不均匀。

③ 料筒和喷嘴的温度太高。

④ 注射压力太小。

⑤ 充模和保压的时间不够。

⑥ 浇口和流道的尺寸不恰当。

⑦ 模具的设计尺寸不恰当。

⑧ 模具的设计尺寸不准确。

⑨ 推杆变形或磨损。

⑩ 注射机的电气、液压系统不稳定。

2. 解决方法

解决制品尺寸不稳定现象，可以采用以下的方法。

① 控制或调节加料均匀。

② 使用颗粒大小均一的塑料，合理控制混合比例。

③ 合理调节温度、压力、时间，控制型腔各处基本一致。

④ 定时对注射机的电气、液压系统进行检修。

八、白化

1. 原因分析

白化现象最主要发生在ABS树脂制品的推出部分，脱模效果不佳是其主要原因。

2. 解决方法

可采用降低注射压力，加大脱模斜度，增加推杆的数量或面积，减小模具表面粗糙度值等方法改善，当然，喷脱模剂也是一种方法，但应注意不要对后续工序（如烫印、涂装等）产生不良影响。

九、烧伤

根据由机械、模具或成型条件等不同的原因引起的烧伤，采取的解决办法也不同。

（1）机械原因，例如，由于异常条件造成料筒过热，使树脂高温分解、烧伤后注射到制品中，或者由于料筒内的喷嘴和螺杆的螺纹、止回阀等部位造成树脂的滞流，分解变色后带入制品，在制品中带有黑褐色的烧伤痕。这时，应清理喷嘴、螺杆及料筒。

（2）模具的原因，主要是由排气不良所致。这种烧伤一般发生在固定的地方，容易与第一种情况区别。这时应注意采取加排气槽反排气杆等措施。

（3）在成型条件方面，背压在 300MPa 以上时，会使料筒部分过热，造成烧伤。螺杆转速过高时，也会产生过热，一般在 40～90r/min 为好。在没设排气槽或排气槽较小时，注射速度过高会引起过热气体烧伤。

十、肿胀和鼓泡

有些塑料制品在成型脱模后，很快在金属嵌件的背面或在特别厚的部位出现肿胀和鼓泡，这是由于未完全冷却硬化的塑料在内压力的作用下释放气体膨胀造成。解决措施如下。

（1）降低模温，延长开模时间。

（2）降低塑料的干燥温度及加工温度；降低冲模速率；减少成型周期；减少流动阻力。

（3）提高保压压力和时间。

（4）注意改善制品壁面太厚或厚薄变化大的状况。

十一、龟裂

龟裂是塑料制品较常见的一种缺陷，产生的主要原因是由应力变形所致。残余应力主要由于以下三种情况，即充填过剩、脱模推出和金属镶嵌件造成的。作为在充填过剩的情况下产生的龟裂，其解决方法主要可从以下几个方面入手。

（1）由于直浇口压力损失最小，所以，如果龟裂最主要产生在直浇口附近，则可考虑改用多点分布点浇口、侧浇口及柄形浇口方式。

（2）在保证树脂不分解、不劣化的前提下，适当提高树脂温度可以降低熔融黏度，提高流动性，同时也可以降低注射压力，以减小应力。

（3）一般情况下，模温较低时容易产生应力，应适当提高温度。但当注射速度较高时，即使模温低一些，也可减低应力的产生。

（4）注射和保压时间过长也会产生应力，将其适当缩短或进行保压切换效果较好。

（5）非结晶性树脂，如 AS 树脂、ABS 树脂、PMMA 树脂等较结晶性树脂如聚乙烯、聚甲醛等容易产生残余应力，应予以注意。

脱模推出时，由于脱模斜度小、模具型胶及凸模粗糙，使推出力过大，产生应力，有时甚至在推出杆周围产生白化或破裂现象。只要仔细观察龟裂产生的位置，即可确定原因。

在注射成型的同时嵌入金属件时，最容易产生应力，而且容易在经过一段时间后才产生龟裂，危害极大。这主要是由于金属和树脂的热膨胀系数相差悬殊产生应力，而且随着时间的推移，应力超过逐渐劣化的树脂材料的强度而产生裂纹。成型前对金属嵌件进行预热，具有较好的效果。通用型聚苯乙烯基本上不适于加镶嵌件，而镶嵌件对尼龙的影响最小。由于玻璃纤维增强树脂材料的热膨胀系数较小，比较适合嵌入镶嵌件。

十二、透明塑料件（只讨论影响产品透明度）的缺陷和解决办法

影响透明塑料件透明度的常见缺陷主要有以下几项，其解决办法见表 5-5。

（1）银纹：在冲模和冷凝过程中，内应力各向异性影响，垂直方向产生的应力，使树脂发生流动上取向，而和非流动取向产生折光率不同而生闪光丝纹，当其扩展后，可能使产品出现裂纹。除了在注塑工艺和模具上（见表 5-5）注意外，最好将产品作退火处理。例如，PC 料可加热到 160℃以上保持 3～5min，再自然冷却即可。

（2）气泡：由于树脂内的水气和其他气体排不出去，（在模具冷凝过程中）或因充模不足，冷凝表面又过快冷凝而形成“真空泡”。其克服方法见表 5-5。

表 5-5　影响透明塑料件透明度常见缺陷的解决办法

克服方法\缺陷	银　纹	气　泡	表面光泽差	震　纹	泛白雾晕	白烟黑点
树脂原料有杂质或污染	清除杂质、污染				清除杂质、污染	清除杂质、污染
树脂原料干燥	干燥要充分	干燥要充分			干燥要充分	
融料温度	降低并控制精确	保证塑化下降低料温	增加	增加，换特别射嘴	降低温度并控制精确	尽量降低料温
注射压力	增加	增加	增加	增加	增加	调整合适、不使料变质
注射速度		增加	增加	增加		
注射时间		增加		增加		
保证压力						
生产周期					减少	减少料在机筒内停留时间
背压压力	调整合适				增加	
螺杆转速	减少					
浇注系统	合理（尺寸及布局）	壁厚部分加浇口	设置布局合理	合理（尺寸及布局）		合理，尽量短粗
模具温度		调整适当，略增	增加	增加	增加	
冷却时间		增加	增加			
模具排气	排气孔够，位置对	排气孔够，位置对		加冷料并改善		排气孔够，位置对
射嘴、流道、浇口	不能堵塞	料流畅、不堵塞	料流畅、不堵塞	料流畅、不堵塞		
注射量		增加				

（3）表面光泽差：主要由于模具粗糙度大，另外冷凝过早，使树脂不能复印模具表面的状态，所有这些都使其表面产生微小凹凸不平，而使产品失去光泽。其克服方法见表 5-5。

（4）震纹：是指从直浇口为中心形成的密集波纹，其原因为熔体黏度过大，前端料已在型腔冷凝，后来料又冲破此冷凝面，而使表面出现震纹。其克服方法见表 5-5。

（5）泛白、雾晕：主要由于在空气中灰尘落入原料之中或原料含水量太大而引起的。其克服方法见表 5-5。

（6）白烟、黑点：主要由于塑料在机筒内，因局部过热而使机筒树脂产生分解或变质而形成的。其克服方法见表 5-5。

附录

操作考核评分项目与标准（见表5-6）

表5-6　操作考核评分项目及标准

序号	考核项目	考核要求	配分	评分标准
1	图样分析	模具结构图的识图	10	具备模具结构知识及识图能力
2	塑料性能分析，注射机性能及参数分析	塑料材料知识，注射机性能参数	15	熟悉塑料材料知识和注射机设备
3	模具在注射机上的安装，模具加压、通水	安装知识，水管是否有渗漏	20	模具安装技能、模具调试系统的设置操作熟练
4	锁模、开闭模、顶出等参数的设定与调整	注射机工作参数的调整、确认	20	掌握注射机工作状态的调整技能
5	成型工艺参数的确定	成型工艺参数的确定	20	掌握注射成型工艺参数的设置技能
6	试模结果分析、调整；参数的汇总、记录	试模、分析技能	15	掌握试模、分析技能

习　题

一、填空题

1．注射量是指注射机在对空注射的条件下，注射螺杆做一次（　　）行程所注射的胶量。

2．注塑机的注射压力由（　　）进行调节，在调定压力的情况下，通过高压和低压油路的通断，控制前后期注射压力的（　　）。

3．为了满足不同塑料应有不同的注射压力的要求，可以采用更换不同直径的（　　）或柱塞的方法。

4．背压的目的主要是增加熔胶筒内塑胶熔化后的（　　）。

5．试模的目的有两个：一是确定模具的（　　）；二是取得制件成型工艺的（　　），为正常生产打下基础。

二、判断题

1．塑化能力是指单位时间内能塑化的塑料量。（　　）

2．锁模力是指注射机的合模机构对模具所能施加的最大夹紧力。（　　）

3．射嘴中心要和模具口中心相对应，公差一般在0.5mm之内。（　　）

4．背压的目的主要是增加熔胶筒内塑胶熔化后的密度。（　　）

5．模具的调整与试模称为模具调试。（　　）

6．不同塑料应选用不同螺杆和相应喷嘴。（　　）

7．为了防止喷嘴部分塑料过早硬化，可采用后加料方式。（　　）

任务三　塑料模的维护、修理与检验

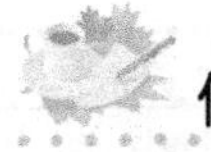

任务描述

本任务主要介绍塑料模的维护、修理与检验。在塑料模的调试和生产过程中，对产生的各种缺陷要仔细分析，找出缺陷产生的原因。如果是模具在制造过程或生产过程中的损耗、损坏等因素，则要对模具进行适当的调整与修理，然后再进行调试，直到模具工作情况正常，得到合格的制件时才能交付使用。

学习目标

通过本任务的学习，了解模具维护及保养的要领、方法和内容；掌握塑料注射模修理的常用方法及修理工艺过程；掌握塑料模检验的方法和内容。

任务分析

对模具进行维护、修理，主要是为了延长模具的使用寿命并保证能生产出合格的制件。维护修理主要体现在这三个方面：一是在生产过程中对模具的维护，包括上班前的维护和下班后的维护。在塑料模的保养过程中，最为重要的部位应为型腔表面，必须保证型腔表面的表面粗糙度要求，以满足脱模需要。同时不能出现刮伤，要定期清理并做防锈处理；对模具中的滑动部位要加适量的润滑油脂，保证其活动灵活；模具的易损件也应适时更换。上班前要对模具进行检查，如导柱、导套、凸凹模是否有损坏和异常声音，下班后要对模具进行维护与保养。二是塑料模的修理，包括使用过程中的维护性修理，以及损坏和磨损后的修理、镶件修理、扩孔修理、凿捻修理、增生修理、电镀修理等方法。三是修理后的试模及检验，包括修理后模具质量的检查、塑料制件质量的检查、修配后是否将缺陷消除等。

任务完成

基本知识

一、塑料模的检修原则和步骤

塑料模在使用过程中，如果发现主要部件损坏或失去使用精度时，应进行全面检修。

1．塑料模检修原则

（1）塑料模零件的更换一定要符合原图样规定的材料牌号和各项技术要求。

（2）检修后的塑料模一定要重新试模和调整，直到生产出合格的制件后，方可交付使用。

2．塑料模的修理步骤

（1）在检修塑料模前，要用汽油或清洗剂清洗干净。

（2）将清洗后的模具，按原图样的技术要求检查损坏部位的损坏情况。

（3）根据检查结果编制修理方案卡片，卡片上应记载如下内容：模具名称、模具编号、使用时间、模具检修原因及检修前的制件质量、检查结果及主要损坏部位、修理方法及修理后能达到的性能要求。

（4）按修理方案卡片上规定的修理方案拆卸损坏部位。拆卸时，可以不拆的尽量不拆，以减少重新装配时的调整和研配工作。

（5）将拆下的损坏零部件按修理卡片进行修理。

（6）安装和调整。

（7）将重新调整后的模具进行试模，检查故障是否排除，制件质量是否合格，直至故障完全排除并试制出合格制件后，方能交付使用。

二、塑料模的临时修理

模具在使用中会发生一些小故障，修理时不必将模具从注射机上卸下来，可切断电源后直接在注射机上进行修理。这样修理模具既省工时又不延误生产，这样的修理称为临时修理。模具的临时修理主要包括以下内容。

（1）利用储备的易损件更换已损坏的零件。储备易损件包括两种：一种是通用的标准件，如内六角螺钉、销钉、模柄及弹簧和橡胶皮等；另一种是冲模易损件，如凸模、凹模及定位装置等。这些易损件应记录在冲模管理卡片上，以备查用。

（2）紧固松动的螺钉和更换失效的顶出弹簧。

（3）紧固松动的模具零件。

（4）更换新的顶杆、复位杆等。

三、塑料模的维护和保管

1．维护方法

（1）暂时不使用的模具，应及时擦拭干净并在导柱顶端的储油孔中注入润滑油，再用纸片盖上，以防灰尘或杂物落入导套，影响导向精度。

（2）凸模与凹模部分及导柱表面应涂防锈油，以防生锈。

（3）模具应在模具库保管。小模具可以放在架子上，按一定顺序整齐排列；大模具一般放在地上，垫上木板，以防生锈。

（4）模具库应通风、干燥。

（5）模具在保管时应建立保管档案，由专人负责维护保管。

2．管理方法

模具的管理，最好采用卡片化管理方法。一种是一模一卡的“模具管理卡”，另一种是一库一卡的“模具管理台账”。模具上有模具编号，按模具种类和使用的机床分类保管。

“模具管理卡”记载以下内容：模具编号和名称、制造或购入日期、制造厂家名称、制件名称、质量、草图或照片、使用的注塑机、模具的使用条件、模具加工工件数量的记录、模具修理情况的记录。

“模具管理卡”一般用塑料膜袋存放，以防污损，并挂在库存保管的模具上。模具使用后，要立即填写工作日期、加工批量及其他有关事项并再挂在模具上，交库保管。

一张模具管理卡对一套模具起管理作用，而使用“模具管理台账”则可以对全部库存模具进行总的管理。在“模具管理台账”中应记入模具号与模具保管地点等有关事项。

四、注塑模具的检验与验收

模具的检验包括的内容很多，从设计方案正确性的评估到模具零件加工精度的检验，到最后整副模具质量的评定（模具的验收）等，这里只简单地讨论模具的验收工作。模具的验收包括三大部分的内容：模具外观，模具性能，制件质量。

模具外观主要包括外观安全（如是否有尖角、利边等）、外形尺寸（模具的长、宽、高）、铭牌标识（标识内容、标识字符及位置）等内容。模具在完成装配以后，在外观检查合格后，尚须按照模具验收技术条件进行试模，试模后模具是否合格，是最值得关心的一个问题，一般可按下列要求进行验收。

1. 塑件的质量检验

（1）塑件形状应完好无缺，其表面平滑光泽，不得出现各种成型缺陷。

（2）顶杆顶出塑件时残留的凹凸痕不得太深，一般不得超过 0.5mm。

（3）对产品进行全尺寸检验，所有尺寸必须基本符合图纸要求，关键尺寸应严格要求在图纸标注的公差范围之内。

（4）各分型面的溢边不得超过规定要求。

（5）为验证模具是否能稳定地生产出合格产品，每次试模的产品数量不得少于 50 模。

2. 模具的性能检验

由于模具是由许多零件组成，需要各零件协调而有效地工作，为此，必须作如下检验。

（1）检验模具零件的材料、几何形状、尺寸精度、表面粗糙度值和热处理等是否符合图纸要求，所有表面都不允许有击伤、擦伤或细小裂纹。

（2）检验型芯和型腔是否按规定要求进行热处理，各主要受力零件应有足够的强度和钢度，在工作时不致产生变形。

（3）有斜导柱抽芯机构的模具，型芯滑块应运行平稳，动作起止位置正确，可保证模具稳定正常地工作，滑块斜面与斜锲面应压紧，且有一定的预紧力。

（4）嵌件安装方便、正确、可靠，在生产时不会对模具产生伤害。

（5）模具各运动部件灵活平稳、动作协调、工作部分动作稳定可靠。

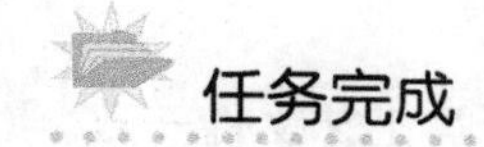

任务完成

一、塑料模的维护与保养

塑料模在完成装配、试模并进行试生产，经检验成为合格的模具后，即可投入塑料制件的批量生产。在塑料制件批量生产的过程中，若操作人员对模具保养不及时或保养不当，往往会使合格的模具变为不合格的模具，从而使成型的塑料制件成为各种各样的不合格品，严重的情况下还会损坏模具或降低模具的使用寿命。因此，塑料模的维护已成为模具厂家一项非常重要且必不可少的工作。

1．模具维护和保养的要领

（1）合理、正确、规范地进行成型生产。成型人员必须充分了解模具结构、塑料的特性，正确选择与模具相对应的成型机并合理地调节低压闭模（目的是使模具在闭模时得到低压保护）、高压锁模及成型工艺条件（压力、温度、时间等），对成型模具、成型设备和成型操作工艺进行必要的管理。在成型过程中，当塑料制件留在定模型腔或脱模困难时，严禁使用铁棒、旋凿等工具强行取下塑料制件或采取其他不规范的取件动作。在批量生产或试模调试过程中需要停机时，为了使注射机锁模系统和模具都处于卸荷状态，应使模具处于部分导柱留在导套内的开启状态。要根据不同的模具制定相应规范的成型作业标准或成型工艺卡片，建立塑料模成型资料档案，尤其是在塑料制件批量生产时，特别要强调制定对模具中各导柱、复位杆等磨损件加润滑油和清理模具的作业标准，不应把模具的维护、保养等相关事宜理解为是模具工的事情。即使规定了良好的成型作业标准和成型工艺条件，仍须成型工艺人员和操作者严格执行，才能减少成型操作的失误并避免模具发生事故。只有减少操作失误，才能说操作得到了管理，模具才能真正得到了维护和保养。

（2）及时、正确、规范地进行模具的保养和修理。一旦发现塑料模有故障，就应及时修理，小问题不解决，往往会引起大问题。首先应寻找产生故障的原因，然后经全面考虑后制定正确的修模方案。修模方案不是唯一的，应选择优质、高效、经济的综合方案进行模具的保养和修理。修理过程中，应遵循规范的修模作业规程。

（3）进行必要的模具日常、定期保养。模具与经常使用的机械设备不同，从这次用来成型到下次再使用，中间可能要间隔相当长的时间，若在这段时间里维护、保养和管理不好，不仅会影响模具的使用寿命，而且在下次成型时还会带来麻烦，降低成型效率，因而对这个问题应引起足够重视，不论是正在生产中的模具或是暂不使用的模具，都应制定模具日常、定期保养计划。对正在生产中的模具，除了要在生产中进行日常保养外，每当生产 5 万～10 万模次或当模具发生故障时，还应对模具进行定期保养，分解模具各部件，对其形状、尺寸和表面粗糙度及内在的质量等进行检查，确认其状态是否良好，并采取必要的措施，使模具始终处在良好的状态。对暂不生产的模具可定期进行状态确认，检查是否生锈，可考虑清洗和涂防锈油，使其保持随时都能生产的状态。

2．模具维护保养的方法

模具的维护与保养工作，应贯穿在模具的使用、修理、保管各个环节中，其方法如下。

（1）模具使用前。

① 对照工艺文件，检查所使用的模具是否正确，规格、型号是否与工艺文件一致。

② 了解所使用模具的使用性能、使用方法、结构特点及动作原理。

③ 检查所使用的设备是否合理，如注射机的行程、开模距离、压射速度等是否与使用的模具配套。

④ 检查所用的模具是否完好，使用的材料是否合适。

⑤ 检查模具的安装是否正确，各紧固部位是否有松动现象。

⑥ 开机前，工作台上、模具上的杂物是否清理干净，以防开机后损坏模具或产生不安全隐患。

（2）模具使用过程中。

① 首先必须认真检查合格后方可开始生产，若不合格则应停机检查原因。

② 遵守操作规程，防止出现乱放、乱碰、违规操作。

③ 模具运转时要随时检查，发现异常应立刻停机修整。

④ 要定时对模具各滑动部位进行润滑，防止野蛮操作。

（3）模具的拆卸。

① 模具使用完毕后，要按正常操作程序将模具从机床上卸下，绝对不能乱拆乱卸。

② 拆卸后的模具要擦拭干净，并涂油防锈。

③ 模具吊运要稳妥，要注意慢起、轻放。

④ 选取模具成型的最后几个制件进行检查，确定是否需要检修。

⑤ 确定模具的技术状况，使其完整及时送入指定地点保管。

（4）模具的检修养护。

① 根据技术鉴定状态，定期进行检修，以保证良好的技术状态。

② 检修要按检修工艺进行。

③ 检修后要进行试模，重新鉴定技术状态。

（5）模具的存放。模具保管存放的地点一定要通风良好、干燥。

3. 模具维护保养的检验内容

模具维护保养的检验内容见表5-3。

二、塑料模的保养和修理

1. 塑料模的保养

（1）保护型腔表面。不同的制件有不同的表面粗糙度要求，但为了制件的脱模需要，模具成型面表面粗糙度值一般要求 $Ra<0.4\mu m$，型腔的表面不允许被钢件碰划，即使需要也只能使用纯铜棒帮助制件出模；当需要擦拭时，应使用涤纶布或丝网布。有些表面有特殊要求的模具，如表面粗糙度 $Ra\leqslant 0.2\mu m$，表面一般用镀镍处理，操作者应佩戴丝绸手套，不允许用手直接触摸。

（2）滑动部位适时适量加注润滑油脂。油脂一次加注太多不好，导柱、导套、顶杆、复位杆等动配合零件要适时擦拭并加注润滑油脂，保证运动灵活，防止紧涩咬死。

（3）型腔表面要定期进行清洗。注射模具在成型过程中，往往会从塑料中分解出低分子化合物腐蚀模具型腔，使得光亮的型腔表面逐渐变得暗淡无光，从而降低制件质量，因此，需要定期擦洗，擦洗完后及时吹干。

（4）型腔表面要按时进行防锈处理。一般模具在停用24h以上时都要进行防锈处理，涂刷无水黄油。停用时间较长（一年之内）时，可以喷涂防锈剂。在喷防锈油或防锈剂之前，应用棉丝把型腔或模具表面擦干净并用压缩空气吹干，否则效果不好。

（5）易损件应及时更换。导柱、导套、顶杆、复位杆等活动件因长时间使用而有磨损，需定期检查并及时更换，一般在使用3万～4万次就应检查更换，保证滑动配合间隙不能过大，避免塑料流入配合孔内而影响制件质量。

（6）型腔表面的局部损伤要及时修复。有时发现型腔的局部有严重损伤，一般采用铜焊、CO_2气体保护焊等方法焊接后，靠机械加工或钳工修复打磨，也可以用嵌镶的方法修复。对于皮纹表面的修复，则不能采用焊接或嵌镶等方法，应采用特殊工艺进行处理，如利用模具钢材的塑性变形修复损坏表面，然后再进行局部腐蚀。

（7）注意模具的疲劳损坏。在塑料模工作过程中产生较大的应力，而打开模具取出制件后内应力又消失了，模具受到周期性内应力作用易产生疲劳损坏，应定期进行消除内应力的处理，防止出现疲劳裂纹。

（8）模具表面粗糙度的修复。一般塑料模的型面会越用越光，制件会越做越好，模具经试模合格后会越来越好用。但也有一些模具由于塑料中低分子挥发物的腐蚀作用，使得型腔表面变得越来越粗糙，导致制件质量下降，这时应及时对型面进行研磨、抛光处理，有的还要退去镀层，重新抛光后再镀，然后进行研磨、抛光。

2．塑料模的修理

（1）堆焊修理。采用低温氩弧焊、焊条电弧焊等方法在需要修复的部位进行堆焊，然后再作修整，主要用来修理局部损坏或需要补缺的地方。当采用焊条电弧焊时，应对焊接的周围进行整体预热（40～80℃）与局部性预热（100～200℃），以防止焊接时局部成为高温区而容易产生裂纹和变形等缺陷。此外，为了提高焊接的熔接性能，被焊处在堆焊前最好加工出5mm左右深的凹坑或用中心钻钻孔，如图5-20所示。要防止操作时火花飞溅到其他部位，尤其是型腔表面更要当心，避免在焊接时出现新的损伤。

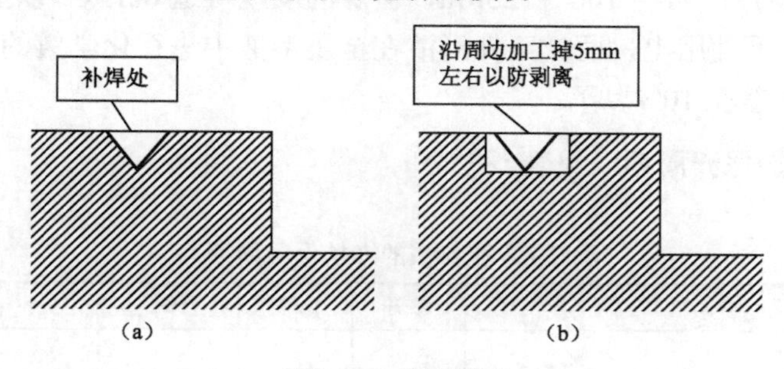

图5-20　堆焊修理

（2）镶件修理。利用铣床或线切割等加工方法将需修理的部位加工成凹坑或通孔，然后用一个镶件嵌入凹坑或通孔里，达到修理的目的。这种方法不仅在模具修理中得到应用，更多地在模具设计时用于结构上的需要，如便于加工、降低零件成本而广泛采用镶件。镶件修理不会像焊接那样会产生变形，但镶件拼缝会在制件上留有痕迹，此外，对于要进行镜面抛光或花纹加工的制件，虽然镶件与镶体的材料相同，仍容易在表面产生不同状况。

（3）扩孔修理。当各种杆的配合孔因滑动而磨损时，可采用扩大孔径，采用相应大的杆径与之配合的方法进行修理。

（4）凿捻修理。如图 5-21 所示，当模具的型面局部有浅而小的伤痕时，可以利用小锤子或錾子在离开型腔部位 2～3mm 处进行凿捻，使型腔表面的某一部分因变形而增高，通过修光达到修理的目的。

（5）增生修理。当型腔面的局部因加工失误或其他原因出现损坏时，采用焊接、镶件或凿捻修理又不适宜的情况下，可以采用增生修理。图 5-22 所示是在离型腔部分 3～5mm 处钻孔，再把销子插入孔内，在加热修整部分的同时，用锤子敲击销子，使其局部增生，长出亏缺的料，然后再进行修正，达到修理的要求，采用此法要注意增出量和敲击力不要过大，否则容易产生裂纹。插入孔内的销子最后应焊牢或用螺钉固定住。

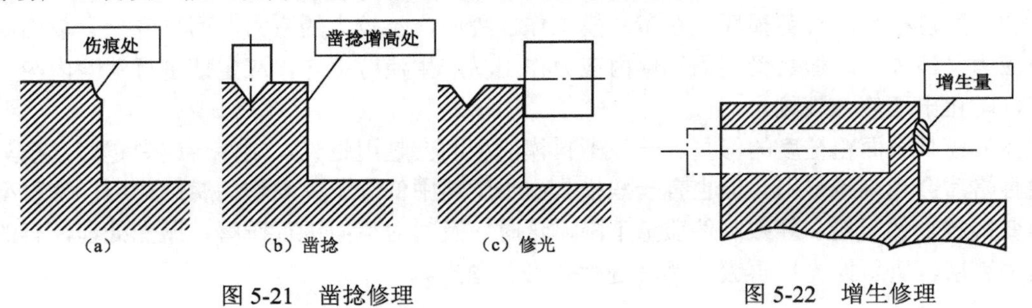

图 5-21　凿捻修理　　　　图 5-22　增生修理

（6）电镀修理。电镀在模具上主要用于提高表面质量、增加硬度及耐腐蚀性等要求的型腔和型芯零件上。电镀作为模具修理的一种方法，只适用于为了获得整体制件壁厚适当变小的场合，这是由于型腔或型芯通过电镀后，其表面会附着一薄层镀层，从而能得到减小制件壁厚的目的。镀层的方法有许多种类，应用在模具方面主要有电镀铬和化学镀镍。

电镀铬可分为装饰铬和镀硬铬两种。装饰铬一般先在钢表面上镀铜（层厚约 20μm）、镍（层厚约 10μm）后再镀铬（0.5μm 左右）；镀硬铬时一般不进行底层处理，镀层厚度可达 5～80μm。注射模中镀层厚度常用 100～125μm，镀层的硬度可达 60HRC 以上。

化学镀镍是一种不使用电，而把工件浸渍在金属溶液中进行化学镀的一种方法，一般镀层厚度为 125μm，误差在 10%以下。

3．塑料模的维护保养周期（见表 5-7）

表 5-7　塑料模的维护保养周期

序号	检查项目	每天	15 天	1 个月	3 个月	6 个月至 1 年
1	喷嘴是否松动					●
2	模具型腔面是否渗水	●				
3	紧固螺钉是否松动			●		

续表

序号	检查项目	每天	15天	1个月	3个月	6个月至1年
4	顶杆是否弯曲、磨损、咬死		●			
5	滑动型芯动作及导柱、导套加油			●		
6	脱模的动作是否协调	●				
7	模具表面质量				●	
8	模具拆卸检查（检查内容有除锈，除油，润滑，型腔磨损，冷却水垢的清除等）					●

4．塑料模的维修工艺过程（见表5-8）

表5-8　塑料模的维修工艺过程

序号	维修工艺	简要说明
1	分析修理原因	① 熟悉模具图样，掌握其结构特点及动作原理。 ② 根据制件情况，分析模具需维修的原因。 ③ 确定模具需维修的部位，观察其损坏情况
2	制定修理方案	① 制定修理方案，确定修理方法（确定模具是大修或小修方案）。 ② 制定修理工艺。 ③ 根据修理工艺，准备必要的修理专用工具及设备
3	修配	① 对模具进行检查，拆卸损坏部位。 ② 清洗零件，并核查修理原因及进行方案的修订。 ③ 配备及修理损坏的零件，使其达到原设计要求。 ④ 更换修配后的零件，重新装配模具
4	试模与验证	① 修配后的模具用相应的设备进行试模与调整。 ② 根据试件进行检查，确定修配后的模具质量状况。 ③ 根据试件情况，检查修配后是否将原故障排除。 ④ 确定修配合格的模具，打刻印，入库存放

5．塑料模具维护保养后的检验（见表5-9）

表5-9　塑料模具维护保养后的检验内容

序号	检验部位	检验内容	检验确认
1	成型零件	型芯及镶件的形状、尺寸、表面粗糙度	是否良好，有无磨损、变形
		型腔、型芯及镶件的相互位置、状态、间隙	是否正确，是否符合要求
2	浇注系统	主流道、分流道、浇口等整个流路	是否畅通，有无变形
		主流道、分流道、浇口道、浇口的表面粗糙度	是否影响塑料的流动
		浇口的形状、位置	是否符合要求，有无磨损变形
		冷料拉料杆的类型、形状、尺寸	是否符合要求，能否拉住冷料
		分流道冷料自动推出机构	功能是否完好，能否自动推出
		浇口套的内锥孔和外径	是否腐蚀、变形或间隙过大
3	导柱导套	尺寸精度	是否符合要求，有无磨损
		配合间隙	是否良好，间隙是否过大

续表

序号	检验部位	检验内容	检验确认
4	推出系统	推出系统的推出动作	是否平衡、灵活、符合要求
		推杆、中心杆等的尺寸精度	是否符合要求，有无磨损
		推杆、中心杆等与型芯的配合间隙	是否良好，配合间隙是否过大
		推出系统导柱与导套的配合间隙	是否符合要求，有无磨损
		复位杆与动模板的间隙	是否符合要求，有无磨损
5	分型面	分型面和分模面（平面、阶台、斜面、曲面）	是否磨损，有无压伤痕迹
		分型面和分模面的间隙	是否合理，是否会产生溢边
6	动定模板和支承板	动模座板、支承板推管孔、推管孔内表面	是否阻塞，是否配合良好
		动模座板、支承板推杆孔、阶台推杆孔间隙	阶台推杆是否能顺利通过
		动、定模座板和支承板的形状、尺寸精度	是否变形，精度是否符合要求
		动、定模座板和支承板上各连接螺孔的内螺纹	是否损坏（滑牙）
7	冷却系统	冷却水通路	是否畅通
		冷却水的冷却效果	是否产生污垢影响冷却
		水管接头	是否完好，有无渗漏或滑牙
8	其他	型腔、型芯、分型面的末端排气孔	是否设计排气孔且是否合适
		各部件的敲打痕迹	有无敲打痕迹并影响制件质量
		模具安装面的方向	是否与号码顺序相符
		吊环螺孔与吊环	是否牢固完好
		安装连接件（拉板、拉杆、限位钉、定位圈、聚氨酯套阻尼销螺钉、支承杆限位螺钉等）	是否紧固 调整是否合适
		模具附件（拉板、螺钉套、螺钉等）	是否齐全
		推板回程确认开关	是否稳定可靠
		入库前（或现阶段暂不使用）的处理	是否清洗并涂防锈剂

附录

操作考核评分项目与标准（见表 5-10）

表 5-10　操作考核评分项目及标准

序号	考核项目	考核要求	配分	评分标准
1	模具维护和保养的要领	合理、正确、规范地进行成型生产；及时、正确、规范地进行模具的保养和修理；进行必要的日常、定期保养	10	操作合理、目的明确、保证安全
2	模具维护保养的方法	模具的维护与保养工作贯穿在模具的使用、修理、保管各个环节中	15	操作合理、目的明确、保证安全
3	模具维护保养的内容	检修部位包括成型零件、浇注系统、导柱导套、推出系统、分型面、动定模板、支承模板、冷却系统	10	操作合理
4	塑料模的保养	型腔表面的保养及易损件的更换	10	操作合理、目的明确、保证安全

续表

序号	考核项目	考核要求	配分	评分标准
5	塑料模的修理	堆焊修理、镶件修理、扩孔修理、凿捻修理、增生修理、电镀修理	10	操作合理
6	模具零件检验用的常规量具	掌握各种测量工具的功能和使用方法，正确选择测量工具	15	能熟练操作常用的各种测量工具，检测位置准确，能保证测量精度
7	模具验收的主要内容	熟悉验收前的准备和验收流程，掌握静检要素和动检要素及最终验收流程	15	要求熟悉考核要求的内容
8	模具性能检查	模具各系统紧固可靠，活动部分灵活、平稳、动作互相协调，定位准确。能保证稳定正常工作，能满足正常批量生产的需要	15	操作熟练，目的明确，保证安全

习　题

一、填空题

1．模具的验收包括三大部分的内容：（　　）检验，（　　）检验，（　　）检验。

2．模具的维护与保养工作，应贯穿在模具的（　　）、（　　）、保管各个环节中。

3．一般模具在停用（　　）小时以上时都要进行防锈处理。

4．注塑成型工艺过程包含准备、（　　）、制品的后处理三大阶段，并需要热量、（　　）、时间三个条件和（　　）、注塑机、注塑模三个要素。

二、问答题

1．塑料模检修原则是什么？

2．什么是临时修理？什么情况下可以采取临时修理？

3．修理塑料模有哪些常用的方法？

4．注射模的一般修理步骤是怎样的？

5．注射模的维护、保养都包括哪些内容？

附录A　模具拆装教学实训案例

一、冲模拆装实训

（一）实训目的

（1）熟悉典型冲模的工作原理、结构特点及各零件的功用和装配关系。

（2）掌握各组件的装配和检测方法。

（3）掌握凸、凹模间隙的调整方法和模具总装顺序。

（4）分析试模时常见缺陷的原因及调整办法。

（二）实训的设备、模具和工具

（1）台钻、J23-250型曲柄压力机各一台。

（2）冲裁模、弯曲模、拉深模各若干套。

（3）游标卡尺、90度角尺、塞尺、活动扳手、内六角扳手、一字旋具、平行铁、台虎钳、锤子、铜棒等常用钳工工具，每实训组一套。

（三）实训的内容及步骤

（1）拆装前的准备。

仔细观察已准备好的三种冲模，熟悉其各零部件的名称、功用及相互装配关系。

（2）拆卸步骤。

拟定模具拆卸顺序及方法，按拆模顺序将冲模拆为几个部件，再将其分解为单个零件并进行清洗。然后深入了解凸、凹模的结构形状，加工要求与固定方法；定位零件的结构形式及特点；卸料、压料零件的结构形式、动作原理及安装方式；导向零件的结构形式与加工要求；支承零件的结构及其作用；紧固件及其他零件的名称、数量和作用。在拆卸过程中，要记清各零件在模具中的位置及配合关系。

（3）确定模具装配的步骤和方法。

① 组件装配。将模架、模柄与上模座、凸模与固定板、凹模与固定板等，按照确定的方法装配好（组件装配内容视具体模具而确定），并注意装配精度的检验。

② 确定装配基准。在模具总装前，根据模具零件的相互位置关系来确定装配基准，使之保证装配质量。单工序模选择在装配过程中受限制较大的凸模（或凹模）部分为基准；复

合模以凸凹模作为装配基准；级进模以凹模为装配基准。

③ 模具总装。根据装配基准，按顺序将各部件组装、调整，恢复模具原样。

在装配过程中应合理选择装配方法，保证装配精度，并注意工作零件的保护。

（4）试模

在压力机上试模，验证装配精度及冲压件是否合格。若冲压件不合格，分析原因，对模具做适当调整，直至工作合格为止。

（四）实训报告

（1）画出所拆装模具的装配图并列出零件的明细表。

（2）简述主要组件的装配方法及间隙的控制措施。

（3）说明典型模具的总装步骤及注意事项。

（4）若冲件出现常见缺陷，分析其原因并说明解决的方法。

二、塑料模拆装实训

（一）实训目的

（1）熟悉塑料模结构、各零部件的作用和装配关系。

（2）掌握成形零件、结构零件的装配和检测方法及模具总装顺序。

（3）了解塑料模的试模有关知识。

（二）实训设备、模具及工具

（1）注塑机一台。

（2）注射模一副（注射模上具有侧浇口、点浇口、侧面分型与抽芯机构各一副）。

（3）扳手、内六角扳手、锤子每实训组一套。

（三）实训内容及步骤

（1）拆装前准备

对已准备好的模具要仔细观察分析，了解各零部件的功用及相互装配关系。

（2）拆卸步骤

先拟定拆卸顺序和方法，再按顺序将模具分解成单个零件并进行清洗。在拆卸过程中，要记住各零件在模具中的位置及连接方法，并把各零件按一定位置放置，以免丢失。

（3）确定装配步骤及方法

① 确定装配基准。

② 装配各组件，如导向系统、型芯、浇口套、加热和冷却系统、顶出系统等。

③ 拟定装配顺序，按顺序将动模和定模装配起来。

④ 试模。由实训老师示范，将注射模安装到注射机上，并进行模具的调整（如开模距离与制件高度调整、顶出件距离调整、锁紧力调整等）。

在拆装过程中应注意模具零件的维护与保养。

（四）实训报告

（1）画出模具装配图并注明各零件的名称。

（2）简述模具拆卸和装配的工艺过程。

（3）分析试模过程中制品产生常见缺陷的原因及解决方法。

附录 B 模具装配习题集

一、填空题

1．在装配过程中既要保证相配零件的（　　）要求，又要保证零件之间的（　　）要求，对于那些具有相对运动的零部件，还必须保证它们之间的（　　）要求。

2．生产中常用的装配方法有（　　）、（　　）、（　　）、（　　）。

3．在装配时修去指定零件上的（　　）以达到装配精度的方法，称为修配装配法。

4．在装配时用改变产品中（　　）零件的相对位置或选择合适的（　　）以达到装配精度的方法，称为调整装配法。

5．模具装配过程一般包括（　　）、组件装配、总装配、（　　）四个阶段。

6．冲模装配是冲模制造过程中的关键工序，冲模装配质量如何将直接影响到制件的（　　）及（　　）的技术状态和使用寿命。

7．冲模装配的工艺过程主要包括四个阶段：装配前的准备、组装、总装、（　　）。

8．选择合理的装配方法和选择合理的（　　），是冲模装配的要点。

9．模架装好后，必须对其进行检测，主要是平行度和（　　）的检测。

10．将导柱的同轴度最大误差Δ_{max}调至两导套中心连线的（　　）方向，这样可把由同轴度误差引起的中心距变化减到最小。

11．冲压模具根据工序组合程度分为（　　）、（　　）、（　　）三大类。

12．冲压模具根据工艺性质分为（　　）、弯曲模、（　　）、成形模等。

13．多工位级进模是在普通级进模的基础上发展起来的一种高（　　）、高（　　）、高寿命的模具。

14．热套固定法是应用金属材料（　　）的物理特性对模具零件进行固定的方法。

15．利用无机黏接剂固定凸模，具有工艺简单、黏结强度高、不（　　）、耐高温及不导热等优点。但其本身有（　　），不宜受较大的冲击力，所以只适用于冲裁力较小的薄板料冲裁模具。

16．在冲模制造过程中，模板上的螺钉孔、销钉孔一般不（　　）加工。

17．冷冲压设备一般可以分为（　　）、电磁压力机、气动压力机和（　　）四大类。

18．JH23—40 压力机的公称压力为（　　）N。

19．封闭高度是指滑块在（　　）时，滑块底面到工作台上平面（即垫板下平面）之间的距离。

20．压力机的公称压力应（　　）模具冲压力（即制件计算压力）的1.2～1.3倍。

21．在模具安装调整滑块位置时，使滑块到达上止点时凸模不至于逸出（　　）之外，或导套下降距离不应超过导柱长度的（　　）为止。

22．用压块将下模紧固在工作台面上时，其紧固用的螺栓拧入螺孔中的长度应不小于螺栓直径的（　　）倍。

23．在冲模安装后进行调整时，对于冲裁厚度在2mm以内的，凸模进入凹模的深度不能超过（　　）mm；对于硬质合金制成的凸、凹模，不应超过（　　）mm。

24．冲模在使用一段时间后，应定期进行检查，刃磨刃口，每次刃磨时的刃磨量不应太大，一般为（　　）mm，刃磨后应用油石进行修整。

25．模具的维修一般都要经过这四个过程：分析修理原因、制订修理方案、（　　）和（　　）。

26．当冲裁厚度小于2mm时，凸模进入凹模的深度不应超过（　　）mm。硬质合金模具不超过（　　）mm。

27．在调试冲裁模上、下模的吻合状态时，是依靠调节压力机的（　　）长度来实现的。

28．塑料模具装配工艺过程包括准备阶段、组装阶段、总装阶段、（　　）阶段这四个子过程。

29．螺纹连接式型芯与固定板的定位常采用（　　）、销钉或键。

30．型腔凹模的压入端一般均不允许修出斜度，而将导入斜度设在（　　）上。

31．采用将型腔凹模全部压入模板以后再调整其位置的装配方法时不能采用过盈配合，一般保持有（　　）mm的间隙。位置调整正确后，应采用（　　），防止其转动。

32．为使各个拼块同时进入固定板，压入时应在拼块上放一个（　　）。

33．在模具装配中，对拼的模块常用两个（　　）定位。

34．在导钉（或定位销）压入时，如果拼块较厚而导钉要从压入端压入时，则应将压入端修出（　　）。

35．装配前，装配者应熟知模具结构、特点和各部功能并吃透产品及其（　　）要求；确定装配顺序和（　　）基准及检验标准和方法。

36．在配作导柱、导套安装孔时，模板的定位一般是这样的，对于180mm×180mm以内的小模具，用（　　）销钉定位；600mm×600mm以内的中等模具用（　　）的定位销定位；600mm以上的大模具则需要（　　）的销钉定位。

37．在塑料模具装配时，模具合模后，应使复位杆端面低于分型面（　　）mm。推杆端面应高出型面（　　）mm。

38．在卸料板的装配过程中，卸料板的底面应与沉坑底面保证接触，四周的斜面可存在0.01～0.03mm的间隙，卸料板的上平面应高出固定板（　　）mm。

39．常用的滑块复位定位方式有两种：用（　　）作滑块复位定位和用（　　）作滑块复位定位。

40．塑料注射模具装配后，模具安装平面的平行度误差应不大于（　　）mm。

41．一台通用型注射机主要包括（　　）系统、（　　）系统、液压控制系统和电器控制系统四个部分。

42．合模系统主要由（　　）、（　　）、（　　）、合模油缸、连杆机构、调模机构及制品推出机构等组成。

43．注射机按外形结构特征分为（　　）注射机、（　　）注射机、（　　）注射机及多模转盘式注射机等几大类。

44．注射机按锁模机构驱动方式分为（　　）注射机和（　　）注射机。

45．模具的吊装有（　　）吊装和（　　）吊装两种方法。

46．注射量是指注射机在对空注射的条件下，注射螺杆作一次（　　）行程所注射的胶量。

47．注塑机的注射压力由（　　）进行调节，在调定压力的情况下，通过高压和低压油路的通断，控制前后期注射压力的（　　）。

48．为了满足不同塑料应有不同的注射压力的要求，可以采用更换不同直径的（　　）或柱塞的方法。

49．背压的目的主要是增加熔胶筒内塑胶熔化后的（　　）。

50．试模的目的有两个：一是确定模具的（　　）；二是取得制件成型工艺的（　　），为正常生产打下基础。

51．模具的验收包括三大部分的内容：（　　）检验，（　　）检验，（　　）检验。

52．模具的维护与保养工作，应贯穿在模具的（　　）、（　　）、保管各个环节中。

53．一般模具在停用（　　）小时以上时都要进行防锈处理。

54．注塑成型工艺过程包含准备、（　　）、制品的后处理三大阶段，并需要热量、（　　）、时间三个条件和（　　）、注塑机、注塑模三个要素。

二、选择题

1．集中装配的特点是（　　）。

A．从零件装成部件或产品的全过程均在固定地点　B．由几组（或多个）工人来完成

C．对工人技术水平要求高　D．装配周期短

2．分散装配的特点是（　　）。

A．适合成批生产　B．生产率低

C．装配周期长　D．装配工人少

3．完全互换装配法的特点是（　　）。

A．对工人技术水平要求高　B．装配质量稳定

C．产品维修方便　D．不易组织流水作业

4．对调整装配法，正确的叙述是（　　）。

A．可动调整法在调整过程中不需拆卸零件

B．调整法装配精度较低

C．调整法装配需要修配加工

D．只能通过更换调整零件的方法达到装配精度

5．用游标卡尺、外径千分尺测量轴径是（　　）。

A．直接测量　　B．间接测量　　C．绝对测量　　D．相对测量

6．用内径百分表测量孔径是（　　）。

A．直接测量　　B．间接测量　　C．绝对测量　　D．相对测量

7．通过测量一圆弧相应的弓高和弦长而计算得到圆弧半径的实际值，这是（　　）。

A．直接测量　　B．间接测量　　C．绝对测量　　D．相对测量

8．用光切法显微镜测量零件表面粗糙度是（　　）。

A．接触测量　　B．间接测量　　C．非接触测量　　D．相对测量

9．测量器具设计中存在的原理误差是（　　）。

A．系统误差　　B．随机误差　　C．粗大误差　　D．理论误差

10．用低熔点合金法固定凸模，其特点有（　　）。

A．对凸模固定板精度要求不高

B．浇注前，凸模部分要清洗，固定板部分不必清洗

C．浇注前应预热凸模及固定板的浇注部位

D．熔化过程中不能搅拌

11．冲裁模试冲时产生送料不通畅或条料被卡死的主要原因有（　　）。

A．凸、凹刃口不锋利

B．两导料板之间的尺寸过小或有斜度

C．凸模与卸料板之间的间隙小

D．凸模与卸料板之间的间隙过大，使搭边翻扭

12．冲裁模试冲时，冲压件不平的原因有（　　）。

A．落料凹模有上口小、下口大的正锥度

B．级进模中，导正钉与预冲孔配合过紧，将工件压出凹陷

C．侧刃定距不准

D．冲模结构不当，落料时没有压料装置

13．冲裁模试冲时，冲件的毛刺较大，产生原因有（　　）。

A．刃口太锋利　　B．淬火硬度高

C．凸、凹模配合间隙过大　　D．凸、凹模配合间隙不均匀

14．弯曲模试冲时，冲件的弯曲角度不够，产生原因有（　　）。

A．凸、凹模的弯曲回弹角过大

B．凸模进入凹模的深度太浅

C．凸、凹模之间的间隙过小

D．校正弯曲的实际单位校正力太大

15．拉深模试冲时，制件起皱，产生的原因有（　　）。

A．压边力太小或不均　　B．凸、凹模间隙太小

C．凹模圆角半径太小　　D．板料太薄或塑性差

16．拉深模试冲时出现冲件拉深高度不够，其原因有（　　）。

A．拉深凹模圆角半径太大　　B．拉深间隙过大

C．拉深凸模圆角半径太小　　D．压料力太小

17．对塑料模浇口套的装配，下列说法正确的有（　　）。
A．浇口套与定模板采用间隙配合
B．浇口套的压入端不允许有导入斜度
C．常将浇口套的压入端加工成小圆角
D．在浇口套的导入斜度加工时不需留有修磨余量
18．游标卡尺测量前应清理干净，并将两量爪合并，检查游标卡尺的（　　）。
A．贴合情况　　B．松紧情况　　C．精度情况　　D．平行情况
19．钻夹头的松紧必须用专用（　　），不准用锤子或其他物品敲打。
A．工具　　B．扳子　　C．钳子　　D．钥匙
20．岗位的质量要求，通常包括操作程序、工作内容、工艺规程及（　　）等。
A．工作计划　　B．工作目的　　C．参数控制　　D．工作重点
21．电子仪器按（　　）可分为简易测量仪器、精密测量仪器、高精度测量仪器。
A．功能　　B．工作频段　　C．工作原理　　D．测量精度
22．X6132型万能铣床进给运动时，升降台的上下运动和工作台的前后运动完全由操纵手柄通过行程开关来控制，其中，行程开关SQ3用于控制工作台（　　）和向下的运动。
A．向左　　B．向右　　C．向上　　D．向前
23．X6132型万能铣床工作台的左右运动由操纵手柄来控制，其联动机构控制行程开关SQ1和SQ2，它们分别控制工作台（　　）及向左运动。
A．向上　　B．向下　　C．向后　　D．向右
24．数控机床的定位精度检验包括（　　）。
A．回转运动的定位精度和重复分度精度　　B．回转运动的反向误差
C．回转轴原点的复归精度　　D．以上都是
25．回转运动的反向误差属于数控机床的（　　）精度检验。
A．切削　　B．定位　　C．几何　　D．联动
26．端面铣刀铣平面的精度属于数控机床的（　　）精度检验。
A．切削　　B．定位　　C．几何　　D．联动
27．有配合关系的尺寸，其配合的（　　）等级应根据分析查阅有关资料来确定。
A．性质　　B．公差　　C．性质或公差　　D．性质和公差
28．设计者给定的尺寸，以（　　）表示孔。
A．H　　B．h　　C．D　　D．d
29．规定孔的尺寸减去轴的尺寸的代数差为正是（　　）配合。
A．基准　　B．间隙　　C．过渡　　D．过盈
30．（　　）脱模剂用于聚酰胺塑料件的脱模，效果较好。
A．硬脂酸锌　　B．液体石蜡　　C．硅油　　D．石墨
31．有的制品要求不同颜色或透明度，在成型前应先在原料中加入所需的（　　）。
A．增塑剂　　B．润滑剂　　C．稳定剂　　D．着色剂
32．通常注射机的实际注射量最好在注射机的最大注射量的（　　）以内。
A．60%　　B．70%　　C．80%　　D．90%

33．轴类零件定位用的顶尖孔属于（　　）。

A．精基准　　B．粗基准　　C．辅助基准　　D．自为基准

34．注射模标准模架选用时，通常考虑几个模板的厚度，下列（　　）不是可供选择的。

A．动模板　　B．定模板　　C．支承板　　D．垫块

35．定模板厚度通常与（　　）尺寸有关。

A．型芯　　B．型腔　　C．侧型芯　　D．镶块

36．斜导柱分型与抽芯机构的结构形式按斜导柱与滑块位置的设置不同有四种形式，其中（　　）的特点是没有推出机构。

A．斜导柱在定模，滑块在动模的结构　　B．斜导柱在动模，滑块在定模的结构

C．斜导柱与滑块同在动模的结构　　D．斜导柱与滑块同在定模的结构

37．绘制模具总装图时，下列（　　）选项是不需要的。

A．技术要求　　B．BOM 表　　C．外形尺寸　　D．零件尺寸

38．在绘制零件工程图时，若需表达零件外形某个细微特征，最好选择（　　）视图。

A．局部放大　　B．局部剖　　C．全剖　　D．半剖

39．下列关于注塑模装配时的修配原则，（　　）选项是正确的。

A．型腔应保证大端尺寸在制品尺寸公差范围内

B．型芯应保证大端尺寸在制品尺寸公差范围内

C．拐角处圆角半径型腔应偏小

D．拐角处圆角半径型芯应偏大

40．推出机构装配时，通常需要根据图纸要求进行导柱孔的加工，下列（　　）操作是不需要的。

A．配铰　　B．划线　　C．配钻　　D．配铣

41．常见的型腔结构形式有（　　）。

A．整体式　　B．嵌入式　　C．镶拼式

D．瓣合式　　E．修配式

42．冲模验收的内容包括（　　）。

A．冲模设计的审核　　B．外观检查　　C．尺寸检查

D．试模和冲件检查　　E．质量稳定性检查

43．在导柱、导套装配时，当将长导柱压入固定板时，需要导套进行定位，其目的主要是保证（　　）的精度要求。

A．垂直度　　B．平面度　　C．同心度

D．平行度　　E．对称度

44．常见的塑料模装配中的修配原则有（　　）。

A．型腔应保证大端尺寸在制品尺寸公差范围内

B．热处理后，凡经磨削加工的零件，可不需要退磁

C．拐角处圆角半径型腔应偏小

D．拐角处圆角半径型芯应偏小

E．热处理后，凡经磨削加工的零件，均应充分退磁

45．在注塑模具验收时，常从下列（　　）等因素进行检验。

A．模具结构　　B．塑件几何形状　　C．注塑参数

D．模具材料　　E．塑件表明质量

46．模具管理包括下列（　　）等内容。

A．模具档案管理　　B．模具台帐管理　　C．模具生产现场管理

D．模具库房管理　　E．模具价格管理

47．冷冲模装配的技术要求包括（　　）。

A．模具外观和安装尺寸　　B．模具的总体装配精度　　C．试冲合格

D．装配后，导柱与导套的固定端面应分别与下模座的底平面和上模座的上平面平齐

E．具有模具编号

48．试模材料的正确要求包括（　　）。

A．材料的厚度及其公差应符合工艺图纸要求

B．材料的表面质量可部分不符合工艺图纸的要求

C．材料的牌号应符合工艺图纸要求

D．材料的宽度应符合工艺图纸要求

E．材料的性能应符合工艺图纸要求

49．下列关于垫板的说法正确的是（　　）。

A．垫板的作用是降低模板所受的单位压力，防止模板局部破坏导致模具寿命的降低

B．当采用刚性推件装置时，上模板被挖空时须加垫板

C．当冲压件的厚度较大而外形尺寸又较小时，就应该采用垫板

D．上模被挖空时，所需的垫板的厚度一般较小

E．冲模中最常见的是凸模垫板，它被装于凸模固定板与模板之间

50．导柱 A20h5×120 GB/T 2861.1 的正确含义包括（　　）。

A．材料选用 20 钢　　B．直径 d=20mm　　C．公差带 h5

D．长度 L=120mm　　E．硬度 61HRC

51．标准模架的上、下模座的材料包括（　　）。

A．HT200　　B．A3　　C．Q235 钢　　D．45 钢　　E．T10A

52．模架的选择考虑的方面包括（　　）。

A．模具工作零件配合精度　　B．产品零件精度要求　　C．产品零件形状

D．条料送料方向　　E．凹模周界尺寸

53．常用的模柄形式是（　　）。

A．压入式模柄　　B．槽形模柄　　C．通用模柄　　D．推入式活动模柄

54．下列关于弹簧选用的说法错误的是（　　）。

A．在模具结构无特殊要求的前提下，应尽量考虑价格低廉的弹簧

B．冲裁工序的工作行程较小，对弹簧的刚度要求不高，主要考虑弹性力是否满足使用要求即可

C．对于技术条件稍差的厂家应尽量避免选用维护难度大的氮气弹簧

D．对于大型模具，为了减轻模具重量，应选用输出弹性力大的弹性元件，如橡胶弹簧、

圆截面圆柱螺旋压缩弹簧等

55．下列关于卸料装置顶杆、圆柱头卸料螺钉的描述错误的是（　　）。

A．材料都采用 45 钢

B．顶杆热处理硬度比圆柱头卸料螺钉热处理硬度低

C．顶杆是以向上动作直接或间接顶出工件或废料的杆状零件

D．卸料螺钉是固定在弹压卸料板上的螺钉

56．冷冲模一般精度要求的上下模座的加工方案为（　　）。

A．备料→刨平面→钻孔、镗孔

B．备料→刨平面→磨平面→划线→钻孔→镗孔

C．备料→刨平面→时效→磨平面→划线→钻孔→镗孔

D．备料→刨平面→磨平面→钻孔、镗孔

57．（　　）用于大批量生产的自动送料。

A．板料　　B．带料　　C．条料　　D．线料

58．在装配建模时，要完全约束第一个放置的零件，可选择（　　）约束。

A．匹配　　B．默认　　C．插入　　D．绝对坐标系

59．冷冲压模具装配图不应包括（　　）等内容。

A．一组图形及尺寸标注　　B．工作零件图

C．制件图和排样图　　D．技术要求及标题栏和零件明细栏

60．在下列说法中，不正确的是（　　）。

A．模具的闭合高度、安装于压力机的各配合部位尺寸，应符合所选用的设备规格

B．大、中型冲模可不设起吊孔

C．模具的出件与排料应通畅无阻

D．模具所有活动部分应保证位置准确、配合间隙适当、动作可靠、运动平稳

61．有导向小型冲模上模的安装固定一般（　　）。

A．利用模具的模柄与滑块安装固定　　B．利用导柱与滑块安装固定

C．既利用模柄又利用上模座与滑块安装固定　　D．利用导套与滑块安装固定

62．在对职工进行培训时，通常需要培训下列（　　）内容。

A．技能培训　　B．安全培训　　C．环保知识　　D．财务知识

63．一般来讲，影响模具寿命的最重要因素是（　　）。

A．冲压工艺及冲模设计　　B．模具材料性质及热处理

C．压力机的精度与刚性　　D．模具的使用、维护和管理

三、判断题

1．模具属于单件、小批量生产，所以装配工艺通常采用修配法和调节法。（　　）

2．模具生产属于单件小批生产，适合采用分散装配。（　　）

3．移动装配就是分散装配。（　　）

4．分组装配法在同一装配组内不能完全互换。（　　）

5．修配装配法在单件、小批生产中被广泛采用。（　　）

6．模具装配好即可用于生产。（　　）

7．复合模装配时，冲孔和落料的冲裁间隙应均匀一致。（　　）

8．在装配后的上模中，其推件装置的推力的合力中心应与模柄的中心重合。（　　）

9．复合模的装配有配作装配法和直接装配法两种。（　　）

10．紧固件法是利用紧固零件将模具零件固定的方法。（　　）

11．以凸凹模为装配基准是复合模装配的关键。（　　）

12．复合模是正装还是反装，主要是根据凸凹模的安装位置来判断的。（　　）

13．冲压时应防止叠片冲压。（　　）

14．压力机的滑块行程可通过连杆进行调节。（　　）

15．滑块行程次数越大，生产效率就一定越高。（　　）

16．复合模就是滑块一次行程能冲裁出两个产品。（　　）

17．曲柄压力机的滑块行程等于它的曲柄半径的两倍。（　　）

18．试模材料的性能与牌号、试件坯料厚度均应符合图样要求。（　　）

19．试模用的压力机、液压机一定要符合要求。（　　）

20．模具在设备上的安装，一定要牢固。（　　）

21．模具各活动部位在试模前或试模中要加润滑油。（　　）

22．凸模进入凹模的深度一定要符合要求。（　　）

23．凸模与凹模的相对位置一定调整正确，间隙要均匀。（　　）

24．模具在工作一段时间后，一定要进行定期检查和维护。（　　）

25．修边模与冲孔模的定位件形状应与前工序形状相吻合。（　　）

26．销钉与销钉套的配合部分长度越长越好。（　　）

27．埋入式型芯与固定板装配时都要将型芯尾部四周稍修斜度。（　　）

28．面积大而高度低的型芯，常用螺钉、销钉直接与固定板连接。（　　）

29．热固性塑料压模中，型芯与固定板常用螺纹连接的方式。（　　）

30．型腔凹模的压入端一般均不允许修出斜度，而将导入斜度设在模板上。（　　）

31．采用将型腔凹模全部压入模板以后再调整其位置的装配方法时应采用过盈配合。（　　）

32．过盈配合零件装配时，必须检查配合件的过盈量，并保证配合部分有较小的表面粗糙度，压入端的导入斜度应均匀。（　　）

33．销钉套与淬硬件之间的过盈量较大，所以对淬硬件孔和销钉套外圆的表面粗糙度、垂直度的要求也较高。（　　）

34．压入件与模板孔以锥面配合，在装配中可以得到任意的预应力。（　　）

35．在装配过程中常须采用将零部件做局部修磨的方法来保证装配的技术要求。（　　）

36．装配中使用的标准件不需要经过检验，但通用件必须是经过进厂入库检验合格的成品。（　　）

37．合模系统的主要作用是实现模具的闭合、锁紧、开启和顶出制品。（　　）

38．在卧式注射机上，模具是沿水平方向打开的。（　　）

39．立式注射机的注射装置与合模装置的轴线呈一线且与水平方向垂直排列。（　　）

40．直角式注射机特别适应于中心不允许留有浇口痕迹的塑料制件。（　　）

41．模具紧固应平稳可靠，压板要放平，不得倾斜。要注意防止合模时动模压板、定模压板以及推板等与动模板相碰。（　　）

42．在调整三级锁模压力时，要注意曲肘伸直时应先快后慢。（　　）

43．塑化能力是指单位时间内能塑化的塑料量。（　　）

44．锁模力是指注射机的合模机构对模具所能施加的最大夹紧力。（　　）

45．射嘴中心要和模具口中心相对应，公差一般在 0.5mm 之内。（　　）

46．背压的目的主要是增加熔胶筒内塑胶熔化后的密度。（　　）

47．模具的调整与试模称为模具调试。（　　）

48．不同塑料应选用不同螺杆和相应喷嘴。（　　）

49．为了防止喷嘴部分塑料过早硬化，可采用后加料方式。（　　）

50．从测量器具的读数装置上直接得到被测量的数值的测量方法是直接测量。（　　）

51．将被测量与一个标准量值进行比较得到两者差值的测量方法是相对测量。（　　）

52．测量器具的测头与被测件表面接触并有机械作用的测量力存在的测量方法是接触测量。（　　）

53．用测量器具分别测出螺纹的中径、半角及螺距的测量方法是单项测量。（　　）

54．用螺纹量规的通端检测螺纹的方法属于单项测量。（　　）

55．测量误差是指被测量的测得值与其真值之差。（　　）

56．游标卡尺是工业上常用的测量长度的仪器。（　　）

57．高度尺主要用于工件的高度测量和钳工精密划线。（　　）

58．量规的测量值是不可调的。（　　）

59．水平仪是属于形位误差的测量工具。（　　）

四、问答题

1．模具装配的概念是什么？模具装配有哪些特点？

2．什么是模具装配精度？它包括哪些方面？

3．保证模具装配精度的方法有哪些？如何选用？

4．在导柱、导套的安装过程中，请比较先装导柱与先装导套的优、劣。

5．冷冲模装配的关键是什么？简述冲裁模的装配技术要求。

6．冲模调试的目的是什么？

7．冲模调试的技术要求有哪些？

8．冲模调试应注意哪些事项？

9．冲模卸料系统的调整应从哪些方面入手？

10．如何刃磨凸、凹模的刃口？

11．型芯装配时应注意哪些问题？

12．在滑块型芯的装配过程中，滑块型芯端面的修磨量是如何确定的？

13．楔紧块的装配有什么技术要求？

14．在滑块的装配过程中，如何确定滑块斜面的修磨量？

15．塑料模检修原则是什么？

16．什么是临时修理？什么情况下可以采取临时修理？

17．修理塑料模有哪些常用的方法？

18．注射模的一般修理步骤是怎样的？

19．注射模的维护、保养都包括哪些内容？

20．低熔点合金固定浇注的工艺过程是什么？

21．模具的验收包括哪些内容？

22．模具静检包括哪些要素？

23．模具动检包括哪些要素？

五、计算题

1．如图 B-1 所示，装配要求轮轴的轴向间隙 A_Σ 在 0.2～0.7mm 的范围内变化。已知各零件的基本尺寸为 A_1=140mm，A_2=A_5=5mm，A_3=100mm，A_4=50mm。试用极值法确定各尺寸的公差和偏差。

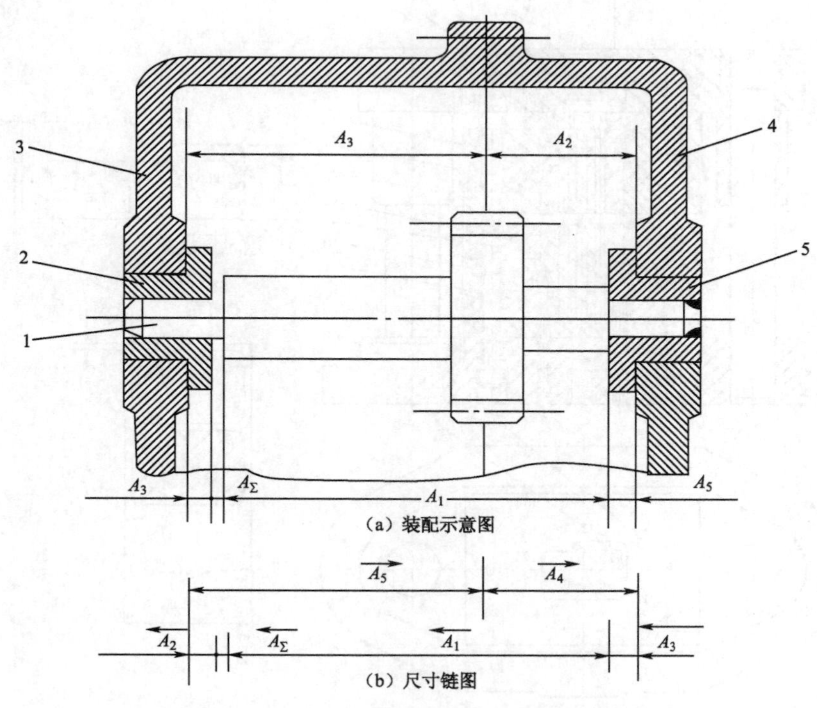

图 B-1　齿轮箱部件图

2．如图 B-2 所示，尾座垫块厚度 A_2=46mm，尾座底面至中心线高度 A_3=156mm，头架底面至中心线高度 A_1=202mm，装配后尾座中心线应比头架中心线高 0.06mm。

（1）用完全互换法计算各组成环的平均公差。

（2）若公差太小，加工困难，可采用什么方法装配？

（3）以 A_2 为修配环，确定各组成环偏差。

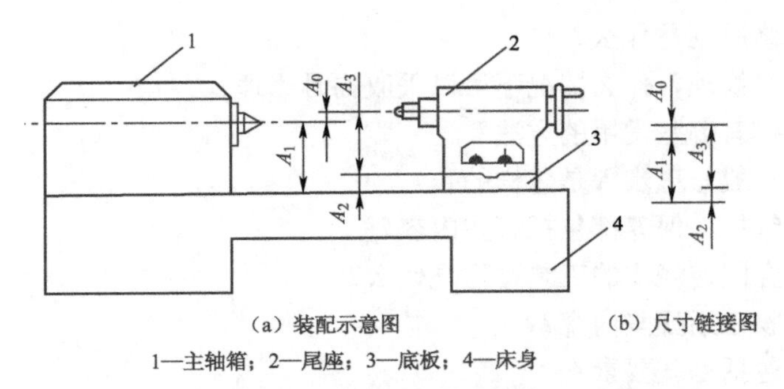

（a）装配示意图　　（b）尺寸链接图

1—主轴箱；2—尾座；3—底板；4—床身

图B-2　卧式车床主轴中心线与尾座套筒中心线等高示意图

六、描述题

1．请描述如图 B-3 所示正装式复合模的装配工艺过程。

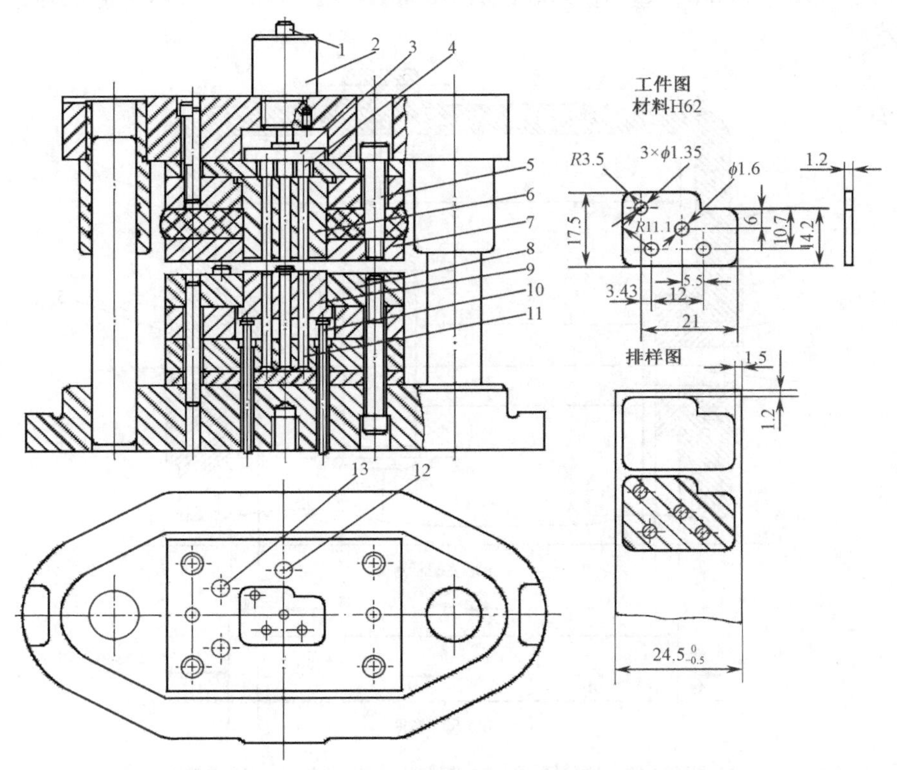

1—打杆；2—模柄；3—推板；4—推杆；5—卸料螺钉；6—凸凹模；7—卸料板；8—落料凹模；9—顶件块；10—带肩顶杆；11—冲孔凸模；12—挡料销；13—导料销

图B-3　正装式复合模

2．请描述如图 B-4 所示模具的装配工艺过程。

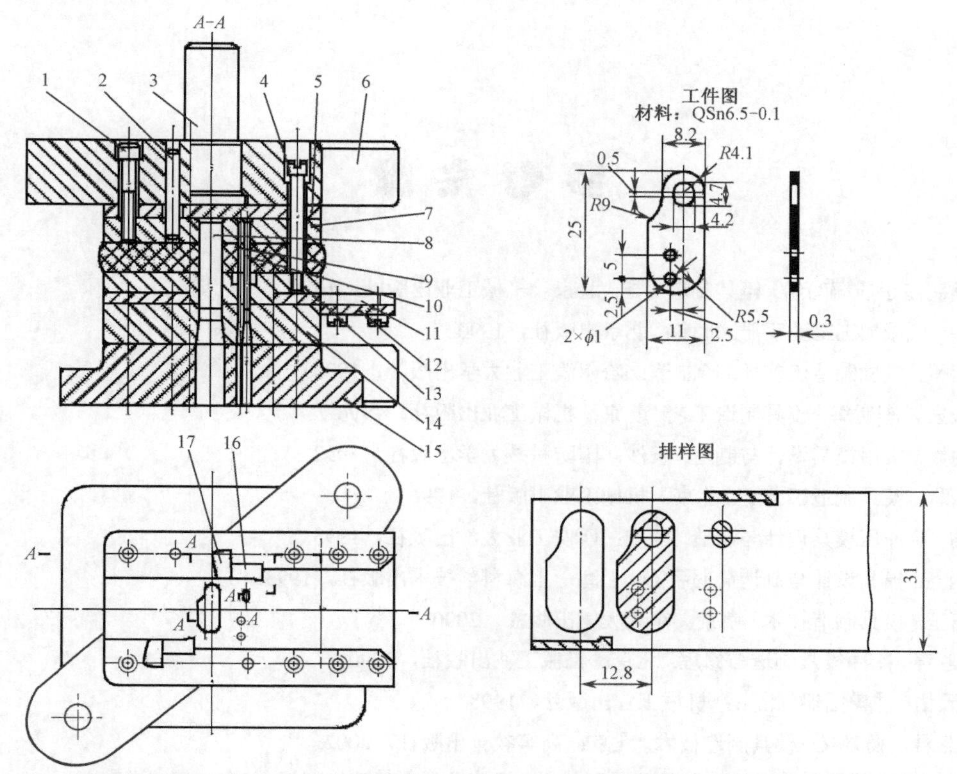

1—内六角螺钉；2—销钉；3—模柄；4—卸料螺钉；5—垫板；6—上模座；7—凸模固定板；8、9、10—凸模；11—导料板；12—承料板；13—卸料板；14—凹模；15—下模座；16—侧刃；17—侧刃挡块

图B-4 双侧刃定距的冲孔落料级进模

参 考 文 献

[1] 模具制造手册编写组. 模具制造手册. 北京：机械工业出版社，1996.

[2] 李洪. 机械加工工业手册. 北京：北京出版社，1990.

[3] 王启平. 机械制造工艺学. 哈尔滨：哈尔滨工业大学出版社，1990.

[4] 黄毅宏，李明辉. 模具制造工艺. 北京：机械工业出版社，1996.

[5] 王树勋. 实用模具设计与制造. 长沙：国防科技大学出版社，1992.

[6] 李云程. 模具制造工艺学. 北京：机械工业出版社，1996.

[7] 张钧. 冷冲压模具设计与制造. 西安：西安工业大学出版社，1995.

[8] 冯炳尧. 模具设计与制造简明手册. 上海：上海科学技术出版社，1993.

[9] 胡石玉. 模具制造技术. 南京：东南大学出版社，2000.

[10] 彭建声. 冷冲模具制造与修理. 北京：机械工业出版社，2000.

[11] 李天佑. 冲模图册. 北京：机械工业出版社，1998.

[12] 柳燕君，杨善义. 模具制造技术. 北京：高等教育出版社，2002.

[13] 欧阳永红. 模具装配、调试与维修. 北京：中国劳动社会保障出版社，2006.

反侵权盗版声明

举报电话：（010）88254396；（010）88258888

传　　真：（010）88254397

E-mail：　dbqq@phei.com.cn

通信地址：北京市万寿路 173 信箱

　　　　　电子工业出版社总编办公室

邮　　编：100036